普通高等院校计算机基础教育“十四五”规划教材

Office 2019 办公软件实训教程

李毓丽◎主　编
陈冰儿　李舟明◎副主编

中国铁道出版社有限公司
CHINA RAILWAY PUBLISHING HOUSE CO., LTD.

内 容 简 介

本书依据注重基础、突出应用的指导思想而编写，主要内容包括计算机概论、Windows 10 操作系统、文稿编辑 Word 2019、数据统计和分析 Excel 2019、演示文稿 PowerPoint 2019、网络搜索信息与应用等。每章中都安排具体实训项目，通过详细的实训操作来介绍基础知识，培养相关技能。

本书适合作为普通高等院校计算机基础相关专业的教材，也可作为各类培训机构的培训教材和计算机相关从业人员的自学读本。

图书在版编目（CIP）数据

Office 2019办公软件实训教程/李毓丽主编. —北京：中国铁道出版社有限公司，2021.9（2024.7重印）
普通高等院校计算机基础教育“十四五”规划教材
ISBN 978-7-113-28341-4

Ⅰ.①O… Ⅱ.①李… Ⅲ.①办公自动化-应用软件-高等学校-教材 Ⅳ.①TP317.1

中国版本图书馆CIP数据核字(2021)第176514号

书　　名：Office 2019 办公软件实训教程
作　　者：李毓丽

策　　划：贾　星　　　　编辑部电话：(010) 63549501
责任编辑：贾　星　包　宁
封面设计：高博越
责任校对：焦桂荣
责任印制：樊启鹏

出版发行：中国铁道出版社有限公司（100054，北京市西城区右安门西街 8 号）
网　　址：https://www.tdpress.com/51eds/
印　　刷：三河市航远印刷有限公司
版　　次：2021 年 9 月第 1 版　2024 年 7 月第 5 次印刷
开　　本：787 mm×1 092 mm 1/16　印张：14.25　字数：356 千
书　　号：ISBN 978-7-113-28341-4
定　　价：45.00 元

前　言

Windows 10 和 Office 2019 是 Microsoft 公司近些年推出的操作系统及办公自动化软件。Windows 10 与 Windows 7 相比，反应更快速，界面更美观，操作更简便。与之前版本相比，Office 2019 提供了更好的工作环境、更好的表格设计能力和更好的计算功能。

本书从应用型人才培养的目标和学生的特点出发，以实际应用为着眼点，认真组织教学内容，精心设计若干实训，力求由浅入深，注重实践技能，让学生在实践中学习，有利于提高其自学能力，启发其求知欲望。

在本书中，每个实训项目先提出实训目标，再给出实训内容，并将所涉及的知识点以实训知识点的方式展现，并给出了实训步骤。学生在实践过程中发现问题可由老师随时辅导，技术难点可由老师集中讲授。

本书比较详细地介绍了计算机概论、Windows 10 操作系统、Office 2019 的常用组件（Word 2019、Excel 2019、PowerPoint 2019）及网络信息搜索与应用。各章节的主要内容如下：

第 1 章介绍计算机基础知识、程序设计基础、计算机网络基础、大数据与云计算、计算机安全、信息社会责任和计算机职业道德规范。

第 2 章介绍 Windows 10 的功能、应用特点以及一些常用操作。

第 3 章结合实训创建简单的文稿和表格，介绍 Word 2019 文档编辑、修饰、排版的常用操作。

第 4 章结合实训制作 Excel 2019 工作表，学习 Excel 2019 的函数、图表和数据分析等功能。

第 5 章结合实训介绍如何使用 PowerPoint 2019 创建丰富多彩的演示文稿。

第 6 章介绍 Outlook 和 Internet 常识及常用操作。

本书由广州软件学院李毓丽组织编写并统稿。由李毓丽担任主编，陈冰儿、李舟明任副主编。具体编写分工如下：第 1 章、第 4 章、第 5 章和第 6 章由李毓丽编写，第 2 章由李舟明编写，第 3 章由陈冰儿编写。

由于时间仓促及编者水平有限，书中难免有疏漏和不妥之处，敬请广大读者提出宝贵意见和建议，我们会在适当时间进行修订和补充。

编　者

2021 年 5 月

目录

第1章 计算机概论

当今社会已进入信息化时代，善于运用计算机技术和手段进行学习、工作、解决专业问题是高级人才必备的素质。大学计算机公共课程教学不仅是大学通识教育的一个重要组成部分，更是潜移默化地培养大学生使用计算机思维方式解决专业问题，使其成为复合型创新人才的基础性教育。这表现在：计算机不仅为解决专业领域问题提供了有效的方法和手段，而且提供了一种独特的处理问题的思维方式；计算机及互联网具有极其丰富的信息和知识资源，为人们终身学习提供了广阔的空间以及良好的学习工具；善于使用互联网和办公软件是培养良好的交流表达能力和团队合作能力的重要基础；在信息社会里，大学生必须具备计算机基础知识以及使用计算机解决专业和日常问题的能力。

本章介绍计算机的基础知识，以及与计算机系统有关的程序设计、计算机网络、大数据与云计算、计算机安全、信息社会责任和计算机职业道德规范等知识。

1.1 计算机基础知识

计算机具有运算速度快、计算精度高、具有记忆能力和逻辑判断能力、具有自动执行程序的能力等特点，对人类的生产活动和社会活动产生了极其重要的影响，并以强大的生命力飞速发展。现在，计算机的应用已经渗透到工农业生产、科研、教育、医药、工商、政府、家庭等领域，应用类型主要包括科学计算（SC）、数据处理（DP）、办公自动化（OA）、电子商务（EC）、过程检测与控制（PD&C）、计算机辅助设计（CAD）、计算机辅助教学（CAI）、计算机辅助制造（CAM）、人工智能（AI）、虚拟现实（VR）、多媒体技术应用（MTA）及计算机网络通信（CNC）等。

计算机及其应用正在改变着人们传统的工作、学习、生活和思维方式，推动着社会的发展，成为人类学习、工作不可缺少的工具。掌握计算机基础知识、基本原理、基本操作和解决实际问题的方法是当代大学生必备的能力。

1.1.1 计算机发展史

世界上第一台电子计算机于1946年2月在美国宾夕法尼亚大学诞生，命名为电子数字积分计算机（Electronic Numerical Integrator And Calculator，ENIAC）。ENIAC奠定了计算机的发展基础，在计算机发展史上具有划时代的意义，它的问世标志着计算机时代的到来。

1. 计算机发展阶段

自从ENIAC问世以来，计算机技术得到了飞速发展。根据计算机的性能和使用的主要元器件不同，一般将计算机的发展划分为以下五个阶段：

① 第一代计算机（1946—1958年），采用的主要元件是电子管，主要用于科学计算。

② 第二代计算机（1959—1964年），采用的主要元件是晶体管，具有体积小、质量小、发热少、速度快、寿命长等一系列优点。除用于科学计算外，还用于数据处理和实时控制等领域。

③ 第三代计算机（1965—1970年），开始采用中小规模集成电路元件，应用范围扩大到企业管理和辅助设计等领域。

④ 第四代计算机（1971年至今），采用大规模集成电路和超大规模集成电路作为基本电子元件，应用范围主要包括办公自动化、数据库管理、图像动画（视频）处理、语音识别等国民经济各领域和国防系统等领域。

⑤ 第五代计算机，与前四代计算机有着本质的区别。它是把信息采集、存储、处理、通信同人工智能结合在一起的智能计算机系统，主要面向知识处理，具有形式化推理、联想和理解的能力，能够帮助人们进行判断、决策、开拓未知领域和获取新的知识，真正实现人脑功能的延伸。

2. 计算机发展趋势

未来计算机的研究目标是打破计算机现有的体系结构，使得计算机能够具有像人一样的思维、推理和判断能力。尽管传统的、基于集成电路的计算机短时间内不会退出历史舞台，但旨在超越它的光子计算机、生物计算机、超导计算机、纳米计算机和量子计算机正在跃跃欲试。

① 光子（Photon）计算机。光子计算机利用光子取代电子进行数据运算、传输和存储。在光子计算机中，不同波长的光表示不同的数据，可快速完成复杂的计算工作。与电子计算机相比，光子计算机具有以下优点：超高速的运算速度、强大的并行处理能力、大存储量、非常强的抗干扰能力等。据推测，未来光子计算机的运算速度可能比今天的超级计算机快1 000倍以上。

② 生物（DNA）计算机。生物计算机使用的是生物芯片。生物芯片由生物工程技术产生的蛋白质分子制成，存储能力巨大，运算速度为10^{-11}秒/次，比当前的巨型计算机还要快10万倍，而能量消耗则为其十亿分之一。由于蛋白质分子具有自组织、自调节、自修复和再生能力，使得生物计算机具有生物体的一些特点，如自动修复芯片发生的故障，还能模仿人脑的思考机制。

③ 超导（Superconductor）计算机。超导计算机是由特殊性能的超导开关器件、超导存储器等元器件和电路制成的计算机。1911年，荷兰物理学家昂内斯首先发现了超导现象：某些铝系、铌系、陶瓷合金等材料，当它们冷却到接近-273.15 ℃时，电阻流入它们中的电流会畅通无阻，不会白白消耗掉。目前制成的超导开关器件的开关速度已达到皮秒（10^{-12}秒）级的高水平，比集成电路要快几百倍，电能消耗仅是大规模集成电路的千分之一。

④ 纳米计算机。这是将纳米技术运用于计算机领域所研制出的一种新型计算机。纳米技术是从20世纪80年代初迅速发展起来的新技术，最终目标是人类按照自己的意志直接操纵单个原子，制造出具有特定功能的产品。“纳米”（nm）本是一个计量单位，1 nm=10^{-9} m，大约是氢原子直径的10倍。应用纳米技术研制的计算机内存芯片，其体积不过数百个原子大小。纳米计算机性能要比今天的计算机强大，运算速度将是现在的硅芯片计算机的1.5万倍，而且耗费的能量也减少很多。

⑤ 量子（Quantum）计算机。量子计算机以处于量子状态的原子作为中央处理器和内存，利用原子的量子特性进行信息处理。由于原子具有在同一时间处于两个不同位置的奇妙特性，即处于量子位的原子既可以代表0或1，也能同时代表0和1，以及0和1之间的中间值，故无论从数据存储还是数据处理的角度，量子位的能力都是晶体管电子位的2倍。目前，量子计算机只能利用大约5个原子做最简单的计算，要想做任何有意义的工作必须使用数百万个原子。但其高效的运算能力使量子计算机具有广阔的应用前景。

未来的计算机技术将向超高速、超小型、智能化的方向发展。超高速计算机将采用平行处理技术，使计算机系统同时执行多条指令或同时对多个数据进行处理，这是改进计算机结构、提高计算机运行速度的关键技术。同时，计算机还将具备更多的智能成分，它将具有多种感知能力、一定的思考与判断能力及一定的自然语言能力。除了提供自然的输入手段（如手写输入）外，能让人产生身临其境感觉的各种交互设备已经出现。虚拟现实技术就是这一领域发展的集中表现。

1.1.2　计算机系统的组成

目前的计算机是在程序语言支持下工作的，所以一个计算机系统应包括计算机硬件系统和计算机软件系统两大部分，如图1-1所示。

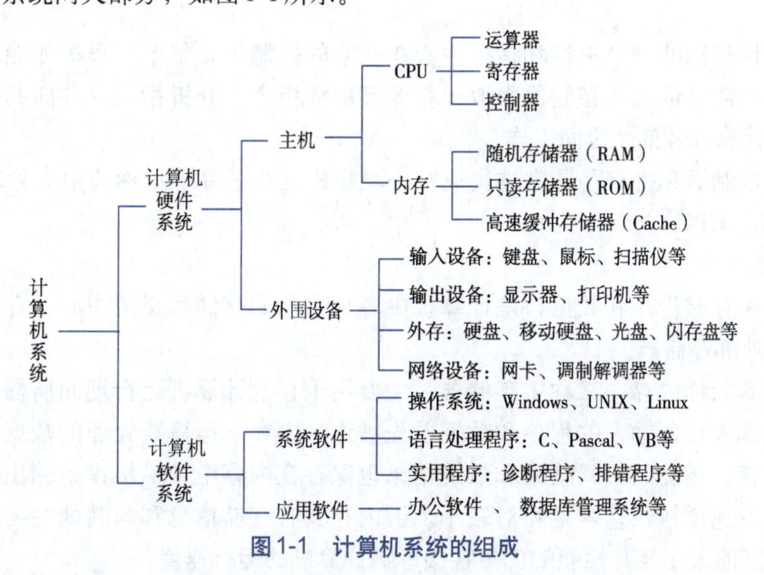

图 1-1　计算机系统的组成

计算机硬件（Hardware）系统是指构成计算机的各种物理装置，它包括计算机系统中的一切电子、机械、光电等设备，是计算机工作的物质基础。计算机软件（Software）系统是指为运行、维护、管理、应用计算机所编制的所有程序和数据的集合。通常，把不装备任何软件的计算机称为裸机。只有安装了必要的软件后，用户才能方便地使用计算机。

1. 计算机硬件系统

计算机硬件系统由运算器、控制器、存储器、输入设备和输出设备五大部分组成，如图1-2所示。图中实线为数据流（各种原始数据、中间结果等），虚线为控制流（各种控制指令）。输入/输出设备用于输入原始数据和输出处理后的结果；存储器用于存储程序和数据；运算器用于执行指定的运算；控制器负责从存储器中取出指令，对指令进行分析、判断，确定指令的类型并对指令进行译码，然后向其他部件发出控制信号，指挥计算机各部件协同工作，控制整个计算机系统逐步完成各种操作。

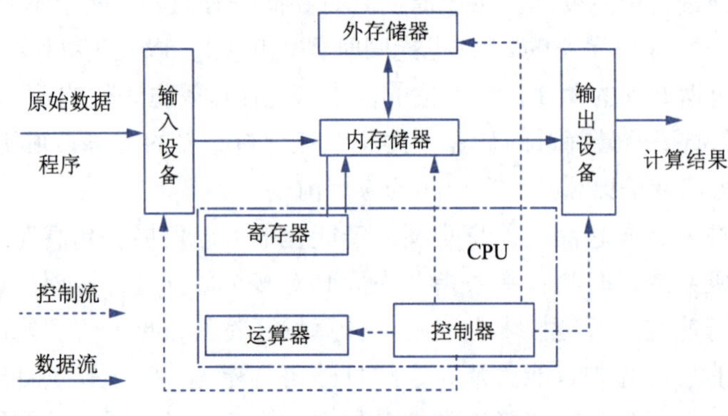

图1-2 计算机硬件系统

1）运算器

运算器是对数据进行加工处理的部件，通常由算术逻辑部件（Arithmetic Logic Unit，ALU）和一系列寄存器组成。它的功能是在控制器的控制下对内存或内部寄存器中的数据进行算术运算（加、减、乘、除）和逻辑运算（与、或、非、比较、移位）。

2）控制器

控制器是计算机的神经中枢和指挥中心。在它的控制下，整个计算机才能有条不紊地工作。控制器的功能是依次从存储器中取出指令、翻译指令、分析指令，并向其他部件发出控制信号，指挥计算机各部件协同工作。

运算器、控制器和寄存器通常被集成在一块集成电路芯片上，称为中央处理器（Central Processing Unit，CPU）。

3）存储器

存储器用来存储程序和数据，是计算机中各种信息的存储和交流中心。存储器通常分为内部存储器和外部存储器。

内部存储器简称内存，又称主存储器，主要用于存放计算机运行期间所需要的程序和数据。用户通过输入设备输入的程序和数据首先被送入内存。运算器处理的数据和控制器执行的指令来自内存，运算的中间结果和最终结果也保存在内存中，输出设备输出的信息来自内存。内存的存取速度较快，容量相对较小。因内存具有存储信息和与其他主要部件交流信息的功能，故内存的大小及其性能的优劣直接影响计算机的运行速度。

外部存储器简称外存，又称辅助存储器，用于存储需要长期保存的信息，这些信息往往以文件的形式存在。对于外存中的数据，CPU不能直接访问，要被送入内存后才能被使用。计算机通过内存、外存之间不断的信息交换来使用外存中的信息。与内存比较，外存容量大，速度慢，价格低。外存主要有磁带、硬盘、移动硬盘、光盘及闪存盘等。

4）输入设备和输出设备

输入/输出（I/O）设备是计算机系统与外界进行信息交流的工具，其作用分别是将信息输入计算机和从计算机输出。

输入设备将信息输入计算机，并将原始信息转化为计算机能识别的二进制代码存放在存储器中。常用的输入设备有键盘、鼠标、扫描仪、触摸屏、数字化仪、摄像头、麦克风、数码照相机、光笔、磁卡读入机以及条码阅读机等。

输出设备的功能是将计算机的处理结果转换为人们所能接受的形式并输出。常用的输出设备有显示器、打印机、绘图仪、影像输出系统和语音输出系统等。

2. 计算机软件系统

计算机软件系统是指为运行、维护、管理、应用计算机所编制的所有程序和数据的集合，通常按功能分为系统软件和应用软件两大类。

1）系统软件

系统软件是为计算机提供管理、控制、维护和服务等的软件，如操作系统、数据库管理系统、工具软件等。

① 操作系统。操作系统（Operating System，OS）是最基本、最核心的系统软件，计算机和其他软件都必须在操作系统的支持下才能运行。操作系统的作用是管理计算机系统中所有的硬件和软件资源，合理地组织计算机的工作流程；同时，操作系统是用户和计算机之间的接口，为用户提供使用计算机的工作环境。目前，常见的操作系统有Mac OS、UNIX、Linux、Windows等。所有的操作系统具有并发性、共享性、虚拟性和不确定性4个基本特征。不同操作系统的结构和形式存在很大差别，但一般都有处理机管理（进程管理）、作业管理、文件管理、存储管理和设备管理5项功能。

下面简要介绍几种智能手机的操作系统。目前使用Linux操作系统的人越来越多，因其具有自由、免费、开放源代码的优势。黑莓（Blackberry）是美国市场占有率第一的手机，但在中国影响力小，其采用的Blackberry系统较早进入移动市场并且具有适应美国市场的邮件系统。Android是Google开发的基于Linux平台的开源手机操作系统，具备触摸屏、高级图形显示和上网功能，界面强大。而iPhone OS X是由苹果公司为iPhone开发的操作系统，主要供iPhone和iPod Touch使用，采用全触摸设计，娱乐性极强，第三方软件多。

② 系统支持软件。系统支持软件是介于系统软件和应用软件之间，用来支持软件开发、计算机维护和运行的软件，为应用层的软件以及最终用户处理程序和数据提供服务，如语言编译程序、软件开发工具、数据库管理软件、网络支持程序等。

2）应用软件

应用软件是为解决某个应用领域中的具体任务而开发的软件，如各种科学计算程序、企业管理程序、生产过程自动控制程序、数据统计与处理程序、情报检索程序等。常用应用软件的形式有定制软件（针对具体应用而定制的软件，如民航售票系统）、应用程序包（如通用财务管理软件包）和通用软件（如文字处理软件、电子表格处理软件、课件制作软件、绘图软件、网页制作软件、网络通信软件等）三种类型。

1.1.3 计算机的工作原理

美籍匈牙利数学家冯•诺依曼（John von Neumann）于1946年提出了计算机设计的三个基

本思想：

① 计算机由运算器、控制器、存储器、输入设备和输出设备5个基本部分组成。

② 采用二进制形式表示计算机的指令和数据。

③ 将程序（由一系列指令组成）和数据存放在存储器中，并让计算机自动地执行程序。

其工作原理是将需要执行的任务用程序设计语言写成程序，与需要处理的原始数据一起通过输入设备输入并存储在计算机的存储器中，即“程序存储”；在需要执行时，由控制器取出程序并按照程序规定的步骤或用户提出的要求，向计算机的有关部件发布命令并控制它们执行相应的操作，执行的过程不需要人工干预，而是自动、连续地一条指令一条指令地运行，即“程序控制”。冯·诺依曼计算机工作原理的核心是“程序存储”和“程序控制”。按照这一原理设计的计算机称为冯·诺依曼计算机，其体系结构称为冯·诺依曼结构。目前，计算机虽然已发展到了第四代，但基本上仍然遵循冯·诺依曼原理和结构。为了提高计算机的运行速度，实现高度并行化，当今的计算机系统对冯·诺依曼结构进行了许多变革，如采用了指令流水线技术、多核处理技术、平行计算技术等。

1. 计算机的指令系统

指令是能被计算机识别并执行的命令，每一条指令都规定了计算机要完成的一种基本操作。所有指令的集合称为计算机的指令系统。计算机的运行就是识别并执行其指令系统中的每条指令。

指令以二进制代码形式来表示，由操作码和操作数（或地址码）两部分组成，如图1-3所示。操作码指出应该进行什么样的操作，操作数表示指令所需要的数值本身或数值在内存中所存放的单元地址（地址码）。

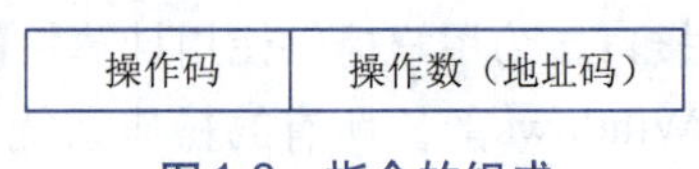

图1-3 指令的组成

2. 计算机执行指令的过程

计算机的工作过程实际上就是快速地执行指令的过程。认识指令的执行过程就能了解计算机的工作原理。计算机在执行指令的过程中有两种信息在流动：数据流和控制流。数据流是指原始数据、中间结果、结果数据、源程序等。控制流是由控制器对指令进行分析、解释后向各部件发出的控制命令，指挥各部件协调地工作。

计算机执行指令一般分为以下4个步骤：

① 取指令。控制器根据程序计数器的内容（存放指令的内存单元地址）从内存中取出指令送到CPU的指令寄存器。

② 分析指令。控制器对指令寄存器中的指令进行分析和译码。

③ 执行指令。根据分析和译码的结果，判断该指令要完成的操作，然后按照一定的时间顺序向各部件发出完成操作的控制信号，完成该指令的功能。

④ 一条指令执行后，程序计数器加1或将转移地址码送入程序计数器，然后回到步骤①，进入下一条指令的取指令阶段。

3. 计算机执行程序的过程

程序是为解决某一问题而编写的指令序列。计算机能直接执行的是机器指令。用高级语言或汇编语言编写的程序必须先翻译成机器语言，然后CPU从内存中取出一条指令到CPU中执行；指令执行完，再从内存取出下一条指令到CPU中执行，直到完成全部指令。CPU不断地取指令、分析指令、执行指令，这就是程序的执行过程。

1.2 实训 1：数制和信息编码

在计算机内部，信息都是采用二进制的形式进行存储、运算、处理和传输的。数制是人们用一组统一规定的符号和规则来表示数的方法。本节的主要任务是了解数制之间的相互转换方法，能够利用计算器进行数制之间的计算，了解信息编码的相关知识。

1.2.1 实训目标

- 了解数制的概念。
- 掌握几种常用数制的转换方法。
- 能够用计算器进行计算。
- 了解常见的信息编码。

1.2.2 实训内容

（1）将1024D转换成二进制数。

（2）将10010.011B转换成十进制数。

（3）将32CF.4BH转换成十进制数。

（4）将173O转换成二进制数。

（5）计算存储1 000个32 × 32点阵的汉字字模信息需要多少千字节。

1.2.3 实训知识点

1. 数制的概念

数制（Number System）又称计数法，是人们用一组统一规定的符号和规则来表示数的方法。计数法通常使用的是进位计数制，即按进位的规则进行计数。在进位计数制中有“基数”和“位权”两个基本概念。

基数（Radix）是进位计数制中所用的数字符号的个数。例如，十进制的基数为10，逢十进一；二进制的基数为2，逢二进一。

在进位计数制中，把基数的若干次幂称为位权。幂的方次随该位数字所在的位置而变化，整数部分从最低位开始，依次为0，1，2，3，4，…；小数部分从最高位开始，依次为–1，–2，–3，–4，…。

例如，十进制数1234.567可以写成

$$1234.567 = 1 \times 10^3 + 2 \times 10^2 + 3 \times 10^1 + 4 \times 10^0 + 5 \times 10^{-1} + 6 \times 10^{-2} + 7 \times 10^{-3}$$

在计算机内部，信息都是采用二进制的形式进行存储、运算、处理和传输的。采用二进制编码在当初计算机设计时便有可行性、可靠性、简易性、逻辑性的优点。二进制的运算法则非常简单，例如：

求和法则：	求积法则：
$0 + 0 = 0$	$0 \times 0 = 0$

$0+1=1$	$0\times1=0$
$1+0=1$	$1\times0=0$
$1+1=10$	$1\times1=1$

2. 不同数制间的转换

1）几种常用的数制

日常生活中人们习惯使用十进制，有时也使用其他进制。例如，计算时间采用六十进制，1小时为60分钟，1分钟为60秒；在计算机科学中经常涉及二进制、八进制、十进制和十六进制等，但在计算机内部，不管什么类型的数据都使用二进制编码的形式来表示。下面介绍几种常用的数制：二进制、八进制、十进制和十六进制。

（1）常用数制的特点。表1-1列出了几种常用数制的特点。

表 1-1　常用数制的特点

数　制	基　数	数　码	进 位 规 则
十进制	10	0，1，2，3，4，5，6，7，8，9	逢十进一
二进制	2	0，1	逢二进一
八进制	8	0，1，2，3，4，5，6，7	逢八进一
十六进制	16	0，1，2，3，4，5，6，7，8，9，A，B，C，D，E，F	逢十六进一

（2）常用数制的对应关系。常用数制的对应关系如表1-2所示。

表 1-2　常用数制的对应关系

十进制	二进制	八进制	十六进制	十进制	二进制	八进制	十六进制
0	0	0	0	9	1001	11	9
1	1	1	1	10	1010	12	A
2	10	2	2	11	1011	13	B
3	11	3	3	12	1100	14	C
4	100	4	4	13	1101	15	D
5	101	5	5	14	1110	16	E
6	110	6	6	15	1111	17	F
7	111	7	7	16	1000	20	10
8	1000	10	8				

（3）常用数制的书写规则。

为了区分不同数制的数，常采用以下两种方法进行标识：

① 字母后缀。

二进制数用B（Binary）表示。

八进制数用O（Octonary）表示。为了避免与数字0混淆，字母O常用Q代替。

十进制数用D（Decimal）表示。十进制数的后缀D一般可以省略。

十六进制数用H（Hexadecimal）表示。

例如，10011B、237Q、8079和45ABFH分别表示二进制数、八进制数、十进制数和十六进制数。

② 括号外面加下标。例如，$(10011)_2$、$(237)_8$、$(8079)_{10}$和$(45ABFH)_{16}$分别表示二进制数、八进制数、十进制数和十六进制数。

2）常用数制间的转换

（1）将r进制数转换为十进制数。

将r进制数（如二进制数、八进制数和十六进制数等）按位权展开并求和，便可得到等值的十进制数。

例如，将$(10010.011)_2$转换为十进制数：

$$
\begin{aligned}
(10010.011)_2 &= 1\times 2^4+1\times 2^1+1\times 2^{-2}+1\times 2^{-3} \\
&= (18.375)_{10}
\end{aligned}
$$

将$(22.3)_8$转换为十进制数：

$$
\begin{aligned}
(22.3)_8 &= 2\times 8^1 + 2\times 8^0+3\times 8^{-1} \\
&= (18.375)_{10}
\end{aligned}
$$

将$(32CF.4B)_{16}$转换为十进制数：

$$
\begin{aligned}
(32CF.4B)_{16} &= 3\times 16^3+2\times 16^2+C\times 16^1+F\times 16^0+4\times 16^{-1}+B\times 16^{-2} \\
&= 3\times 16^3+2\times 16^2+12\times 16^1+15\times 16^0+4\times 16^{-1}+11\times 16^{-2} \\
&= (13007.292969)_{10}
\end{aligned}
$$

（2）将十进制数转换为r进制数。

将十进制数转换为r进制数（如二进制数、八进制数和十六进制数等）的方法如下：

整数的转换采用“除以r取余”法，将待转换的十进制数连续除以r，直到商为0，每次得到的余数按相反的次序（即第一次除以r所得到的余数排在最低位，最后一次除以r所得到的余数排在最高位）排列起来，就是相应的r进制数。

小数的转换采用“乘以r取整”法，将被转换的十进制纯小数反复乘以r。每次相乘后乘积的整数部分若为1，则r进制数的相应位为1；若整数部分为0，则相应位为0。由高位向低位逐次进行，直到剩下的纯小数部分为0或达到所要求的精度为止。

对具有整数和小数两部分的十进制数，要用上述方法将其整数部分和小数部分分别进行转换，然后用小数点连接起来。

例如，将（18.38）$_{10}$转换为二进制数。

先将整数部分“除以2取余”：

除以2	商	余数	低位 ↑ 排列顺序 高位
18÷2	9	0	
9÷2	4	1	
4÷2	2	0	
2÷2	1	0	
1÷2	0	1	

因此，$(18)_{10}=(10010)_2$。

再将小数部分“乘以2取整”：

乘以2	整数部分	纯小数部分	高位
0.38 × 2	0	0.76	排列顺序 ↓
0.76 × 2	1	0.52	
0.52 × 2	1	0.04	
0.04 × 2	0	0.08	
0.08 × 2	0	0.16	低位

因此，$(0.38)_{10}=(0.011)_2$。

最后得出转换结果：$(18.38)_{10}=(10010.011)_2$。

（3）八进制数、十六进制数与二进制数之间的转换。

由于 $8 = 2^3$，$16 = 2^4$，所以1位八进制数相当于3位二进制数，1位十六进制数相当于4位二进制数。

① 二进制数转换为八进制数或十六进制数。把二进制数转换为八进制数或十六进制数的方法是：以小数点为界向左和向右划分，小数点左边（整数部分）从右向左每3位（八进制）或每4位（十六进制）一组构成1位八进制数或十六进制数，位数不足3位或4位时最左边补0；小数点右边（小数部分）从左向右每3位（八进制）或每4位（十六进制）一组构成1位八进制数或十六进制数，位数不足3位或4位时最右边补0。

例如，将$(10010.0111)_2$转换为八进制数：

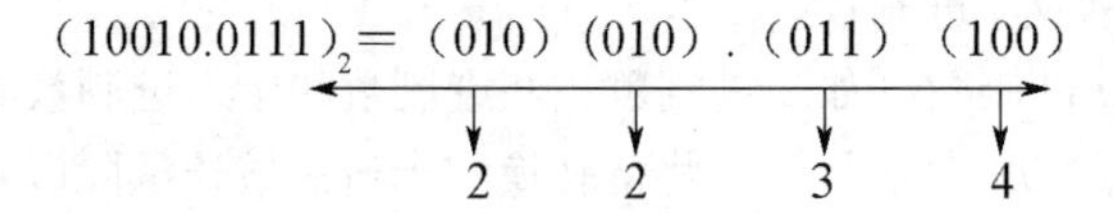

因此，$(10010.0111)_2 = (22.34)_8$。

又如，将$(10010.0111)_2$转换为十六进制数：

$$(10010.0111)_2 = (0001)\ (0010)\ .\ (0111)$$
$$\downarrow \quad \downarrow \quad \downarrow$$
$$1 \quad 2 \quad . \quad 7$$

因此，$(10010.0111)_2 = (12.7)_{16}$。

② 八进制数或十六进制数转换为二进制数。把八进制数或十六进制数转换为二进制数的方法是：把1位八进制数用3位二进制数表示，把1位十六进制数用4位二进制数表示。

例如，将$(22.34)_8$转换为二进制数：

$$2 \quad 2 \quad . \quad 3 \quad 4$$
$$\downarrow \quad \downarrow \quad \downarrow \quad \downarrow$$
$$(010)\ (010)\ .\ (011)\ (100)$$

因此，$(22.34)_8 = (10010.0111)_2$。

又如，将$(12.7)_{16}$转换为二进制数：

$$1 \quad 2 \quad . \quad 7$$
$$\downarrow \quad \downarrow \quad \downarrow$$
$$(0001)\ (0010)\ .\ (0111)$$

因此，$(12.7)_{16} = (10010.0111)_2$。

3. 利用计算器进行数制之间的计算

利用Windows 10在系统附件中安装的计算器，可以进行常用数制之间的转换计算。但是必须注意，计算器只能计算整数部分，不能计算小数部分。如果要计算小数，必须采用相应的转换方法。其操作步骤如下：

（1）选择“开始”→“计算器”命令，启动计算器。

（2）选择“打开导航”→“程序员”命令，如图1-4所示。

（3）单击原来的数制。

（4）输入要转换的数字，即可进行不同数制之间的计算。

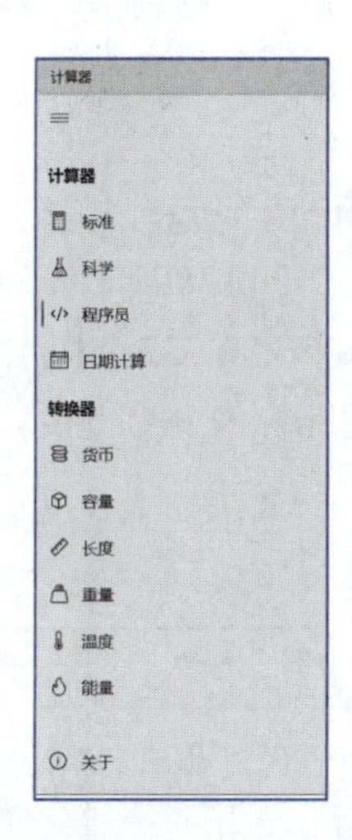

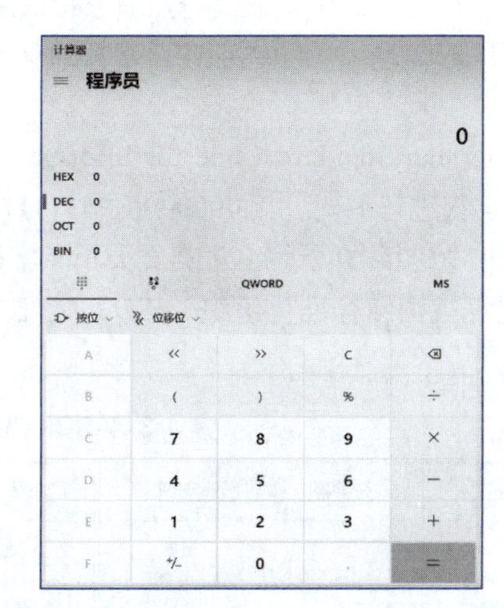

图1-4　计算器

4. 认识信息存储单位

在计算机内部，信息都是采用二进制的形式进行存储、运算、处理和传输的。信息存储单位有位、字节和字等几种。

1）位

位（bit）是二进制数中的一个数位，可以是0或者1，是计算机中数据的最小单位。

2）字节

字节（byte，B）是计算机中数据的基本单位。例如，一个ASCII码用一个字节表示，一个汉字用两个字节表示。

1个字节由8个二进制位组成，即1 B = 8 bit。比字节更大的数据单位有KB（kilobyte，千字节）、MB（megabyte，兆字节）、GB（gigabyte，吉字节）和TB（terabyte，太字节）。它们的换算关系如下：

$1\ \text{KB} = 1\ 024\ \text{B} = 2^{10}\ \text{B}$

$1\ \text{MB} = 1\ 024\ \text{KB} = 2^{10}\ \text{KB} = 2^{20}\ \text{B} = 1\ 024 \times 1\ 024\ \text{B}$

$1\ \text{GB} = 1\ 024\ \text{MB} = 2^{10}\ \text{MB} = 2^{30}\ \text{B} = 1\ 024 \times 1\ 024 \times 1\ 024\ \text{B}$

$1\ \text{TB} = 1\ 024\ \text{GB} = 2^{10}\ \text{GB} = 2^{40}\ \text{B} = 1\ 024 \times 1\ 024 \times 1\ 024 \times 1\ 024\ \text{B}$

3）字

字（word）是计算机一次存取、运算、加工和传送的数据长度，是计算机处理信息的基本单位。1个字由若干字节组成，通常将组成1个字的位数称为字长。例如，1个字由4字节组成，则字长为32位。

字长（word length）是计算机性能的一个重要指标，是CPU一次能直接传输、处理的二进制数据位数。字长越长，计算机运算速度越快，精度越高，性能就越好。通常人们所说的多少位的计算机，就是指其字长是多少位的。常用的字长有8位、16位、32位、64位等，目前在PC中，主流的CPU都是64位的，128位的CPU也在研究之中。

5. 学习常见的信息编码

计算机是用来处理数据的，任何形式的数据（数字、字符、汉字、图像、声音、视频）进入计算机都必须转换为0和1（二进制），即进行信息编码。在转换成二进制编码前，进入计算机的数据是以不同的信息编码形式存在，常见的有以下两种。

1）ASCII码

ASCII码（American Standard Code for Information Interchange，美国标准信息交换代码）由7位二进制数对字符进行编码，用0000000～1111111共2^7即128种不同的数码串分别表示常用的128个字符，其中包括10个数字、英文大小写字母各26个、32个标点和运算符号、34个控制符。这个编码已被国际标准化组织（ISO）批准为国际标准ISO-646。详细的ASCII码对照表如表1-3所示。

表1-3 ASCII码表

十进制	字符	十进制	字符	十进制	字符	十进制	字符
0	nul	16	dle	32	sp	48	0
1	soh	17	dc1	33	!	49	1
2	stx	18	dc2	34	"	50	2
3	etx	19	dc3	35	#	51	3
4	eot	20	dc4	36	$	52	4
5	enq	21	nak	37	%	53	5
6	ack	22	syn	38	&	54	6
7	bel	23	etb	39	'	55	7
8	bs	24	can	40	(	56	8
9	ht	25	em	41	)	57	9
10	nl	26	sub	42	*	58	:
11	vt	27	esc	43	+	59	;
12	ff	28	fs	44	,	60	<
13	cr	29	gs	45	-	61	=
14	so	30	rs	46	.	62	>
15	si	31	us	47	/	63	?

续表

<table>
<tr><th>十进制</th><th>字符</th><th>十进制</th><th>字符</th><th>十进制</th><th>字符</th><th>十进制</th><th>字符</th></tr>
<tr><td>64</td><td>@</td><td>80</td><td>P</td><td>96</td><td>`</td><td>112</td><td>p</td></tr>
<tr><td>65</td><td>A</td><td>81</td><td>Q</td><td>97</td><td>a</td><td>113</td><td>q</td></tr>
<tr><td>66</td><td>B</td><td>82</td><td>R</td><td>98</td><td>b</td><td>114</td><td>r</td></tr>
<tr><td>67</td><td>C</td><td>83</td><td>S</td><td>99</td><td>c</td><td>115</td><td>s</td></tr>
<tr><td>68</td><td>D</td><td>84</td><td>T</td><td>100</td><td>d</td><td>116</td><td>t</td></tr>
<tr><td>69</td><td>E</td><td>85</td><td>U</td><td>101</td><td>e</td><td>117</td><td>u</td></tr>
<tr><td>70</td><td>F</td><td>86</td><td>V</td><td>102</td><td>f</td><td>118</td><td>v</td></tr>
<tr><td>71</td><td>G</td><td>87</td><td>W</td><td>103</td><td>g</td><td>119</td><td>w</td></tr>
<tr><td>72</td><td>H</td><td>88</td><td>X</td><td>104</td><td>h</td><td>120</td><td>x</td></tr>
<tr><td>73</td><td>I</td><td>89</td><td>Y</td><td>105</td><td>i</td><td>121</td><td>y</td></tr>
<tr><td>74</td><td>J</td><td>90</td><td>Z</td><td>106</td><td>j</td><td>122</td><td>z</td></tr>
<tr><td>75</td><td>K</td><td>91</td><td>[</td><td>107</td><td>k</td><td>123</td><td>{</td></tr>
<tr><td>76</td><td>L</td><td>92</td><td>\</td><td>108</td><td>l</td><td>124</td><td>|</td></tr>
<tr><td>77</td><td>M</td><td>93</td><td>]</td><td>109</td><td>m</td><td>125</td><td>}</td></tr>
<tr><td>78</td><td>N</td><td>94</td><td>^</td><td>110</td><td>n</td><td>126</td><td>~</td></tr>
<tr><td>79</td><td>O</td><td>95</td><td>_</td><td>111</td><td>o</td><td>127</td><td>del</td></tr>
</table>

注意：

各类字符的ASCII码有如下规律：SP（空格符）< 阿拉伯数字（0 ~ 9）< 大写英文字母（A ~ Z）< 小写英文字母（a ~ z）<DEL（删除符），大小写字母之间还有 6 个符号。

2）汉字编码

计算机在处理汉字信息时，由于汉字字形比英文字符复杂得多，其偏旁部首等远不止128个，所以计算机处理汉字输入和输出时比处理英文复杂。计算机汉字处理过程的代码一般有4种形式，即汉字输入码、汉字交换码、汉字机内码和汉字字形码。例如，汉字输入码是为从键盘输入汉字而编制的汉字编码，也称汉字外部码，简称外码。汉字输入码的编码方法有数字码、字音码、字形码、混合编码4类，简单地说，有区位码输入、拼音输入、五笔输入等。不管采用哪种输入码输入，经转换后，同一个汉字将得到相同的内码。

1.2.4　实训步骤

（1）将1024D转换成二进制数。

打开计算器，选择“程序员”模式，选择DEC，输入数值1024，可看到转换的二进制数值0100 0000 0000，如图1-5所示。

（2）将10010.011B转换成十进制数。

$$
\begin{aligned}
(10010.011)_2 &= 1\times2^4+1\times2^1+1\times2^{-2}+1\times2^{-3} \\
&= (18.375)_{10}
\end{aligned}
$$

（3）将32CF.4BH转换成十进制数。

整数部分用计算器进行计算，方法如上面步骤（1），小数部分参照实训知识点中小数采用“按位权展开并求和”方法进行计算，得到转换结果为13007.292969。

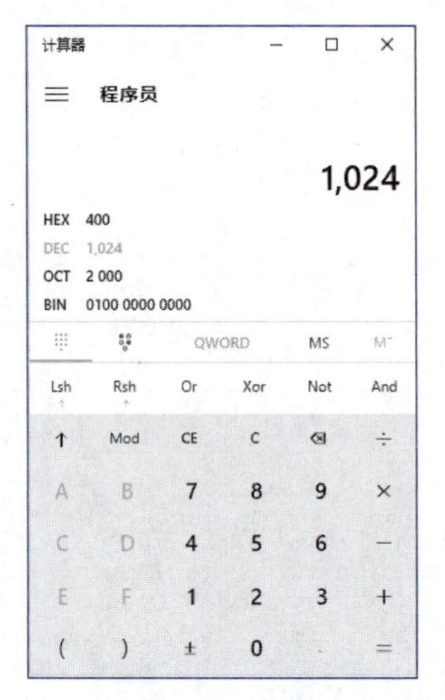

图1-5　计算机器数制转换计算结果

（4）将173O转换成二进制数。

打开计算器，选择“程序员”模式，选择OCT，输入数值173，可看到转换的二进制数值结果为0111 1011。

（5）计算存储1 000个32×32点阵的汉字字模信息需要多少千字节。

采用32×32点阵，等于1个汉字存储需要1 024 bit，因为1 B=8 bit，所以等于128 B，1 000个汉字字模信息需要（1 000×128）÷1 024=125（KB）。

1.3　实训2：个人计算机的组成

个人计算机（Personal Computer，PC），是以中央处理器（CPU）为核心，加上存储器、输入/输出接口及系统总线所组成的计算机。随着微电子技术的发展，运算速度和存储空间这两个计算机的瓶颈已经逐渐克服，个人计算机整体性能指标不断提高，个人计算机在各行各业中得到了迅速普及应用。

1.3.1　实训目标

- 了解计算机的硬件组成。
- 了解计算机的主要性能指标。
- 能够进行PC组装。

1.3.2　实训内容

个人计算机组装的主要过程。

1.3.3　实训知识点

个人计算机分为台式计算机和便携式计算机两种，如图1-6所示。台式计算机的主机、键盘和显示器等都是相互独立的，通过电缆连接在一起，其特点是价格便宜，部件标准化程度高，系统扩充和维护比较方便。便携式计算机把主机、硬盘、键盘和显示器等部件集成在一起，体积小，便于携带，如笔记本计算机、平板电脑等。现在手机正在向个人计算机集成使用方向发展，3D个人计算机已经面市。

(a) 台式计算机

(b) 笔记本计算机

(c) 平板电脑

图 1-6　台式计算机和便携式计算机

1. 个人计算机的硬件组成

PC的原理和结构与普通的电子计算机并无本质区别，也是由硬件系统和软件系统两大部分组成。硬件系统由中央处理器（CPU）、内存储器（包括ROM和RAM）、接口电路（包括输入接口和输出接口）和外围设备（包括输入/输出设备和外存储器）几个部分组成，通过三条总线（Bus）：地址总线（AB）、数据总线（DB）和控制总线（CB）进行连接。

从外观来看，PC一般由主机和外围设备组成。以台式计算机为例，主机包括系统主板、CPU、内存、硬盘驱动器、CD-ROM驱动器、显卡、电源等；外围设备包括外存储器、键盘、鼠标、显示器和打印机等。

1）主板

每台PC的主机机箱内都有一块比较大的电路板，称为主板（Mainboard）或母板（Motherboard）。主板是连接CPU、内存及各种适配器（如显卡、声卡、网卡等）和外围设备的中心枢纽。主板为CPU、内存和各种适配器提供安装插座（槽）；为各种外部存储器、打印和扫描等I/O设备以及数码照相机、摄像头、Modem等多媒体和通信设备提供连接的接口。实际上，计算机通过主板将CPU等各种器件和外围设备有机地结合起来，形成一套完整的系统。

计算机运行时对CPU、系统内存、存储设备和其他I/O设备的操控都必须通过主板来完成，因此计算机的整体运行速度和稳定性在相当程度上取决于主板的性能。

目前的主流主板按板型结构标准可分为ATX、Micro-ATX（Mini-ITX）和BTX三种。

对于主板而言，芯片组几乎决定了这块主板的功能，其中CPU的类型、主板的系统总线频率，内存类型、容量和性能，显卡插槽规格，都是由芯片组中的北桥芯片决定的；而扩展槽的种类与数量、扩展接口的类型和数量（如USB 3.0/2.0、IEEE 1394、串口、并口，以及笔记本的VGA输出接口等）都是由芯片组的南桥芯片决定的。芯片组性能的优劣，决定了主板性能的好坏与级别的高低。目前CPU的型号与种类繁多，功能特点不一，如果芯片组不能与CPU良好地协同工作，将严重地影响计算机的整体性能，甚至不能正常工作。除了目前最通用的南北桥结构外，芯片组向更高级的加速集线架构发展。另外，主板要对应不同的CPU类型。目前市场主要出售的CPU有两种品牌：Intel CPU（如酷睿）和AMD CPU（如速龙）。不同系列的CPU所使用的主板芯片不同，两种CPU对应的主板不能相互通用，即使是同一品牌同一系列的CPU，也要注意其针脚数是否一样。

图1-7所示为主流机型主板布局示意图。主板上主要包括CPU插座、内存插槽、显卡插槽，以及各种串行和并行接口。

图1-7　PC主板结构

2）CPU

在个人计算机中，运算器和控制器通常被整合在一块集成电路芯片上，称为中央处理器（Central Processing Unit，CPU）。CPU的主要功能是从内存储器中取出指令，解释并执行指令。CPU是计算机硬件系统的核心，它决定了计算机的性能和速度，代表计算机的档次，所以人们通常把CPU形象地比喻为计算机的心脏。

CPU的运行速度通常用主频表示，以赫兹（Hz）作为计量单位。在评价PC时，首先看其CPU是哪一种类型，在同一档次中还要看其主频的高低。主频越高，速度越快，性能越好。CPU的主要生产厂商有Intel公司、AMD公司、VIA公司和IBM公司等。图1-8所示为Intel公司和AMD公司生产的两款CPU。

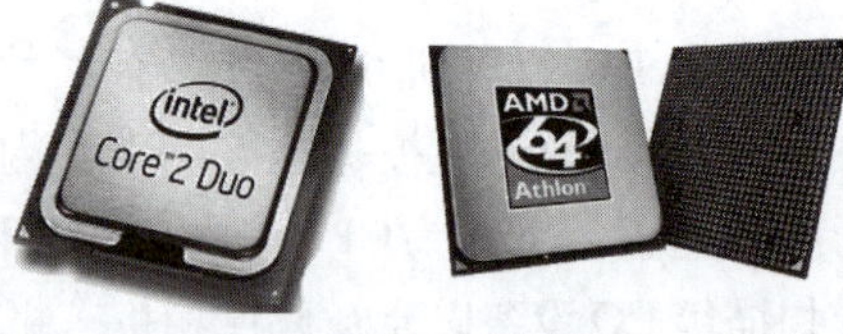

图1-8　CPU外观

3）内存储器

内存储器主要由只读存储器（Read Only Memory，ROM）、随机存储器（Random Access Memory，RAM）和高速缓冲存储器（Cache）构成。

(1) 只读存储器。

只读存储器主要用来存放一些需要长期保留的数据和程序，其信息一般由厂家写入，断电后存储器的信息不会消失。例如，基本输入/输出系统（Basic Input/Output System，BIOS）就是固化在主板上ROM芯片中的一组程序，为计算机提供最基层、最直接的硬件控制与支持。

BIOS是计算机开机最基本的引导软件，固化在只读存储器中。BIOS属于PC中的底层固件，主要负责在开机时做硬件启动和检测等工作，并且担任操作系统控制硬件时的中介角色。

BIOS的好坏直接影响着系统性能提升以及更多性能的扩展。BIOS是计算机开机的最基本引导软件，而最新PC架构的一项技术升级，作为BIOS的最新替代品——统一可扩展固件接口（Unified Extensible Firmware Interface，UEFI）将可能导致BIOS的时代彻底终结。

与以往的所有计算机启动引导系统相比，UEFI具有更好的灵活性，可以完全兼容未来任何硬件的规格和特性，引导速度更快，具有更好的基础网络协议支持力度，这就意味着即使是“裸机”都可以连接网络，而无须硬盘和操作系统支持。

（2）随机存储器。

随机存储器是构成内存储器的主要部分，主要用来临时存放正在运行的用户程序和数据，以及临时从外存储器调用的系统程序。插在主板内存槽上的内存条就是一种随机存储器。RAM中的数据可以读出和写入，在计算机断电后，RAM中的数据或信息将会全部丢失。因此，在正常或非正常关机前，必须把内存中的数据写回可永久保存数据的外部存储器（如硬盘上），该操作通常称为“保存”。

CMOS是主板上的一块可读/写的RAM芯片，里面存放的是关于系统配置的具体参数，如日期、时间、硬盘参数等，这些参数可通过BIOS设置程序进行设置。CMOS RAM芯片靠后备电源（电池）供电，因此无论是在关机状态，还是遇到系统断电的情况（当然，后备电池无电例外），CMOS中的信息都不会丢失。BIOS是一段用来完成CMOS参数设置的程序，固化在ROM芯片中；CMOS RAM中存储的是系统参数，为BIOS程序提供数据。

RAM又可分为静态RAM（Static RAM，SRAM）和动态RAM（Dynamic RAM，DRAM）两种。SRAM的速度较快，但价格较高，只适宜特殊场合使用。例如，高速缓冲存储器一般用SRAM做成。DRAM的速度相对较慢，但价格较低，在PC中普遍采用它做成内存条。DRAM常见的有SDRAM（Synchronous Dynamic Random Access Memory，同步动态随机存储器）、DDR SDRAM（Double Data Rate Synchronous Dynamic Random Access Memory，双倍速率的同步动态随机存储器）、DDR2 SDRAM和DDR3 SDRAM等几种，如图1-9所示。SDRAM是前几年普遍使用的内存形式。DDR SDRAM是SDRAM的更新换代产品，具有比SDRAM多一倍的传输速率和内存带宽。DDR2 SDRAM和DDR3 SDRAM是比DDR新一代的内存技术标准。2012年，DDR4时代开启。

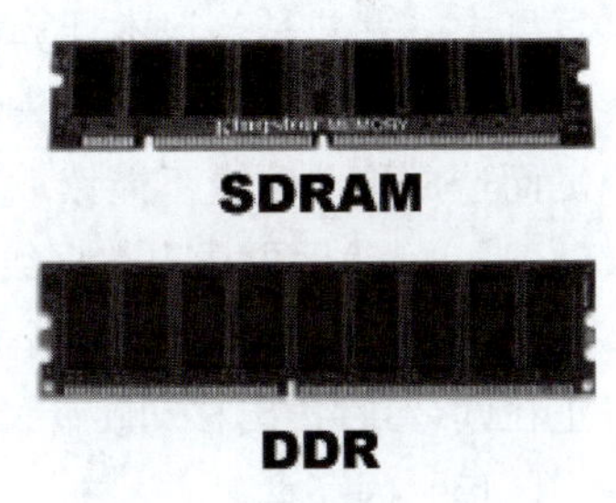

图1-9　SDRAM与DDR

内存是计算机整体性能的重要指标之一，包括它的主频、存取时间和存储容量。主频越高，表明存储速度越快；存取时间越短，表明读取数据所耗费的时间越少，速度就越快；存储容量越大，表明能存放的东西越多。目前个人计算机普遍使用的内存容量为8 GB、16 GB、32 GB、64 GB等。

（3）高速缓冲存储器。

CPU的速度越来越快，但DRAM的速度受到制造技术的限制无法与CPU的速度同步，因而经常导致CPU不得不降低自己的速度来适应DRAM。为了协调CPU与DRAM之间的速度，通常在CPU与主存储器间提供一个小而快的存储器，称为Cache（高速缓冲存储器）。Cache是由SRAM构成的，存取速度大约是DRAM的10倍。Cache的工作原理是将未来可能要用到的程序和数据先复制到Cache中，CPU读数据时，首先访问Cache。当Cache中有CPU所需的数据时，直接从Cache中读取；如果没有，再从内存中读取，并把与该数据相关的内容复制到

Cache中，为下一次访问做好准备。

4）外存储器

外存储器用于长期保存数据。CPU不能直接访问外存储器中的数据，数据要被送入内存后才能使用。与内存储器相比较，外存储器一般容量大、价格低、速度慢。外存主要有硬盘、移动硬盘、闪存盘、光盘等。

（1）硬盘。

硬盘由磁盘盘片组、读/写磁头、定位机构和传动系统等部分组成，密封在一个容器内（见图1-10）。硬盘容量大，存储速度快，可靠性高，是最主要的外存储设备。目前，常用的硬盘直径分为3.5英寸或2.5英寸，容量一般为几十吉字节到几百吉字节甚至几太字节。

（2）移动硬盘。

移动硬盘容量大（几十吉字节到几百吉字节），携带方便，单位存储成本低，安全性、可靠性强，兼容性好，读/写速度快，受到越来越多的用户青睐（见图1-11）。

图1-10　硬盘

图1-11　移动硬盘

在Windows 10及高版本操作系统下使用移动硬盘不需要安装任何驱动程序，即插即用。移动硬盘一般通过USB接口与计算机连接。移动硬盘用电量一般比闪存盘用电量大，有的计算机上（尤其是笔记本计算机）的USB接口提供不了足够的电量让移动硬盘工作，因此移动硬盘数据线往往有两个插头，使用时最好两个插头都插在计算机的USB接口，以免因电量不足而造成移动硬盘不能读取数据。移动硬盘每次使用完毕后，最好先将其移除（也称“删除硬件”），然后再拔出数据线，具体步骤是：先关闭相关的窗口，右击任务栏上的移动存储器图标，再选择弹出的“安全删除硬件”命令，最后单击“停止”按钮。另外，应避免在数据正在读/写时拔出移动硬盘。

（3）闪存盘。

闪存盘（俗称U盘）如图1-12所示，是利用闪存（Flash Memory）技术在断电后还能保持存储数据信息的原理制成，具有质量小、体积小、读/写速度快、不易损坏、采用USB接口与计算机连接、即插即用等特点，能实现在不同计算机之间进行文件交换，已经成为移动存储器的主流产品。闪存盘的存储容量一般有8 GB、16 GB、32 GB、64 GB、128 GB、512 GB等，最大可达几太字节。应避免在读/写数据时候拔出闪存盘，闪存盘也要先“删除硬件”再拔出。

（4）光盘。

光盘（Compact Disk，CD）是利用激光原理进行读/写的外存储器（见图1-13）。它具有容量大、寿命长、价格低等特点，在PC中得到了广泛的应用。

图1-12 闪存盘

图1-13 光盘与光盘驱动器

光盘分为CD（Compact Disk）、DVD（Digital Versatile Disk）等。CD光盘的容量约为650 MB；单面单层的红光DVD容量为4.7 GB，单面双层的红光DVD容量为7.5 GB，双面双层的红光DVD容量为17 GB（相当于26张CD光盘的容量）；蓝光DVD单面单层光盘的存储容量为23.3 GB、25 GB和27 GB。比蓝光DVD更新的产品是全息存储光盘。

全息存储光盘是利用全息存储技术制造而成的新型存储器，它用类似于CD和DVD的方式（即能用激光读取的模式）存储信息，但存储数据是在一个三维空间而不是通常的二维空间，并且数据检索速度比传统的快几百倍。全息存储技术因同时具有存储容量大（可达到几百吉字节至十几太字节）、数据传输速率高、冗余度高、信息寻址速度快等特点，有可能成为下一代主流存储技术。

光盘的驱动和读取是通过光盘驱动器（简称光驱）来实现的，CD-ROM光驱和DVD光驱已经成为PC的基本配置。新型的三合一驱动器能支持读取CD光盘、DVD光盘、蓝光DVD光盘和刻录光盘等功能，已被广泛应用在PC中。

5）输入设备

输入设备将信息用各种方法输入计算机，并将原始信息转化为计算机能接受的二进制数，使计算机能够处理。常用的输入设备有键盘、鼠标、扫描仪、触摸屏、手写板、光笔、话筒、摄像机、数码照相机、磁卡读入机、条码阅读机、数字化仪等。

（1）键盘。

键盘是最常用、最基本的输入设备，可用来输入数据、文本、程序和命令等。在键盘内部有专门的控制电路，当用户按下键盘上的任意一个按键时，键盘内部的控制电路会产生一个相应的二进制代码，并把这个代码传入计算机。图1-14所示为104键盘。

图1-14 键盘分布

按照各类按键的功能和排列位置，可将键盘分成4个区：主键盘（打字键）区、功能键区、编辑键区和数字小键盘区。

① 打字键区。打字键区与英文打字机键的排列次序相同，位于键盘中间，包括数字0～9、字母A ～Z，以及一些控制键，如【Shift】键、【Ctrl】键、【Alt】键等。

② 功能键区。功能键区在键盘最上面一排，指的是【Esc】键和【F1】～【F12】键，其功能由软件、操作系统或者用户定义。例如，【F1】键通常被设为帮助键。现在有些计算机厂商为了进一步方便用户，还设置了一些特定的功能键，如单键上网、收发电子邮件、播放VCD等。

③ 数字小键盘区。数字小键盘区位于键盘的右部，它主要是为录入大量的数字提供方便。其中的双字符键具有数字键和编辑键双重功能，按数字锁定键【Num Lock】即可进行上档数字状态和下档编辑状态的切换。

④ 编辑键区。编辑键区位于打字键区和数字小键盘区之间，在键盘中间偏右的地方，主要用于光标定位和编辑操作。

表1-4列出了一些常用键的功能和用法。

表1-4 常用键的功能和用法

键　名	功　能
Caps Lock	字母大/小写转换键。若键盘上的字母键为小写状态，按下此键可转换成大写状态（键盘右上角的Caps Lock指示灯亮）；再按一次又转换成小写状态（Caps Lock指示灯灭）
Shift	换档键。打字键区中左、右各一个，不能单独使用。主要有两个用途：①先按住【Shift】键，再按下某个双字符键，即可输入上档字符（若单独按双字符键，则输入下档字符）。②在小写状态下，按住【Shift】键时按字母键，输入大写字母；在大写状态下，按住【Shift】键时按字母键，输入小写字母
Space	空格键。在键盘中下方的长条键，每按一次键即在光标当前位置产生一个空格
Backspace	退格键。删除光标左侧字符
Delete（Del）	删除键。删除光标当前位置字符
Tab	称为跳格键或制表定位键。每单击一次，光标向右移动若干字符（一般为8个）的位置，常用于制表定位
Ctrl	控制键。打字键区中左、右各一个，不能单独使用。通常与其他键组合使用。如同时按住【Ctrl】键、【Alt】键和【Delete】键，可用于热启动
Alt	控制键，又称“替换”键。打字键区中左、右各一个，不能单独使用，通常与其他键组合使用，完成某些控制功能
Num Lock	数字锁定键。按数字锁定键【Num Lock】即可对小键盘进行上档数字状态和下档编辑状态的切换。Num Lock指示灯亮，小键盘上档数字状态有效，否则下档编辑状态有效
Insert（Ins）	插入/改写状态转换键。用于编辑时插入、改写状态的转换。在插入状态下输入一个字符后，该字符被插入到光标当前位置，光标所在位置后的字符将向右移动，不会被改写；在改写状态下输入一个字符时，该字符将替换光标所在位置的字符
Print Screen	屏幕复制键。在DOS状态下按该键可将当前屏幕内容在打印机上打印出来。在Windows操作系统下，按该键可将当前屏幕内容复制到剪贴板中；同时按住【Alt】键和【Print Screen】键可将当前窗口或对话框中的内容复制到剪贴板中
↑↓←→	光标移动键。在编辑状态下，每按一次该键，光标将按箭头方向移动一个字符或一行
Page Up（PgUp）	向前翻页键。每按一次该键，光标快速定位到上一页
Page Down（PgDn）	向后翻页键。每按一次该键，光标快速定位到下一页
Home	在编辑状态下，按该键，光标移动到当前行行首；同时按住【Ctrl】键和【Home】键，光标移动到文件开头位置

续表

键　名	功　能
End	在编辑状态下，按该键，光标移动到当前行行尾；同时按住【Ctrl】键和【End】键，光标移动到文件末尾
	Windows专用键。用于启动“开始”菜单
	Windows专用键。用于启动快捷菜单

（2）鼠标。

随着Windows操作系统的发展和普及，鼠标已成为计算机必备的标准输入装置。鼠标因其外形像一只拖着长尾巴的老鼠而得名。鼠标的工作原理是利用自身的移动，把移动距离及方向的信息变成脉冲传送给计算机，由计算机把脉冲转换成指针的坐标数据，从而达到指示位置和点击操作的目的。鼠标可分为机械式、光电式和机电式三种，也可分为有线鼠标和无线鼠标，如图1-15所示。

此外，还有将鼠标与键盘合二为一的输入设备，即在键盘上安装了与鼠标作用相同的跟踪球，它在笔记本计算机中应用很广泛。近年来还出现了3D鼠标和无线鼠标等。

（3）扫描仪。

扫描仪（见图1-16）是一种输入图形图像的设备，通过它可以将图片、照片、文字甚至实物等用图像形式扫描输入到计算机中。

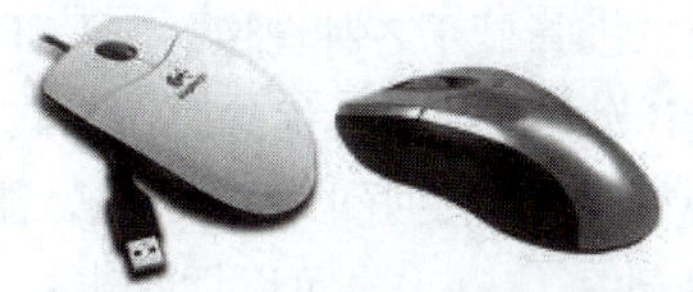

图1-15　有线鼠标和无线鼠标

图1-16　扫描仪

扫描仪最大的优点是在输入稿件时可以最大限度地保留原稿面貌，这是键盘和鼠标所办不到的。通过扫描仪得到的图像文件可以提供给图像处理程序进行处理；如果再配上光学字符识别（OCR）程序，则可以把扫描得到的图片格式的中英文图像转变为文本格式，供文字处理软件进行编辑，免去了人工输入的过程。

（4）触摸屏。

触摸屏是一种附加在显示器上的辅助输入设备。当手指在屏幕上移动时，触摸屏将手指移动的轨迹数字化，然后传送给计算机；计算机对获得的数据进行处理，实现人—机对话。其操作方法简便、直观，逐渐代替键盘和鼠标作为普通计算机的输入手段。

此外，利用手写板可以通过手写输入中英文；利用摄像头可以将各种影像输入到计算机中；利用语音识别系统可以把语音输入到计算机中。

6）输出设备

输出设备的功能是将计算机的处理结果转换为人们所能接受的形式并输出。常用的输出设备有显示器、打印机、绘图仪、影像输出系统和语音输出系统等。磁盘驱动器既是输入设备，又是输出设备。

（1）显示器。

显示器是计算机最基本的输出设备，能以数字、字符、图形或图像等形式将数据、程序运行结果或信息的编辑状态显示出来。目前常用的显示器有三类：一类是阴极射线管（Cathode Ray Tube，CRT）显示器，另一类是液晶显示器（Liquid Crystal Display，LCD），还有一类是发光二极管显示器（Light Emitting Diode，LED），如图1-17所示。

（a）CRT显示器

（b）LCD显示器

（c）LED显示器

图1-17　显示器

① CRT显示器工作时，电子枪发出电子束轰击屏幕上的某一荧光点，使该点发光，每个点由红、绿、蓝三基色组成，通过对三基色强度的控制就能合成各种不同的颜色。电子束从左到右，从上到下，逐个荧光点轰击，就可以在屏幕上形成图像。

② LCD显示器的工作原理是利用液晶材料的物理特性，当通电时，液晶中分子排列有秩序，使光线容易通过；不通电时，液晶中分子排列混乱，阻止光线通过。这样，让液晶中的分子如闸门般地阻隔或让光线穿透，就能在屏幕上显示出图像来。液晶显示器的特点是：超薄、完全平面、没有电磁辐射、能耗低，符合环保概念。

③ LED显示器。LED显示器是通过控制半导体发光二极管显示各种图像。与LCD显示器相比较，LED显示器在亮度、功耗、可视角度和刷新速率等方面都更具优势。LED与LCD的功耗比大约为1∶10，而且更高的刷新速率使得LED在视频方面有更好的性能表现，能提供宽达160°的视角，可以显示各种文字、数字、彩色图像及动画信息，也可以播放电视、录像、VCD、DVD等彩色视频信号，多幅显示器还可以进行联网播出。LED显示器的单个元素反应速度是LCD显示器的1 000倍，在强光下也可正常观看，并且能适应-40 ℃的低温。利用LED技术，可以制造出比LCD更薄、更亮、更清晰的显示器，因此拥有广泛的应用前景。

显示器的主要技术参数有显示器尺寸、分辨率等。对于相同尺寸的屏幕，分辨率越高，所显示的字符或图像就越清晰。

（2）打印机。

打印机（见图1-18）是将计算机的处理结果打印到纸上的输出设备。打印机一般连接在计算机的USB接口上。打印机按打印颜色分为单色打印机和彩色打印机；按工作方式分为击打式打印机和非击打式打印机。击打式打印机用得最多的是针式打印机，非击打式打印机用得最多的是喷墨打印机和激光打印机。

（a）针式打印机

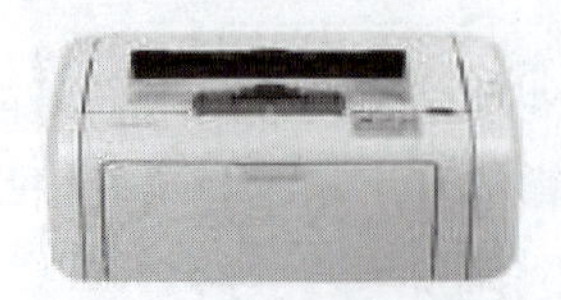
（b）激光打印机

（c）喷墨打印机

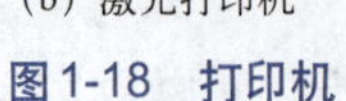
图1-18　打印机

① 针式打印机。针式打印机也称点阵打印机，由走纸机构、打印头和色带组成。针式打印机的缺点是噪声大、打印速度慢、打印质量不高、打印头针容易损坏；优点是打印成本低，可连页打印、多页打印（复印效果）、打印蜡纸等。

② 喷墨打印机。喷墨打印机是在控制电路的控制下，墨水通过墨头喷射到纸面上形成输出字符和图形。喷墨打印机体积小、无噪声、打印质量高、颜色鲜艳逼真、价格便宜，适用于个人；缺点是墨水的消耗量大。长期不用的喷墨打印机，墨头喷头会干涸，不能再使用。

③ 激光打印机。激光打印机是激光技术和静电照相技术结合的产物。这种打印机由激光源、光调制器、感光鼓、光学透镜系统、显影器、充电器等部件组成，其工作原理与复印机相似。由于激光打印机分辨率高、印字质量好、打印速度快、无击打噪声，因此深受用户的喜爱；缺点是打印成本较高。

打印机的主要技术指标是分辨率和打印速度。分辨率一般用每英寸打印的点数（dot per inch，dpi）来表示。分辨率的高低决定了打印机的印字质量。针式打印机的分辨率通常为180 dpi，喷墨打印机和激光打印机的分辨率一般都超过600 dpi。打印速度一般用每分钟能打印的纸张页数（page per minute，ppm）来表示。

7）总线

总线（Bus）是PC硬件系统用来连接CPU、存储器和输入/输出设备（I/O设备）等各种部件的公共信息通道，通常由数据总线（Data Bus，DB）、地址总线（Address Bus，AB）和控制总线（Control Bus，CB）三部分组成。数据总线在CPU与内存或I/O设备之间传送数据，地址总线用来传送存储单元或输入/输出接口的地址信息，控制总线用来传送控制和命令信号，其工作方式一般是：由发送数据的部件分时地将信息发往总线，再由总线将这些数据同时发往各个接收信息的部件，但究竟由哪个部件接收数据，由地址来决定。由此可见，总线除包括上述三组信号线外，还必须包括相关的控制和驱动电路。在PC硬件系统中，总线有自己的主频（时钟频率）、数据位数与数据传输速率，已成为一个重要的独立部件。典型的总线结构有单总线结构和多总线结构两种。常用的PC总线标准有工业标准结构（Industry Standard Architecture，ISA）或外设连接接口（Peripheral Component Interconnect，PCI）两种。PCI总线早已取代ISA总线成为PC中广泛应用的总线标准。

8）输入/输出（I/O）接口

在PC中，当增加外围设备（简称外设）时，不能直接将它接在总线上，这是因为外设种类繁多，所产生和使用的信号各不相同，工作速度通常又比CPU低，因此外设必须通过I/O接口电路才能连接到总线上。接口电路具有设备选择、信号变换及缓冲等功能，以确保CPU与外设之间能协调一致地工作。PC中一般能提供以下类别的接口（见图1-19）。

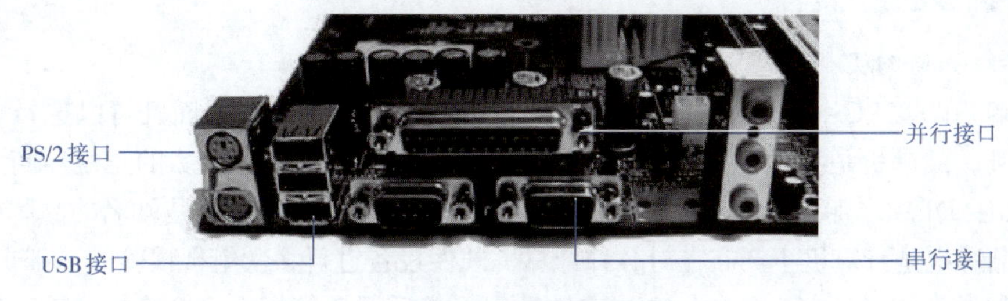

图1-19 PC接口

① 总线接口。主板一般提供多种总线类型（如PCI、AGP）的扩展槽，供用户插入相应的功能卡（如显卡、声卡、网卡等）。

② 串行口。采用二进制位串行方式（一次传输1位数据）来传送信号的接口，主要采用9针的规范，主板上提供了COM1、COM2，早期的鼠标就是连接在这种串行口上。

③ 并行口。采用二进制为并行方式（一次传输8位数据，即1字节）来传送信号的接口，主要采用25针的规范，旧款的打印机主要是连接在这种并行口上。

④ PS/2接口。考虑到资源的占用率和传输速度，PS/2接口是专门设计用来连接鼠标和键盘的接口。连接鼠标和键盘的接口看起来非常相似，但其实内部的控制电路是不同的，不能互相混插，可以用颜色来区分，通常紫色的代表键盘接口，绿色的代表鼠标接口。

⑤ USB接口。通用串行总线（Universal Serial Bus，USB）是采用新型的串行技术开发出来的接口。USB接口最大的特点是支持热插拔，而且传输速度快，USB 3.0规范达到5 Gbit/s，所以现在个人计算机的外围设备接口都提供了USB接口。

2. 了解个人计算机的主要性能指标

1）字长

字长是CPU一次能直接传输、处理的二进制数据位数，是计算机性能的一个重要指标。字长代表机器的精度，字长越长，可以表示的有效位数就越多、运算精度越高、处理能力越强。目前，PC的字长一般为64位。

2）主频

主频指的是计算机的时钟频率。时钟频率是指CPU在单位时间（秒）内发出的脉冲数，通常以兆赫兹（MHz）为单位。主频越高，计算机的运算速度越快。人们通常把PC的类型与主频标注在一起，例如，Pentium 4/3.2 GHz表示该计算机的CPU芯片类型为Pentium 4，主频为3.2 GHz。CPU主频是决定计算机运算速度的关键指标，这也是用户在购买PC时要按主频来选择CPU芯片的原因。

3）运算速度

计算机的运算速度是指每秒所能执行的指令数，用每秒百万条指令（MIPS）描述，是衡量计算机档次的一项核心指标。计算机的运算速度不但与CPU的主频有关，还与字长、内存、主板、硬盘等有关。

4）内存容量

内存容量是指随机存储器RAM的存储容量的大小。内存容量越大，所能存储的数据和运行的程序就越多，程序运行速度也越快，计算机处理信息的能力越强。

1.3.4 实训步骤

1. 了解如何购买个人计算机

目前用户购买PC一般有台式计算机和笔记本计算机两种选择，而且可以选择购买品牌机或兼容机。品牌机是指由拥有计算机生产许可证，且具有市场竞争力的正规厂商配置的计算机。IBM、DELL、联想、惠普、方正、七喜、华硕、清华同方等都是知名的品牌机生产厂商。由于品牌机是计算机生产商在对各种计算机硬件设备进行多次组合试验的基础上组装的，因此产品的质量相对较好，稳定性和兼容性较高，售后服务较好，但价格相对较高。兼容机是指根据买方要求现场组装（或自己组装）出来的计算机。由于没有经过搭配上的组合测试，因此兼容机先天就存在兼容性和稳定性的隐患，售后服务往往较差，但价格一般较低。

不管是选购品牌机还是兼容机，都应该对计算机的配置有所了解。一台计算机是由许多功能不同、型号各异的配件组成的。因此，在选购计算机之前，可先按照自己的需求，选择不同档次、型号、生产厂家的计算机配件，这就是计算机配置。有关计算机配置、价格等方面的资讯可到太平洋电脑网（https://www.pconline.com.cn）、中关村在线（https://www.zol.com.cn）等网站中查询。

配置计算机的基本原则是：实用、性能稳定、性价比高、配置均衡。在选择配置时切忌只强调CPU的档次而忽视主板、内存、显卡等重要部件的性能，不均衡的配置会造成好的部件不能充分发挥其作用。另外，计算机硬件升级非常快，购买计算机时一步到位的想法是非常错误的，即使购买的是当时最高档的硬件，一年后也可能会从高档沦为中低档。普通家用计算机只要能够运行主流的操作系统和满足日常使用的应用软件，能满足平时学习、工作、娱乐、上网的需要即可。因此其配置无须非常高，这样不仅节省购买费用，还能充分发挥各部件的功能。

另外，选购时要货比三家，选择一个比较实惠、可靠的经销商购买。在和经销商商定好价格后还要确定书面的售后服务，尤其是售后保修。购买硬件产品前一定要先检查，检查硬件是否被打开过、型号是否正确、硬件质量是否完好等。

2. PC的组装

了解个人计算机的结构和部件，购齐了计算机硬件设备（包括CPU、内存、硬盘、主板、显卡、光驱、机箱、电源、鼠标、键盘、显示器等）后，用户可以自己组装计算机。组装之前需要准备好安装的环境和所用工具，最基本的组装工具是十字螺丝刀。常规的装机顺序为：CPU→散热器→内存→电源→主板→电源连线→机箱连线→显卡→硬盘→光驱→数据线→机箱。下面简单介绍组装PC的主要过程。

1）安装CPU

将主板小心放置平稳，把主机板上的ZIF（零插拔力）插座旁的杠杆抬起。CPU的形状一般是正方形的，其中一角有个缺角。找准CPU上的缺角和主板上CPU插座上的缺角，对准后将CPU的针插入插座上的插孔，然后将插座上的杠杆放下扣紧CPU。CPU安装完成后，将少许导热硅脂均匀涂抹在CPU核心的表面，使CPU核心与散热器很好地接触，达到导热的目的。具体操作如图1-20所示。

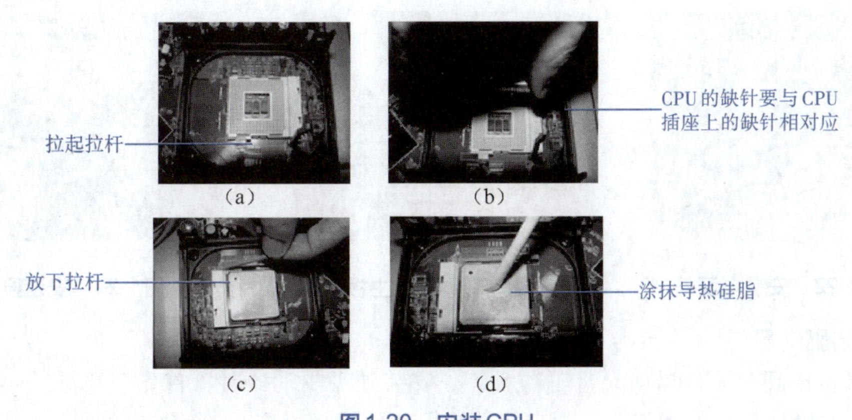

图1-20 安装CPU

2）安装内存

安装内存条之前，需要将主板上的内存插槽两端的夹脚（通常也称“保险栓”）向两边扳开。找准内存条上的豁口和插槽上的突起，对准后用力将内存条按下，插入插槽。内存条安装到位时会发出“啪啪”的声响，插槽两端的夹脚会自动扣住内存条。具体操作如图1-21所示。

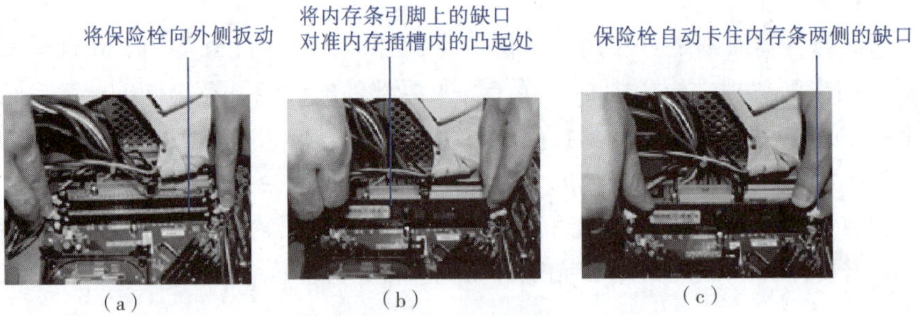

将保险栓向外侧扳动
将内存条引脚上的缺口
对准内存插槽内的凸起处
保险栓自动卡住内存条两侧的缺口
（a）
（b）
（c）

图1-21　安装内存

3）安装电源

电源的一面通常有四个螺钉孔。把有螺钉孔的一面对准机箱上的电源架，并用四个螺钉将电源固定在机箱的后面板上，使电源后的螺钉孔和机箱上的螺钉孔一一对应，然后拧上螺钉，如图1-22所示。

4）安装主板

打开主机机箱的盖子，将机箱平放在桌面上，然后小心地将主板放入机箱。确保机箱后部输出口都正确地对准位置，用螺钉拧紧，如图1-23所示；然后按主板上的印刷提示把机箱前面板的喇叭（SPEAKER）、各种指示灯（HD-LED、POWER-LED）和开关（RESET-SW、POWER-SW）连线与主板上对应的接线柱正确连接。

5）安装显卡

首先去掉主板上AGP插槽的金属挡板，然后将显卡的金手指垂直对准主板的AGP插槽。垂直向下用力，直到显卡的金手指完全插入插槽，最后用螺丝刀将螺钉拧紧，如图1-24所示。

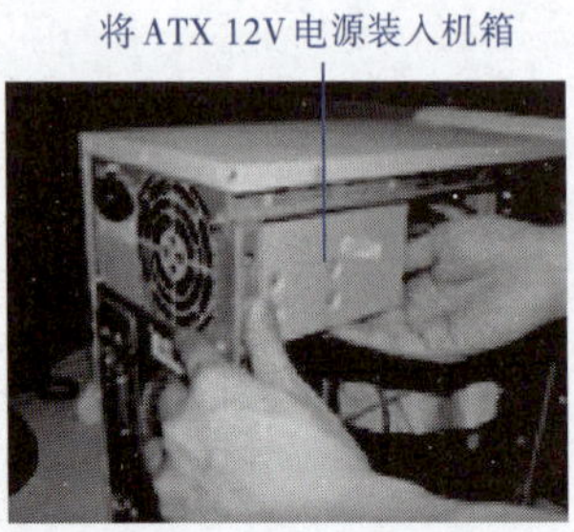

将ATX 12V电源装入机箱

图1-22　安装电源

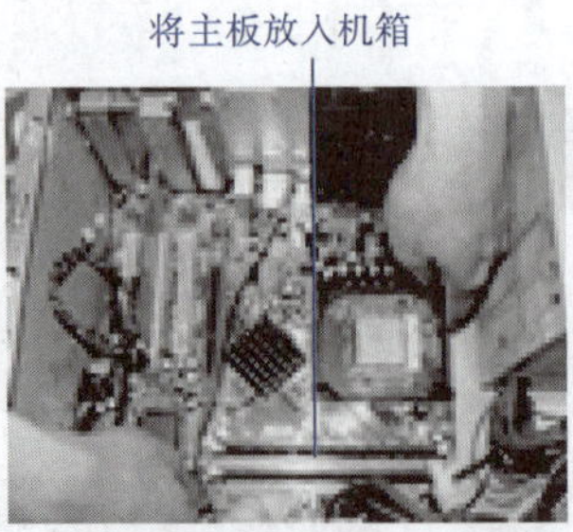

将主板放入机箱

图1-23　安装主板

将AGP显卡的金手指
垂直插入AGP插槽

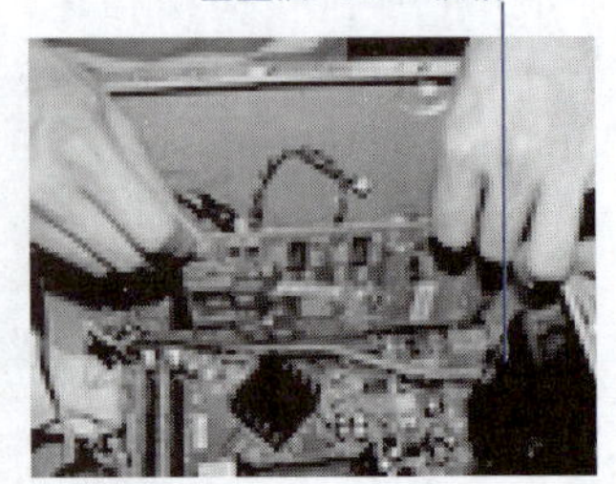

图1-24　安装显卡

6）安装驱动器

驱动器包括硬盘驱动器、光盘驱动器等。安装硬盘驱动器时，首先把硬盘反向装进机箱的硬盘架，并确认硬盘的螺钉孔与硬盘架上的螺钉位置相对应，然后拧上螺钉。安装光驱时，首先取下机箱前面板用于安装光驱的挡板，然后将光驱反向从机箱前面板装进机箱的5.25英寸槽位。确认光驱的前面板与机箱对齐平整，在光驱的每一侧用两个螺钉固定，如图1-25所示。

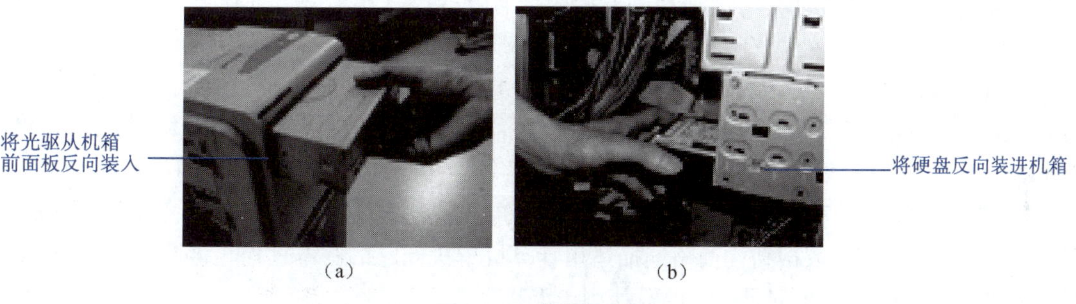

图1-25　安装驱动器

7）连接各类连线

安装以上所述主要部件后，连接各类连线，如数据线、电源线、信号线及音频线等。如果必要，还需要安装声卡和网卡等其他扩展卡。整个机箱部分组装完成后，还要连接机箱的外部连线，即把显示器、鼠标、键盘、音箱等其他外部连线分别对应地插入机箱后面板的插座中。仔细查看机箱背部并对照说明书，就可以很轻松地连接成功。

组装完机器后，还需要通电检测，成功后再扣上机箱的盖子。

1.4 程序设计基础

程序设计技术从计算机诞生到今天一直是计算机应用的核心技术。从某种意义上说，计算机的能力主要靠程序来体现，计算机之所以能在各行各业中广泛使用，主要是有丰富多彩的应用软件系统。

1.4.1　程序设计的概念

程序是计算机的一组指令，是程序设计的最终结果。程序经过编译和执行才能最终完成程序的功能。由于计算机用户知识水平的提高和出现了多种高级程序设计语言，用户也进入了软件开发领域。有时，用户为自己的多项业务编制程序要比将自己的业务需求交给别人来编程容易得多。因此。程序设计不仅是计算机专业人员必备的知识，也是其他各行各业的专业人员应该掌握的。

程序设计是指利用计算机解决问题的全过程，它包含多方面的内容，而编写程序只是其中的一部分。使用计算机解决实际问题，首先要对问题进行分析并建立数学模型，然后考虑数据的组织方式和算法，并用某种程序设计语言编写程序，最后调试程序，使之运行后能产生预期的结果，这个过程称为程序设计。程序设计的基本目标是实现算法和对初始数据进行处理，从而完成问题的求解。

学习程序设计的目的不只是学习一种特定的程序设计语言，而是要结合某种程序设计语言学习进行程序设计的一般方法。

程序设计的基本过程包括分析所求解的问题、抽象数学模型、设计合适的算法、编写程序、调试运行直至得到正确结果和整理文档交付使用6个阶段。各设计步骤具体如下：

① 分析问题，明确任务。在接到某项任务后，首先需要对任务进行调查和分析，明确要实现的功能；然后详细地分析要处理的原始数据有哪些，从哪里来，是什么性质的数据，要进行怎样的加工处理，处理的结果送到哪里，要求是打印、显示还是保存到磁盘。

② 建立数学模型，选择合适的解决方案。对要解决的问题进行分析，找出它们的运算和变化规律，然后进行归纳，并用抽象的数学语言描述出来。也就是说，将具体问题抽象为数学问题。

③ 确定数据结构和算法。方案确定后，要考虑程序中要处理的数据的组织形式（即数据结构），并针对选定的数据结构简略地描述用计算机解决问题的基本过程，再设计相应的算法（即解题的步骤）。然后根据已确定的算法画出流程图。

④ 编写程序。编写程序就是把用流程图或其他描述方法描述的算法用计算机语言描述出来。这一步应注意的是要选择一种合适的语言来适应实际算法和计算机环境，并要正确地使用语言，准确地描述算法。

⑤ 调试程序。将源程序送入计算机，通过执行所编写的程序找出程序中的错误并进行修改，再次运行、查错、改错，重复这些步骤，直到程序的执行效果达到预期的目标。

⑥ 整理文档，交付使用。程序调试通过后，应将解决问题整个过程的有关文档进行整理，编写程序使用说明书。

以上是一个完整的程序设计的基本过程。对于初学者而言，因为要解决的问题都比较简单，所以可以将上述步骤合并为一步，即分析问题、设计算法。

1.4.2 程序设计方法

如果程序只是为了解决比较简单的问题，那么通常不需要关心程序设计思想，但对于规模较大的应用开发来讲，显然需要用工程的思想指导程序设计。

早期的程序设计语言主要面向科学计算，程序规模通常不大。20世纪60年代以后，计算机硬件的发展非常迅速，但是程序员要解决的问题却变得更加复杂，程序的规模越来越大，出现了一些需要几十甚至上百人合作才能完成的大型软件，这类程序必须由多个程序员密切合作才能完成。由于旧的程序设计方法很少考虑程序员之间交流协作的需要，所以不能适应新形势的发展，因此编出软件中的错误随着软件规模的增大而迅速增加，甚至有些软件尚未正式发布便因故障率太高而宣布报废，由此产生了“软件危机”。

结构化程序设计方法正是在这种背景下产生的，现在面向对象程序设计、第4代程序设计语言、计算机辅助软件工程等软件设计和生产技术都已日臻完善。随着计算机软件、硬件技术的发展交相辉映，计算机的发展和应用达到了前所未有的高度和广度。

1.4.3 程序设计语言

对程序设计语言的分类可以从不同的角度进行，如面向机器的程序设计语言、面向过程的程序设计语言、面向对象的程序设计语言等。最常见的分类方法是根据程序设计语言与计算机硬件的联系程度将其分为三类，即机器语言、汇编语言和高级语言。

① 机器语言。从本质上说，计算机只能识别0 和1两个数字，因此，计算机能够直接识别的指令是由一连串的0和1组合起来的二进制编码，称为机器指令。机器语言是指计算机能

够直接识别的指令的集合，它是最早出现的计算机语言。机器指令一般由操作码和操作数组成，其具体表现形式和功能与计算机系统的结构有关，所以是一种面向机器的语言。

② 汇编语言。为了克服机器语言的缺点，人们对机器语言进行了改进，用一些容易记忆和辨别的有意义的符号代替机器指令。用这样一些符号代替机器指令所产生的语言称为汇编语言，也称符号语言。

③ 高级语言。为了从根本上改变语言体系，使计算机语言更接近于自然语言，并力求使语言脱离具体机器，达到程序可移植的目的，20 世纪 50 年代末出现了独立于机型的、接近于自然语言、容易学习使用的高级语言。高级语言是一种用接近自然语言和数学语言的语法、符号描述基本操作的程序设计语言，它符合人们叙述问题的习惯，因此简单易学。

机器并不能直接识别高级语言，需要把这些文字翻译成机器可执行的二进制文件，这一部分的工作是由编译系统完成的。编译系统由预处理器、编译器、汇编器、连接器四部分组成，共同完成将源文件编译成二进制可执行文件，各个部分完成的具体工作如图 1-26 所示。

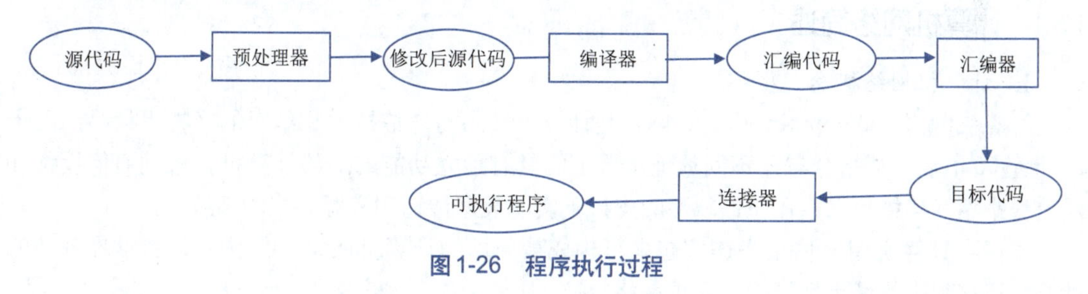

图 1-26　程序执行过程

1.4.4　软件开发过程

软件开发过程就是使用适当的资源，为开发软件进行的一组开发活动。这组活动包含计划、开发和运行。将这组活动分为若干阶段，在每个阶段应完成的基本任务和产生的文档如表 1-5 所示。

表 1-5　各阶段的任务和文档

时　间	阶　段	任　务	文　档
计划	问题定义	调查用户需求，分析并提出软件项目的目标和规模	系统目标与范围说明书
	可行性分析	从经济、技术、运行和法律方面研究其可行性	可行性论证报告
开发	需求分析	软件系统的目标及应完成什么工作，即做什么	需求规格说明书
	软件设计	总体设计：系统的结构设计和接口设计	总体设计说明书
		详细设计：系统的模块设计，即做什么	详细设计说明书
	软件测试	单元测试、综合测试、确认测试、系统测试	测试后的软件、测试大纲、测试方案与结果
运行	软件维护	运行和维护	维护后的软件

1.5 计算机网络基础

当今社会正处于经济快速发展的信息时代，作为信息高速公路的计算机网络，以前所未有的速度迅猛发展。从20世纪70年代互联网前身ARPANET建成发展至今，互联网已经拥有近50年的发展历史，联网主机已从1971年ARPANET的23台主机发展为当前的51亿台。风靡全球的因特网，已成为世界上覆盖面最广、规模最大、信息资源最丰富的计算机网络，是人类工作与生活中不可缺少的基本工具。1994年，中国第一个真正意义上的互联网实现连接。截至2020年12月，我国网民已达到9.9亿，真正成为互联网大国。中国在互联网技术应用与创新上也取得了长足的发展。掌握计算机网络的基本知识及应用，是当今信息时代对大学生的基本要求。

1.5.1 计算机网络简述

1. 计算机网络概念

计算机网络（Computer Networks）是计算机技术与通信技术相结合的产物，最早出现于20世纪50年代，是指分布在不同地理位置上的具有独立功能的一群计算机，通过通信设备和通信线路相互连接起来，在通信软件的支持下实现数据传输和资源共享的系统。

将两台计算机用通信线路连接起来可构成最简单的计算机网络，因特网是将世界各地的计算机连接起来的最大规模的计算机网络。

2. 计算机网络的主要功能

计算机网络的功能主要表现为资源共享与快速通信。资源共享可降低资源的使用费用，共享的资源包括硬件资源（如存储器、打印机等）、软件资源（如各种应用软件）及信息资源（如网上图书馆、网上大学等）。计算机网络为联网的计算机提供了有力的快速通信手段，计算机之间可以传输各种电子数据、发布新闻等。计算机网络已广泛应用于军事、经济、科研、教育、商业、家庭等各个领域。

3. 计算机网络的分类

计算机网络可以从不同的角度分类，最常见的方法是按网络覆盖范围进行分类。按网络覆盖范围，将网络分为局域网（Local Area Network，LAN）、城域网（Metropolitan Area Network，MAN）、广域网（Wide Area Network，WAN）和互联网（Internet）。

1）局域网

局域网又称局部区域网，一般由PC通过高速通信线路相连，覆盖范围为几十米到几千米，通常用于连接一间办公室、一栋大楼或一所学校范围内的主机。局域网的覆盖范围小，数据传输速率及可靠性比较高。

2）城域网

城域网是在一个城市范围内建立的计算机网络，覆盖范围一般为几千米至几十千米。城域网通常使用与局域网相似的技术。城域网的一个重要作用是作为城市的主干网，将同一城市内不同地点的主机、数据库及局域网连接起来。

3）广域网

广域网又称远程网，是远距离大范围的计算机网络，覆盖范围一般为几十千米至几千千米。这类网络的作用是实现远距离计算机之间的数据传输和信息共享。广域网可以是跨地区、跨城市、跨国家的计算机网络。广域网通常借用传统的公用通信网络（如公用电话网）进行通信，其数据传输率比局域网低。由于广域网涉辖的范围很大，联网的计算机众多，因此广域网上的信息量非常大，共享的信息资源极为丰富。

4）互联网

互联网是指通过网络互联设备，将分布在不同地理位置、同种类型或不同类型的两个或两个以上的独立网络进行连接，使之成为更大规模的网络系统，以实现更大范围的数据通信和资源共享。

Internet又称因特网，连接了世界上成千上万个各种类型的局域网、城域网和广域网。因此，无论从地理范围还是从网络规模来讲，它都是当前世界上最大的互联网络。

4. 计算机网络的拓扑结构

计算机网络的另一种重要分类方法，就是按网络的拓扑结构来划分网络的类型。拓扑（Topology）也称拓扑学，是从图论演变而来的一个数学分支，属于几何学的范畴，是一种研究与大小、形状无关的点、线、面特点的方法。在计算机网络中，将计算机和通信设备（节点）抽象为点，将通信线路抽象为线，就成了点、线组成的几何图形，从而抽象出了网络共同特征的结构图形，这种结构图形就是网络拓扑结构。因此，采用拓扑学方法抽象的网络结构，称为网络拓扑结构。网络拓扑结构反映出网络中的个体与实体的结构关系，是建设计算机网络的第一步，是实现各种网络协议的基础，它对网络的性能、系统的可靠性与通信费用都有重大影响。

网络的基本拓扑结构有星状结构、环状结构、网状结构、总线结构和树状结构，如图1-27所示。

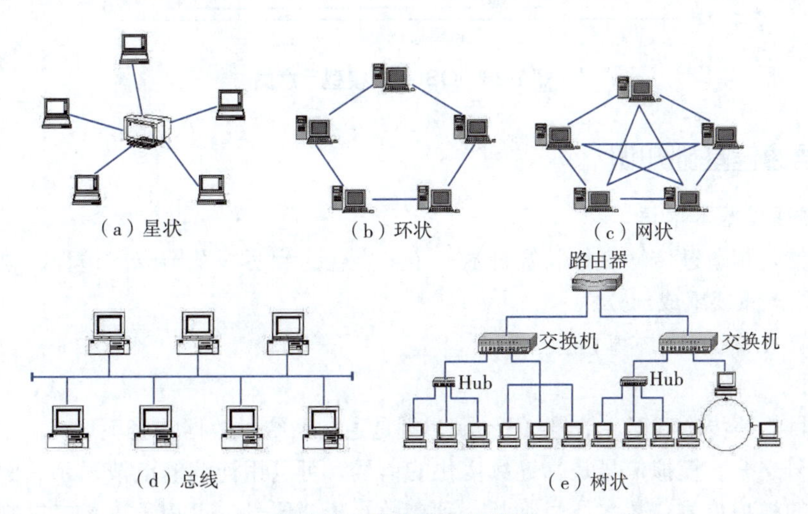

图1-27　网络的拓扑结构

局域网由于覆盖范围较小、拓扑结构相对简单，通常采用星状结构、环状结构或总线结构。广域网由于分布范围广，结构复杂，一般为树状结构或网状结构。一个实际的计算机网络拓扑结构，可能是由上述几种拓扑类型混合构成的。

5. 计算机网络的体系结构

在计算机网络发展的初期，由于不同厂家生产的网络设备不兼容的问题，造成了网络互联的困难。为了解决这个问题，国际标准化组织（ISO）于1984年公布了开放系统互连参考模型（Open System Interconnection Reference Model，OSI），成为网络体系结构的国际标准。该模型的公布对于减少网络设计的复杂性，以及在网络设备标准化方面起到了积极作用。

OSI将计算机互联的功能划分成七个层次，规定了同层次进程通信的协议及相邻层次之间的接口及服务，又称七层协议。该模型自下而上的各层分别为物理层、数据链路层、网络层、传输层、会话层、表示层及应用层，如图1-28所示。

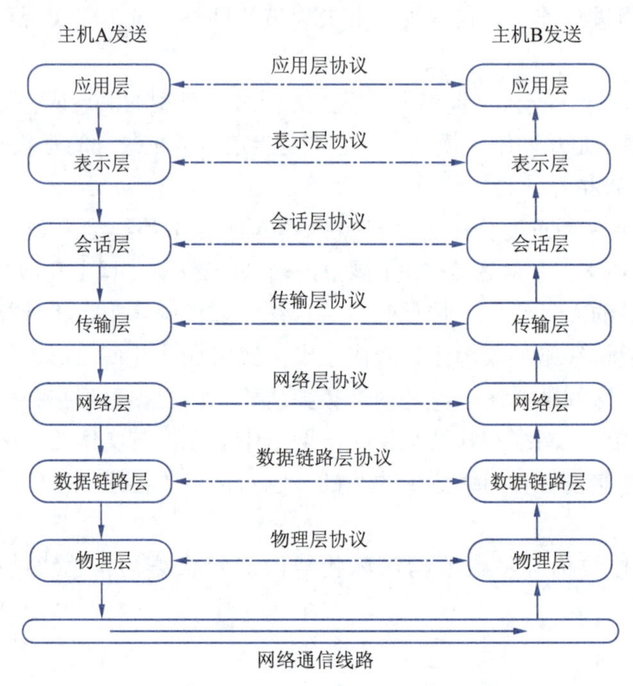

图1-28　OSI七层模型示意图

1.5.2　数据通信基础知识

1. 数据通信基本术语

数据通信是指通过传输媒体将数据从一个节点传送到另一个节点的过程。数据通信技术是计算机网络的重要组成部分。

下面是有关通信的基本术语。

1）信号

通信的目的是传输数据，信号（Signal）则是通信系统中数据的表现形式。信号有模拟信号与数字信号之分。模拟信号是指连续变化的信号，可以用连续的电波表示。例如，声音就是一种典型的模拟信号。数字信号则是一种离散的脉冲信号，可用于表示二进制数。计算机内部处理的信号都是数字信号。

2）信道

信道（Channel）是计算机网络中通信双方之间传递信号的通路，由传输介质及其两端的信道设备共同构成。按照信道传输介质的不同，可分为有线信道、无线信道和卫星信道。按照信道中传输的信号类型来分，可分为模拟信道和数字信道。模拟信道传输模拟信号，数字信道传输二进制脉冲信号。

3）调制与解调

要在模拟信道上传输数字信号，首先必须在发送端将数字信号转换成模拟信号，此过程称为调制（Modulate）；然后，在接收端将模拟信号还原成数字信号，这个过程称为解调（Demodulate）。把调制和解调这两种功能结合在一起的设备，称为调制解调器（Modem）。因此，如果要使用普通电话线在公用电话网（PSTN）这样的模拟信道上传输数字信号，通信双方都必须安装调制解调器。

4）带宽与传输速率

在模拟信道中，以带宽（Bandwidth）表示信道传输信息的能力。带宽指信道能传送信号的频率宽度，即可传送信号的高频率与低频率之差。带宽以赫兹（Hz）为基本单位，大的单位有千赫（kHz）、兆赫（MHz）或吉赫（GHz）。例如，电话信道的频率为300～3 400 Hz，即带宽为3 100 Hz。

在数字信道中，用数据传输速率（即每秒传输的二进制数码的位数）表示信道传输信息的能力。由于二进制位称为比特（bit），所以数据传输速率也称比特率。比特率的基本单位为比特每秒（bit/s）大的单位有千比特每秒（kbit/s）、兆比特每秒（Mbit/s）或吉比特每秒（Gbit/s）。例如，调制解调器的最大传输速率为56 kbit/s。

通信信道的带宽与数据传输速率均用于表示信道传输信息的能力。当使用模拟信道传送数字信号时，信道的最大传输率与信道带宽之间存在密切关系，带宽越大，通信能力就越强，传输率也就越高。

根据传输率的不同，信道带宽有宽带与窄带之分。但目前宽带与窄带之间还没有一个公认的分界线。

5）误码率

误码率（Bit Error Rate，BER）是指在信息传输过程中的出错率，是通信系统的可靠性指标。在计算机网络系统中，通信系统的误码率越低，可靠性就越高。

2. 通信协议基本概念

通信协议（Communications Protocol）是在网络通信中通信双方必须遵守的规则，是网络通信时使用的一种共同语言。通信协议精确地定义了网络中的计算机在彼此通信过程中的所有细节。例如，发送方的计算机发送的信息的格式和含义，以及接收方的计算机应做出哪些应答等。

在网络的发展过程中，产生了各种各样的通信协议。例如，NetBIOS（网络基本输入/输出系统）协议主要用于局域网。IPX/SPX协议，其中IPX是Internetwork Packet Exchange（互联网包交换），SPX是Sequences Packet Exchange（顺序包交换），该协议是由Novell公司提出的用于客户机/服务器连接的网络协议，多用于该公司开发的NetWare网络环境。TCP/IP协议则是目前因特网使用的通信协议。TCP（Transfer Control Protocol，传输控制协议）、IP（Internet Protocol，因特网协议）实为一个协议簇（组），它除了包含TCP和IP这两个基本协议外，还包括了与其相关的数十种通信协议，例如DNS、FTP、HTTP、POP、PPP等。TCP/IP协议簇成功解决了不同类型的网络之间的互联问题，是现今网络互联的核心协议。

3. 计算机网络传输介质

传输介质是计算机网络通信中实际传送信息的物理媒体，是连接信息收、发双方的物理通道。传输介质分为两种：有线介质和无线介质。

1）有线介质

常见的有线介质有同轴电缆（Coaxial Cable）、双绞线（Twist Pair）电缆、光缆（Optical Cable）和电话线（Telephone Wire）等。

（1）同轴电缆。同轴电缆的中心部分是一根导线，通常是铜质导线，导线外有一层起绝缘作用的塑性材料，再包上一层用于屏蔽外界干扰的金属网，最外层是起保护作用的塑料外套。同轴电缆分为基带与宽带两种。基带同轴电缆常用于组建总线局域网络；宽带同轴电缆是有线电视系统（CATV）中的标准传输电缆。基带同轴电缆有粗缆与细缆之分。粗缆的传输距离可达1 000 m，细缆的传输距离为185 m。

（2）双绞线。双绞线是两条相互绝缘并绞合在一起的导线。双绞线通常使用铜质导线，按一定距离绞合若干次，以降低外部电磁干扰，保护传输的信息。双绞线早已在电话网络中使用，而用于计算机网络的双绞线，通常将四对双绞线再绞合，外加保护套，做成双绞线电缆。双绞线产品有非屏蔽双绞线（UTP）和屏蔽双绞线（STP）两种，屏蔽双绞线性能优于非屏蔽双绞线。国际电气（电信）工业协会（IEEE）定义了七类双绞线，其中第五类双绞线是目前使用最广泛的，常用于组建星状局域网络，其最大传输率为100 Mbit/s（兆比特每秒），最大传输距离为100 m。

（3）光缆。光缆也称光纤（Fiber Optics）电缆。光缆芯线由光导纤维做成。光导纤维是一种极细的导光纤维，由玻璃或塑料等材料制造。光缆传输的是光脉冲信号，而不是电脉冲信号。光缆是一种新型的传输介质，通信容量大，传输速率高，通信距离远，抗干扰能力强，是较安全的传输介质，被广泛用于建设高速计算机网络的主干网。光纤网络技术较为复杂，造价昂贵。

光纤有单模光纤和多模光纤之分。多模光纤使用发光二极管产生用于传输的光脉冲，单模光纤则使用激光。单模光纤传输距离比多模光纤更远，但价格更高。

（4）电话线。计算机可以使用调制解调器，利用电话线，借助公用电话网（PSTN）连入计算机网络。

2）无线介质

常用的无线介质有微波（Microwave）、无线电波（Radio waves）和红外线（Infrared）等。通过无线介质进行无线传输的方式有微波通信、无线电通信、红外线通信及蓝牙通信等。微波通信有地面微波通信和卫星微波通信之分。微波通信方式主要用于远程通信，无线电及红外线通信方式主要用于组建局域网。蓝牙是一种支持设备短距离通信（一般10 m内）的无线电技术，能在包括移动电话、PDA、无线耳机、笔记本计算机、相关外设等众多设备之间进行无线信息交换。无线传输不受固定地理位置限制，可以实现三维立体通信和移动通信。无线传输的速率较低，安全性不高，且容易受到天气变化的影响。

4. 网络传输效果

一台计算机通过网络传送或接收信息，都希望传输速率越快越好。但是，网络传输速率是由从个人使用的计算机到网络传输目标计算机之间的各个环节的硬件（计算机、服务器、传输介质、网络互联设备）、软件（本机的浏览器、网络协议、网络操作系统）、数据交换方式和公共通信网络等的传输性能所决定的，即在整个传输环路中传输速率，都直接影响用户计算机的接收或传送的传输速率。

1.5.3　计算机网络的组成

计算机网络系统与计算机系统一样，由硬件和软件两部分组成。

1. 网络硬件设备

常见的用于组网和联网的硬件设备主要有如下几种。

1）网络适配器

网络适配器（Network Adapter）又称网络接口卡（Network Interface Card，NIC），简称网卡。网卡是构成网络必需的基本设备，用于将计算机和传输媒介相连。网卡插在计算机扩展槽中，或集成于计算机主板中。

2）调制解调器

调制解调器是计算机通过电话网接入网络（通常是接入因特网）的设备，它具有调制和解调两种功能，以实现模拟信号与数字信号之间的相互转换。

3）交换机

交换机（Switch）是集线器的升级换代产品。交换机具有物理编址、错误校验及信息流量控制等功能。目前的一些高档交换机还具备对虚拟局域网（VLAN）的支持、对链路汇聚的支持，甚至有的还具有路由和防火墙等功能。交换机是目前热门的网络设备，既用于局域网，也用于互联网。

4）路由器

路由（Routing）是指通过相互连接的网络，把信号从源节点传输到目标节点的活动。一般来说，在路由过程中，信号将经过一个或多个中间节点。路由是为一条信息选择最佳传输路径的过程。路由器（Router）是实现网络互联的通信设备。路由器为经过该设备的每个数据帧（信息单元），在复杂的互联网络中寻找一条最佳传输路径，并将其有效地传送到目的节点。

除上面介绍的网络连接设备外，还有中继器（Repeater）、网桥（Bridge）、网关（Gateway）、收发器（Transceiver）等网络设备。

随着无线局域网技术的推广应用和发展，越来越多的无线网络设备（如无线AP、无线网卡、无线网络路由器等）用于组建无线局域网。

2. 网络软件

1）网络系统软件

网络系统软件是控制和管理网络运行，提供网络通信、分配和管理共享资源的网络软件，其中包括网络操作系统、网络协议软件（如TCP/IP软件）、通信控制软件和管理软件等。

网络操作系统是网络软件的核心软件，除有一般操作系统的功能外，还具有管理计算机网络的硬件资源与软件资源、计算机网络通信和计算机网络安全等方面的功能。

目前流行的网络操作系统有Windows Server 2008/2012/2016/2019、UNIX和Linux等。Windows 10也具有一定的网络管理功能，但不属专业的网络操作系统。

2）网络应用软件

网络应用软件包括两类软件：一类是用来扩充网络操作系统功能的软件，如浏览器软件、电子邮件客户软件、文件传输（FTP）软件、BBS客户软件、网络数据库管理软件等；另一类是基于计算机网络应用而开发出来的用户软件，如民航售票系统、远程物流管理软件等。

1.5.4 C/S结构与B/S结构

网络及其应用技术的发展，推动了网络计算模式的不断更新。局域网的网络计算模式主要有C/S结构与B/S结构两种。

1. C/S结构

C/S（Client/Server）结构又称C/S模式或客户机/服务器模式，是以网络为基础，数据库为后援，把应用分布在客户机和服务器上的分布处理系统。C/S的优点是能充分发挥客户机的处理能力，很多工作可以在客户机处理后再提交给服务器。其缺点主要有：只适用于局域网；客户机需要安装专用的客户机软件；系统软件升级时，每一台客户机需要重新安装客户机软件。

2. B/S结构

B/S（Browser/Server）结构又称B/S模式或浏览器/服务器模式，是Web兴起后的一种网络结构模式。服务器端除了要建立文件服务器或数据库服务器外，还必须配置一个Web服务器，负责处理客户的请求并分发相应的Web页面；客户端上只要安装一个浏览器即可。客户端通常不直接与后台的数据库服务器通信，而是通过相应的Web服务器“代理”以间接的方式进行。

B/S结构最大的优点是系统的使用和扩展非常容易。这种模式统一了客户端，将系统功能实现的核心部分集中到服务器上，简化了系统的开发、维护和使用。目前，B/S结构的应用越来越广泛。

1.5.5 计算机网络新技术

1. IPv6

随着Internet的发展，IPv4由于存在地址空间危机、IP性能及IP安全性等问题，严重制约了IP技术的应用和未来网络的发展，将逐渐被IPv6所取代。IPv6的发展是从1992年开始的，经过近20年的发展，IPv6的标准体系已经基本完善，目前正处于IPv4和IPv6共存的过渡时期。IPv6具有拥有大地址空间、即插即用、移动便捷、易于配置、贴身安全、QoS较好等优点。随着为各种设备增加网络功能的成本的下降，以及互联网产业的发展，IPv6将在连接有各种装置的超大型网络中运行良好，可以上网的不仅仅是计算机、手机，也可以是家用电器、信用卡等。

2. 语义网

万维网（Word Wide Web）已成为人们获得信息、取得服务的重要渠道之一，但是，目前万维网基本上不能识别语义，信息检索技术的准确率很难让人们满意。其原因是传统的信息检索技术都是基于字词的关键字查找和全文检索，只是语法层面上的字、词的简单匹配，缺乏对知识的表示、处理和理解能力。

语义网（Semantic Web）是未来的万维网发展方向，是当前万维网研究的热点之一。语义网就是能够根据语义进行判断的网络。在语义网中，信息都被赋予了明确的含义，机器能够自动处理和集成网上可用的信息。

3. 网格技术

网格技术的目的是利用互联网把分散在不同地理位置的计算机组织成一台“虚拟的超级计算机”，实现计算资源、存储资源、数据资源、信息资源、软件资源、通信资源、知识资源、专家资源等的全面共享。其中，每一台参与的计算机就是一个节点，就像摆放在围棋棋盘上的棋子一样，而棋盘上纵横交错的线条对应于现实世界的网络，所以整个系统就称为“网格”。传统互联网实现了计算机硬件的连通，Web实现了网页的连通，而网格实现了互联网上所有资源的全面连通。

4. P2P技术

P2P（Peer to Peer）可以理解为“点对点”。FTP下载和HTTP下载有一个共同点就是用户必须访问服务器，从服务器下载信息。而P2P技术的出现，让下载者自己成为下载服务器，同时也是下载用户，不存在服务器和用户的概念，每台计算机都可以是资源发布者，同时也是资源下载者。P2P直接将人们联系起来，让人们通过互联网直接交互，使得网络上的沟通变得容易。

5. 移动计算技术

移动计算技术是随着移动通信、互联网、数据库、分布式计算等技术的发展而兴起的新技术。它的作用是将信息准确、及时地在任何时间提供给任何地点的任何客户。移动计算技术使计算机或其他信息智能终端设备在无线环境下实现数据传输及资源共享，这将极大地改变人们的生活方式和工作方式。

与固定网络上的分布计算相比，移动计算具有以下主要特点：

① 移动性。在移动过程中，可以通过所在无线单元的MSS与固定网络的节点或其他移动计算机连接。

② 网络条件多样性。在移动过程中所使用的网络一般是变化的，这些网络既可以是高带宽的固定网络，也可以是低带宽的无线广域网（CDPD），甚至处于断接状态。

③ 频繁断接性。由于受电源、无线通信费用、网络条件等因素的限制，移动计算机一般不会采用持续联网的工作方式，而是主动或被动地间连、断接。

④ 网络通信的非对称性。一般固定服务器节点具有强大的发送设备，移动节点的发送能力较弱。因此，下行链路和上行链路的通信带宽和代价相差较大。

⑤ 移动计算机的电源能力有限。移动计算机主要依靠蓄电池供电，容量有限。经验表明，电池容量的提高远低于同期CPU速度和存储容量的发展速度。

⑥ 可靠性低。这与无线网络本身的可靠性及移动计算环境易受干扰和不安全等因素有关。

由于移动计算具有上述特点，构造一个移动应用系统，必须在终端、网络、数据库平台以及应用开发上做一些特定考虑。应用上需要考虑与位置移动相关的查询和计算的优化。

移动计算是一个多学科交叉、涵盖范围广泛的新兴技术，是计算技术研究中的热点领域，并被认为是对未来具有深远影响的技术方向之一。

6. 物联网技术

物联网（the Internet of Things）是新一代信息技术的重要组成部分。顾名思义，物联网就是“物物相连的互联网”。这有两层意思：第一，物联网的核心和基础仍然是互联网，是在互联网基础上延伸和扩展的网络；第二，其用户端延伸和扩展到了任何物体与物体之间，进行信息交换和通信。因此，物联网的定义是：通过射频识别（RFID）、红外感应器、全球定位系统、激光扫描器等信息传感设备，按约定的协议，把任何物体与互联网相连接，进行信息交换和通信，以实现对物体的智能化识别、定位、跟踪、监控、管理和控制的一种网络。

与传统的互联网相比，物联网有其鲜明的特征。首先，它是各种感知技术的广泛应用。物联网上部署了海量的多种类型传感器，每个传感器都是一个信息源，不同类别的传感器所捕获的信息内容和信息格式不同。其次，它是一种建立在互联网上的泛在网络。物联网技术的重要基础和核心仍旧是互联网，通过各种有线和无线网络与互联网融合，将物体的信息实时、准确地传递出去。另外，物联网不仅仅提供了传感器的连接，其本身也具有智能处理的能力，能够对物体实施智能控制。物联网将传感器和智能处理相结合，利用云计算、模式识别等各种智能技术，扩充其应用领域。从传感器获得的海量信息中分析、加工和处理得出有意义的数据，以适应不同用户的不同需求，发现新的应用领域和应用模式。

1.6 大数据与云计算

从技术上看，大数据与云计算的关系就像一枚硬币的正反面一样密不可分。大数据必然无法用单台的计算机进行处理，必须采用分布式架构。它的特色在于对海量数据进行分布式数据挖掘。但它必须依托云计算的分布式处理、分布式数据库和云存储、虚拟化技术。

1.6.1 大数据

大数据（Big Data）是指无法在一定时间范围内用常规软件工具进行捕捉、管理和处理的数据集合，是需要新处理模式才能具有更强的决策力、洞察发现力和流程优化能力的海量、高增长率和多样化的信息资产。

现在的社会是一个高速发展的社会，科技发达，信息流通，人们之间的交流越来越密切，生活也越来越方便，大数据就是这个高科技时代的产物。阿里巴巴创办人马云曾在演讲中提到，未来的时代将不是IT时代，而是DT时代，DT就是Data Technology（数据科技），显示大数据对于阿里巴巴集团来说举足轻重。

有人把数据比喻为蕴藏能量的煤矿。煤炭按照性质有焦煤、无烟煤、肥煤、贫煤等分类，而露天煤矿、深山煤矿的挖掘成本又不一样。与此类似，大数据并不在“大”，而在于“有用”。价值含量、挖掘成本比数量更为重要。对于很多行业而言，如何利用这些大规模数据是赢得竞争的关键。

大数据的价值体现在以下几个方面：

（1）对大量消费者提供产品或服务的企业可以利用大数据进行精准营销。

（2）做小而美模式的中小微企业可以利用大数据做服务转型。

（3）面临互联网压力之下必须转型的传统企业需要与时俱进充分利用大数据的价值。

在这个快速发展的智能硬件时代，困扰应用开发者的一个重要问题就是如何在功率、覆盖范围、传输速率和成本之间找到那个微妙的平衡点。企业组织利用相关数据和分析有助于降低成本、提高效率、开发新产品、做出更明智的业务决策等。例如，通过结合大数据和高性能的分析，下面这些对企业有益的情况都可能会发生：

（1）及时解析故障、问题和缺陷的根源，每年可能为企业节省数十亿美元。

（2）为成千上万的快递车辆规划实时交通路线，躲避拥堵。

（3）分析所有 SKU，以利润最大化为目标来定价和清理库存。

（4）根据客户的购买习惯，为其推送他可能感兴趣的优惠信息。

（5）从大量客户中快速识别出金牌客户。

（6）使用点击流分析和数据挖掘来规避欺诈行为。

1.6.2 云计算

云计算（Cloud Computing）是分布式计算（Distributed Computing）技术的一种，大规模分布式计算技术即为云计算的概念起源。云计算是并行处理（Parallel Computing）和网格计算（Grid Computing）的发展，或者说是这些计算机科学概念的商业实现。云计算是一种基于因特网的超级计算模式，在远程的数据中，成千上万台计算机和服务器连接成一片“计算机云”。用户通过台式计算机、笔记本计算机、手机等方式接入数据中心，按自己的需求进行运算。

云计算技术的应用主要有以下几个方面：

（1）安全。云计算提供了最可靠、最安全的数据存储中心，用户不用再担心数据丢失、病毒入侵等麻烦。

（2）方便。对用户端的设备要求最低，使用起来很方便。

（3）数据共享。可以轻松实现不同设备间的数据与应用共享。

（4）无限可能。为用户使用网络提供的服务，提供了几乎无限多的可能。

云计算最重要的创新是将软件、硬件和服务共同纳入资源池，三者紧密地结合起来，融合为一个不可分割的整体，并通过网络向用户提供恰当的服务。云计算代表了一个时代需求，反映了市场关系的变化，谁拥有更为庞大的数据规模，谁就可以提供更广、更深的信息服务，而软件和硬件的影响相对缩小。通常，它的服务类型分为三类，即基础设施即服务（IaaS）、平台即服务（PaaS）和软件即服务（SaaS）。这三种云计算服务有时称为云计算堆栈，因为它们构建堆栈，它们位于彼此之上，以下是这三种服务的概述：

1. 基础设施即服务

基础设施即服务是主要的服务类别之一，它向云计算提供商的个人或组织提供虚拟化计算资源，如虚拟机、存储、网络和操作系统。

2. 平台即服务

平台即服务是一种服务类别，为开发人员提供通过全球互联网构建应用程序和服务的平台。PaaS 为开发、测试和管理软件应用程序提供按需开发环境。

3. 软件即服务

软件即服务也是其服务的一类，通过互联网提供按需软件付费应用程序，云计算提供商托管和管理软件应用程序，并允许其用户连接到应用程序并通过全球互联网访问应用程序。

1.7 计算机安全

随着计算机技术的发展和互联网的扩大，计算机已成为人们生活和工作中所依赖的重要工具。与此同时，计算机病毒及网络黑客对计算机网络的攻击也与日俱增，而且破坏性日益严重。计算机系统的安全问题，成为当今计算机研制人员和应用人员所面临的重大问题。

1.7.1 基本概念

1. 计算机安全的定义

国际标准化组织对“计算机安全”的定义是：“为数据处理系统所采取的技术的和管理的安全保护，保护计算机硬件、软件、数据不因偶然的或恶意的原因而遭到破坏、更改、显露。”中国公安部计算机管理监察司对其的定义是：“计算机安全是指计算机资产安全，即计算机信息系统资源和信息资源不受自然和人为有害因素的威胁和危害。”所以说，计算机安全主要包括两个方面：一是信息本身的安全，即在信息的存储和传输过程中是否会被窃取、泄密；二是计算机系统或网络系统本身的安全。

2. 计算机安全的主要内容

计算机安全主要包括以下三个方面：

1）计算机硬件安全

计算机硬件及其运行环境是计算机网络信息系统运行的基础，它们的安全直接影响着网络信息的安全。由于自然灾害、设备自然损坏和环境干扰等自然因素以及人为的窃取与破坏等原因，计算机设备和其中信息的安全受到很大的威胁。

计算机硬件安全技术是指用硬件的手段保障计算机系统或网络系统中的信息安全的各种技术，其中也包括为保障计算机安全可靠运行而产生的对机房环境的要求。

2）计算机软件安全

计算机软件的安全就是为计算机软件系统建立和采取的技术和管理的安全保护，保护计算机软件、数据不因偶然或恶意的原因而遭破坏、更改、泄露、非法复制，保证软件系统能正常连续地运行。计算机软件安全的内容包括软件的自身安全、软件的存储安全、软件的通信安全、软件的使用安全、软件的运行安全等。

3）计算机网络安全

计算机网络安全是指利用网络管理控制和技术措施，保证在一个网络环境里数据的保密性、完整性及可使用性受到保护。包括两个方面：一是物理安全，指网络系统中各通信、计算机设备及相关设施等有形物品的保护，使它们不受到雨水淋湿等；二是逻辑安全，包含信息完整性、保密性以及可用性等。

网络系统面临的威胁主要来自外部的人为影响和自然环境的影响，包括对网络设备的威胁和对网络中信息的威胁。这些威胁的主要表现有非法授权访问、假冒合法用户、病毒破坏、线路窃听、黑客入侵、干扰系统正常运行、修改或删除数据等。

3. 计算机安全的措施

计算机安全措施主要包括保护网络安全、保护应用安全和保护系统安全三方面，都要综合考虑安全防护的物理安全、防火墙、信息安全、Web安全、媒体安全等。

1）保护网络安全

网络安全是为保护商务各方网络端系统之间通信过程的安全性，主要措施有全面规划网络平台的安全策略、制定网络安全的管理措施、使用防火墙、尽可能记录网络上的一切活动、注意对网络设备的物理保护、检验网络平台系统的脆弱性、建立可靠的识别和鉴别机制。

2）保护应用安全

保护应用安全主要是针对特定应用（如Web服务器、网络支付专用软件系统）所建立的安全防护措施，它独立于网络的任何其他安全防护措施。应用层上的安全业务可以涉及认证、访问控制、机密性、数据完整性、不可否认性、Web安全性、EDI和网络支付等应用的安全性。

3）保护系统安全

保护系统安全是指从整体电子商务系统或网络支付系统的角度进行安全防护，它与网络系统硬件平台、操作系统、各种应用软件等互相关联。涉及网络支付系统安全的措施有：在安装的软件（如浏览器软件、电子钱包软件、支付网关软件等）中检查和确认未知的安全漏洞；通过诸多认证才允许连通，对所有接入数据必须进行审计，对系统用户进行严格安全管理；建立详细的安全审计日志，以便检测并跟踪入侵攻击；等等。

1.7.2 信息安全

随着网络信息时代的到来，信息通过网络共享，带来了方便，也存在安全隐患。网络安全指通过采取必要措施，防范对网络的攻击、侵入、干扰、破坏和非法使用以及意外事故，使网络处于稳定可靠运行的状态，以及保障网络数据的完整性、保密性、可用性的能力。信息安全就是维持信息的保密性、完整性和可用性。

1. 安全指标

信息安全的指标可以从保密性、完整性、可用性、授权性、认证性及抗抵赖性几个方面进行评价。

保密性：在加密技术的应用下，网络信息系统能够对申请访问的用户展开筛选，允许有权限的用户访问网络信息，而拒绝无权限用户的访问申请。

完整性：在加密、散列函数等多种信息技术的作用下，网络信息系统能够有效阻挡非法与垃圾信息，提升整个系统的安全性。

可用性：网络信息资源的可用性不仅仅是向终端用户提供有价值的信息资源，还能够在系统遭受破坏时快速恢复信息资源，满足用户的使用需求。

授权性：在对网络信息资源进行访问之前，终端用户需要先获取系统的授权。授权能够明确用户的权限，这决定了用户能否对网络信息系统进行访问，是用户进一步操作各项信息数据的前提。

认证性：在当前技术条件下，认证方式主要有实体性的认证和数据源认证。之所以要在用户访问网络信息系统前展开认证，是为了令提供权限的用户和拥有权限的用户为同一对象。

抗抵赖性：任何用户在使用网络信息资源的时候都会在系统中留下一定痕迹，操作用户无法否认自身在网络上的各项操作，整个操作过程均能够被有效记录。这样可以应对不法分子否认自身违法行为的情况，提升整个网络信息系统的安全性，创造更好的网络环境。

2. 安全防护策略

1）数据库管理安全防范

在具体的计算机网络数据库安全管理中经常出现各类由于人为因素造成的计算机网络数据库安全隐患，对数据库安全造成了较大的不利影响。因此，计算机用户和管理者应能够依据不同风险因素采取有效控制防范措施，从意识上真正重视安全管理保护，加强计算机网络数据库的安全管理工作力度。

2）加强安全防护意识

每个人在日常生活中都经常会用到各种用户登录信息，必须时刻保持警惕，提高自身安全意识，拒绝下载不明软件，禁止点击不明网址、提高账号密码安全等级、禁止多个账号使用同一密码等，加强自身安全防护能力。

3）科学采用数据加密技术

对于计算机网络数据库安全管理工作而言，数据加密技术是一种有效手段，它能够最大限度地避免计算机系统受到病毒侵害，从而保护计算机网络数据库信息安全，进而保障相关用户的切身利益。数据加密技术的特点是隐蔽性和安全性，是指利用一些语言程序完成计算数据库或者数据的加密操作。当前应用的计算机数据加密技术主要有保密通信、防复制技术及计算机密钥等，这些加密技术各有利弊，对于保护用户信息数据具有重要的现实意义。需要注意的是，计算机系统存有庞大的数据信息，对每项数据进行加密保护显然不现实，这就需要利用层次划分法，依据不同信息的重要程度合理进行加密处理，确保重要数据信息不会被破坏和窃取。

4）提高硬件质量

影响计算机网络信息安全的因素不仅有软件质量，还有硬件质量，并且两者之间存在一定区别。硬件系统在考虑安全性的基础上，还必须重视硬件的使用年限问题。硬件作为计算机的重要构成要件，其具有随着使用时间增加其性能会逐渐降低的特点，用户应注意这一点，在日常使用中加强维护与修理。

5）改善自然环境

改善自然环境是指改善计算机机房的湿度及温度等使用环境。具体来说，就是在计算机的日常使用中定期清理其表面灰尘，保证其在干净的环境下工作，以有效避免计算机硬件老化；最好不要在温度过高和潮湿的环境中使用计算机，注重计算机的外部维护。

6）安装防火墙和杀毒软件

防火墙能够有效控制计算机网络的访问权限，通过安装防火墙，可自动分析网络的安全性，拦截非法网站的访问，过滤可能存在问题的消息，一定程度上增强了系统的抵御能力，提高了网络系统的安全指数。同时，还需要安装杀毒软件，这类软件可以拦截和查杀系统中存在的病毒，对于提高计算机网络安全大有益处。

7）加强计算机入侵检测技术的应用

入侵检测系统主要是针对数据传输安全检测的操作系统，通过IDS（入侵检测系统）的使用，可以及时发现计算机与网络之间的异常现象，通过报警的形式给予用户提示。为更好地发挥入侵检测技术的作用，通常在使用该技术时会辅以密码破解技术、数据分析技术等一系列技术，确保计算机网络安全。

8）其他措施

为计算机网络安全提供保障的措施还包括提高用户的安全管理意识、加强网络监控技术的应用、加强计算机网络密码设置、安装系统漏洞补丁程序等。

3. 安全防御技术

1）入侵检测技术

入侵检测技术是通信技术、密码技术等技术的综合体，通过合理利用入侵检测技术，用户能够及时了解到计算机中存在的各种安全威胁，并采取一定的措施进行处理，更加有效地保障计算机网络信息的安全性。

2）防火墙以及病毒防护技术

防火墙是一种能够有效保护计算机安全的重要技术，由软硬件设备组合而成，通过建立检测和监控系统来阻挡外部网络的入侵，有效控制外界因素对计算机系统的访问，确保计算机的保密性、稳定性以及安全性。病毒防护技术是指通过安装杀毒软件进行安全防御，并且及时更新软件，其主要作用是对计算机系统进行实时监控，同时防止病毒入侵计算机系统对其造成危害，将病毒进行截杀，实现对系统的安全防护。

3）数字签名以及生物识别技术

数字签名技术主要针对电子商务，有效地保证了信息传播过程中的保密性及安全性，同时也能够避免计算机受到恶意攻击或侵袭等事件发生。生物识别技术是指通过对人体的特征识别来决定是否给予应用权限，主要包括指纹、视网膜、声音等方面。应用最为广泛的就是指纹识别技术。

4）信息加密处理与访问控制技术

信息加密技术是指用户可以对需要进行保护的文件进行加密处理，设置有一定难度的复杂密码，并牢记密码保证其有效性。访问控制技术是指通过用户的自定义对某些信息进行访问权限设置，或者利用控制功能实现访问限制，以保护用户信息。

5）病毒检测与清除技术

病毒检测技术是指通过技术手段判定出特定计算机病毒的一种技术。病毒清除技术是病毒检测技术发展的必然结果，是计算机病毒传染程序的一种逆过程。

6）安全防护技术

安全防护技术包含网络防护技术（防火墙、UTM、入侵检测防御等）、应用防护技术（如应用程序接口安全技术等）、系统防护技术（如防篡改、系统备份与恢复技术等），是防止外部网络用户以非法手段进入内部网络，访问内部资源，保护内部网络操作环境的相关技术。

7）安全审计技术

安全审计技术包含日志审计和行为审计。管理员可以在计算机受到攻击后查看网络日志，从而评估网络配置的合理性、安全策略的有效性，追溯分析安全攻击轨迹，并能为实时防御提供手段。

8）安全检测与监控技术

安全检测与监控技术是指对信息系统中的流量及应用内容进行二至七层的检测，并适度监管和控制，避免网络流量的滥用，以及垃圾信息和有害信息的传播。

9）解密、加密技术

解密、加密技术是指在信息系统的传输过程或存储过程中进行信息数据的加密和解密。

10）身份认证技术

身份认证技术是用来确定访问或介入信息系统用户或者设备身份的合法性的技术，典型的手段有用户名口令、身份识别、PKI 证书和生物认证等。

1.7.3 计算机病毒与防治

1. 计算机病毒

计算机病毒（Computer Virus）是一种人为特制的程序，不独立以文件形式存在，通过非授权入侵而隐藏在可执行程序或数据文件中，具有自我复制能力，可通过磁盘或网络传播到其他机器上，并造成计算机系统运行失常或导致整个系统瘫痪。

我国于1994年颁布的《中华人民共和国计算机系统安全保护条例》中对计算机病毒的定义如下："计算机病毒，是指编制或者在计算机程序中插入的破坏计算机功能或者毁坏数据，影响计算机使用，并能自我复制的一组计算机指令或者程序代码。"

病毒一般具有破坏性、传染性、潜伏性、隐蔽性、变种性等特征。

2. 计算机病毒的危害及症状

计算机病毒的危害及症状一般表现如下：①它会导致内存受损，主要体现为占用内存，分支分配内存、修改内存与消耗内存，导致死机等；②破坏文件，具体表现为复制抑或颠倒内容，重命名、替换、删除内容，丢失个别程序代码、文件簇及数据文件，写入时间空白，假冒或者分割文件等；③影响计算机运行速度，例如，"震荡波"病毒会100%占用CPU，导致计算机运行异常缓慢；④影响操作系统正常运行，例如，频繁开关机等、强制启动某个软件、执行命令无反应等；⑤破坏硬盘内置数据、写入功能等。

3. 计算机病毒的预防与检测

1）计算机病毒的传播途径

计算机病毒的传播途径主要有两种：一是多个机器共享可移动存储器（如U盘、可移动硬盘等），一旦其中一台机器被病毒感染，病毒就会随着可移动存储器感染到其他机器；二是网络传播，一旦使用的机器与病毒制造者传播病毒的机器联网，就可能被感染病毒，通过计算机网络上的电子邮件、下载文件、访问网络上的数据和程序时，病毒即得以传播。

2）计算机病毒的预防

阻止病毒的侵入比病毒侵入后再去发现和清除重要得多。堵塞病毒的传播途径是阻止病毒入侵的最好方式。

预防计算机病毒的主要措施如下：

① 选择、安装经过公安部认证的防病毒软件，经常升级杀毒软件、更新计算机病毒特征代码库，定期对整个系统进行病毒检测、清除工作，并启用防杀计算机病毒软件的实时监控功能。

② 在计算机和互联网之间安装防火墙，提高系统的安全性；计算机不使用时，不要接入互联网。

③ 不用或少用外来光盘和来历不明的软件，不轻易打开来历不明的邮件；对外来的U盘、光盘和网上下载的软件等都应该先查杀计算机病毒，然后再使用。不进行非法复制，不使用盗版光盘。

④ 系统中的数据盘和系统盘要定期进行备份，以便一旦染上病毒后能够尽快恢复，系统盘中不要装入用户程序或数据。

⑤ 除原始的系统盘外，尽量不用其他系统盘引导系统。

3）病毒检测技术

计算机病毒检测技术是指通过一定的技术手段判断计算机病毒的一种技术。通常，病毒存储于磁盘中，一旦激活就驻留在内存中，因此，计算机病毒的检测分为对内存的检测和对磁盘的检测。

4）计算机病毒的清除和常见的反病毒软件

目前病毒的破坏力越来越强，一旦发现病毒，应立即清除。一般使用反病毒软件，即常说的杀毒软件。反病毒软件（实质是病毒程序的逆程序）具有对特定种类病毒进行检测的功能，可查出数百种至数千种的病毒，且可同时清除。其使用方便安全，一般不会因清除病毒而破坏系统中的正常数据。

反病毒软件的基本功能是监控系统、检查文件和清除病毒。检测病毒程序不仅可以采用特征扫描法，根据已知病毒的特征代码确定病毒的存在与否，以便用来检测已经发现的病毒，还能采用虚拟机技术和启发式扫描方法来检测未知病毒和变种病毒。常用的反病毒软件有360杀毒软件、金山毒霸、瑞星杀毒软件等。

除了上述反病毒软件以外，还有很多反病毒软件，有些软件将预防、检测和清除病毒功能集于一身，功能越来越强。随着新品种计算机病毒的出现，反病毒软件要不断更新，以保护计算机不受病毒的危害。

1.7.4 防火墙技术

防火墙是一个由计算机硬件和软件组成的系统，部署于网络边界，是内部网络和外部网络之间的连接桥梁，同时对进出网络边界的数据进行保护，防止恶意入侵、恶意代码的传播等，以保障内部网络数据的安全，如图1-29所示。

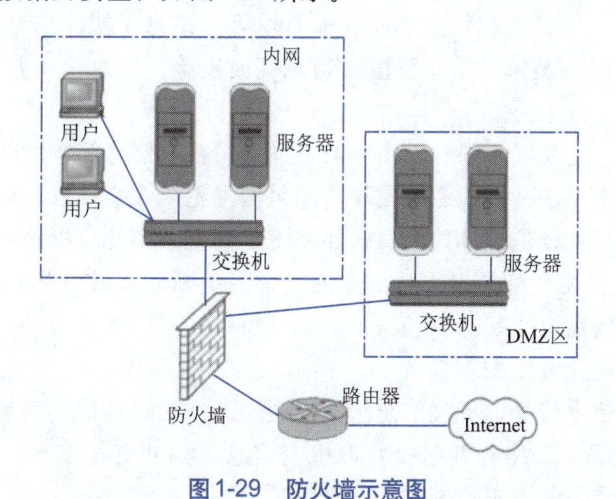

图1-29 防火墙示意图

1. 防火墙的特征

通常意义下的防火墙具有以下三个方面的特征：

① 所有的网络数据流都必须经过防火墙：这是不同安全级别的网络或安全域之间的唯一通道。

② 防火墙是安全策略的检查站：只有被防火墙策略明确授权的通信才可以通过。

③ 防火墙系统自身具有高安全性和高可靠性。这是防火墙能担当企业内部网络安全防护重任的先决条件。

2. 防火墙的功能

防火墙的功能有：

①过滤和管理作用，限定内部用户访问特殊站点，防止未授权用户访问内部网络。

②保护和隔离作用，允许内部网络中的用户访问外部网络的服务和资源，不泄露内部网络的数据和资源。

③日志和警告作用，记录通过防火墙的信息内容和活动，对网络攻击进行监测和报警。

1.8 信息社会责任和计算机职业道德规范

加强高校计算机职业道德修养教育是非常必要的。高校的计算机专业教育除了注重学生的专业技能与专业素质，对基础知识、编程实验与动手能力的教育培养，在灵活性和适应能力以及团体配合方面的训练之外，还需要注重对计算机从业人员所应具备的职业修养与职业道德。

1.8.1 信息社会责任

信息社会责任是指信息社会中的个人在文化修养、道德规范和行为自律等方面应尽的责任。

目前信息社会问题主要有：

（1）信息污染。主要表现在信息虚假、信息垃圾、信息干扰、信息无序、信息缺损、信息过时、信息冗余、信息误导、信息泛滥、信息不健康等。信息污染是一种社会现象，应当引起人们的高度重视。

（2）信息犯罪。主要表现为黑客攻击、网上诈骗、窃取信息等。

（3）信息侵权。主要是指知识产权侵权，还包括侵犯个人隐私权。

（4）计算机病毒。主要是破坏数据、软件系统，甚至破坏计算机硬件或使网络瘫痪。

（5）信息侵略。主要是指信息强势国家通过信息垄断和大肆宣扬自己的价值观，用自己的文化和生活方式影响其他国家。

应该具备的信息社会责任如下：

（1）不进行不良信息传播。不良信息包括虚假信息、封建迷信信息等。

（2）防止网络犯罪。网络犯罪包括窃取机密信息，如外交、军事、经济计划、商业秘密等；破坏系统软件，使合法用户的操作受到阻碍等。

美国计算机伦理协会制定的“计算机伦理十戒”如下：

- 不应该用计算机去伤害他人。
- 不应该去影响他人的计算机工作。
- 不应该窥探他人的计算机文件。
- 不应该偷盗他人的计算机。
- 不应该用计算机去做假证。

• 不应该复制或使用没有购买的软件。
• 不应该使用他人的计算机资源，除非得到了准许。
• 不应该剽窃他人的精神产品。
• 应该注意正在写入的程序和正在设计的系统的社会效应。
• 应该始终注意，使用计算机时是在进一步加强对人类同胞的理解和尊敬。

1.8.2　计算机职业道德规范

现在社会发现越来越多的计算机职业犯罪，所谓计算机犯罪，是指通过计算机非法操作所实施的危害计算机信息系统(包括内存数据及程序)安全以及其他严重危害社会的并应当处以刑罚的行为。计算机犯罪始于20世纪60年代，到了80年代，特别是进入90年代以来，在国内外呈愈演愈烈之势。当前，计算机犯罪已成为一个国际问题，只要有计算机的地方就可能有计算机犯罪。由于计算机犯罪具有很强的隐蔽性，很多犯罪活动甚至很难被发现，就更提不上侦破了，给从业人员带来的风险越来越大。因此，加强计算机职业道德规范非常必要。应注意的道德规范主要有以下几个方面：

1. *有关知识产权*

1990年9月我国颁布了《中华人民共和国著作权法》，把计算机软件列为享有著作权保护的作品，并于2001年10月、2010年2月、2020年11月进行了三次修订。1991年6月，颁布了《计算机软件保护条例》，规定计算机软件是个人或者团体的智力产品，同专利、著作一样受法律的保护《计算机软件保护条例》于2001年12月20日以中华人民共和国国务院令第339号公布，根据2011年1月8日《国务院关于废止和修改部分行政法规的决定》第1次修订，根据2013年1月30日中华人民共和国国务院令第632号《国务院关于修改〈计算机软件保护条例〉的决定》第2次修订。自2002年1月1日起，1991年6月4日国务院发布的《计算机软件保护条例》予以废止。任何未经授权的使用、复制都是非法的，按规定要受到法律的制裁。人们在使用计算机软件或数据时，应遵照国家有关法律规定，尊重其作品的版权，这是使用计算机的基本道德规范。

建议养成以下良好的道德规范：

①使用正版软件，坚决抵制盗版，尊重软件作者的知识产权。

②不对软件进行非法复制。

③不要为了保护自己的软件资源而制造病毒保护程序。

④不要擅自篡改他人计算机内的系统信息资源。

2. *有关计算机安全*

计算机安全是指计算机信息系统的安全。计算机信息系统是由计算机及其相关的和配套的设备、设施（包括网络）构成的，为维护计算机系统的安全，防止病毒的入侵，我们应该注意：

① 不要蓄意破坏和损伤他人的计算机系统设备及资源。

② 不要制造病毒程序，不要使用带病毒的软件，更不要有意传播病毒给其他计算机系统(传播带有病毒的软件)。

③ 要采取预防措施，在计算机内安装防病毒软件；要定期检查计算机系统内文件是否有

病毒，如发现病毒，应及时用杀毒软件清除。

④ 维护计算机的正常运行，保护计算机系统数据的安全。

⑤ 被授权者对自己享用的资源负有保护责任，口令密码不得泄露给外人。

3. 有关网络行为规范

计算机网络正在改变着人们的行为方式、思维方式乃至社会结构，它对于信息资源的共享起到了巨大作用，并且蕴藏着无尽的潜能。但是，网络的作用不是单一的，在它广泛的积极作用背后，也有使人堕落的陷阱。

各个国家都制定了相应的法律法规，以约束人们使用计算机以及在计算机网络上的行为。例如，我国公安部公布的《计算机信息网络国际联网安全保护管理办法》中规定任何单位和个人不得利用国际互联网制作、复制、查阅和传播下列信息：

① 煽动抗拒、破坏宪法和法律、行政法规实施的。

② 煽动颠覆国家政权，推翻社会主义制度的。

③ 煽动分裂国家、破坏国家统一的。

④ 煽动民族仇恨、破坏国家统一的。

⑤ 捏造或者歪曲事实，散布谣言，扰乱社会秩序的。

⑥ 宣扬封建迷信、淫秽、色情、赌博、暴力、凶杀、恐怖，教唆犯罪的。

⑦ 公然侮辱他人或者捏造事实诽谤他人的。

⑧ 损害国家机关信誉的。

⑨ 其他违反宪法和法律、行政法规的。

仅仅靠制定法律来制约人们的所有行为是不可能的，还需要依靠道德来规定人们普遍认可的行为规范。在使用计算机时应该抱着诚实的态度、无恶意的行为，并要求自身在智力和道德意识方面取得进步。

综合练习

一、选择题

1. 微型计算机的发展经历了从集成电路到超大规模集成电路等几代的变革，各代变革主要是基于（　　）。

A. 存储器　　　　B. 输入/输出设备

C. 中央处理器　　　　D. 操作系统的完整

2. 计算机系统由（　　）组成。

A. 运算器、控制器、存储器、输入设备和输出设备

B. 主机和外围设备

C. 硬件系统和软件系统

D. 主机箱、显示器、键盘、鼠标、打印机

3. 组成计算机CPU的两大部件是（　　）。

A. 运算器和控制器　　　　B. 控制器和寄存器

C. 运算器和内存　　D. 控制器和内存

4. 任何程序都必须加载到（　　）中才能被CPU执行。

A. 磁盘　　B. 硬盘　　C. 内存　　D. 外存

5. 以下软件中，（　　）不是操作系统软件。

A. Windows　　B. UNIX　　C. Linux　　D. Microsoft Office

6. 所谓“计算机病毒”是指（　　）。

A. 盘片发生了霉变

B. 隐藏在计算机中的一段程序，条件适合时就运行，破坏计算机的正常运行

C. 计算机硬件系统损坏，使计算机的电路时通时断

D. 计算机供电不稳定造成的计算机工作不稳定

7. 下列不属于计算机病毒特征的是（　　）。

A. 传染性　　B. 潜伏性　　C. 可预见性　　D. 破坏性

8. 世界上第一台通用计算机是（　　）。

A. UNIVAC　　B. EDSAC　　C. ENIAC　　D. EDVAC

9. 信息安全的金三角是（　　）。

A. 可靠性、保密性和完整性　　B. 多样性、冗余性和模化性

C. 保密性、完整性和可用性　　D. 多样性、保密性和完整性

10. 计算机采用二进制最主要的原因是（　　）。

A. 存储信息量大　　B. 符合习惯

C. 结构简单运算方便　　D. 数据输入/输出方便

11. 磁盘属于（　　）。

A. 输入设备　　B. 输出设备　　C. 内存储器　　D. 外存储器

12. 操作系统的作用是（　　）。

A. 把源程序翻译成目标程序　　B. 进行数据处理

C. 控制和管理系统资源的使用　　D. 实现软硬件的转换

13. 软件系统包括（　　）。

A. 系统软件和应用软件　　B. 编译系统和应用软件

C. 数据库管理系统和数据库　　D. 程序、相应的数据和文档

14. 在计算机内部，不需要编译计算机就能够直接执行的语言是（　　）。

A. 汇编语言　　B. 自然语言　　C. 机器语言　　D. 高级语言

15. 编译程序的作用是（　　）。

A. 将高级语言源程序翻译成目标程序　　B. 将汇编语言源程序翻译成目标程序

C. 对源程序边扫描边翻译执行　　D. 对目标程序装配连接

16. 在同一台计算机中，内存比外存（　　）。

A. 存储容量大　　B. 存取速度快　　C. 存取周期长　　D. 存取速度慢

17. 在计算机中，（　　）个二进制位组成一个字节。

A. 4　　B. 8　　C. 16　　D. 32

18. 在计算机中存储数据的最小单位是（　　）。

A. 字节　　B. 位　　C. 字　　D. 千字节

19. 与二进制数01011011对应的十进制数是（　　）。

A. 123　　B. 87　　C. 107　　D. 91

20. 在微型计算机中，其内存容量为8M，指的是（　　）。

A. 8M位　　B. 8M字节　　C. 8M字　　D. 8000K字

二、填空题

1. 未来计算机将朝着微型化、巨型化、________和智能化方向发展。

2. 世界上第一台通用计算机是________，1946年诞生于美国宾夕法尼亚大学。

3. 冯·诺依曼计算机由________、________、________、________和________五大部件组成。

4. 世界上第一台微型计算机是________位计算机。

5. 计算机安全主要包括________安全、________安全和________安全。

6. 信息安全的指标有________、________、________、授权性、认证性及抗抵赖性几个方面。

三、问答题

1. 简述计算机的工作原理。

2. 简述你所熟悉的安全防护策略。

四、网上练习与课外阅读

1. 假设要组装一台个人计算机，请上网查阅相关器部件的型号、参数、价格，列出配置清单。

2. 上网查阅最新的全球超级计算机TOP500排行榜情况，了解我国高性能计算计的研制能力。

3. 上网查阅近年来比较流行的计算机病毒及其危害情况。

第2章 Windows 10操作系统

随着信息技术的发展和广泛应用，使用计算机进行信息处理成为人们最基本的工作方式。目前，个人计算机是人们日常工作的主要工具，掌握Windows操作系统的基本操作方法是使用个人计算机进行信息处理的基础。本章通过模拟工作场景面对的各种常用问题，学习Windows 10操作系统的基本使用方法。

2.1 操作系统概述

操作系统（Operating System，OS）是用来控制和管理计算机所有硬件和软件资源的一组程序，是用户和计算机之间的通信界面。用户通过操作系统的使用和设置，使计算机更有效地工作。操作系统具有进程管理、存储器管理、设备管理、文件管理和任务管理五个功能。当多个程序同时运行时，操作系统负责规划管理每个程序的处理时间。对计算机系统而言，操作系统是对所有计算机系统资源进行管理的程序的集合；对用户而言，操作系统是对系统资源进行有效利用的操作平台。

2.1.1 操作系统简介

操作系统是控制和管理计算机硬件资源和软件资源，并为用户提供交互操作界面的程序集合。操作系统是直接运行在“裸机”上的最基本的系统软件，任何其他软件都必须在操作系统的支持下才能运行。操作系统在整个计算机系统中具有极其重要的特殊地位，计算机系统可以粗分为硬件、操作系统、应用软件和用户四个部分。计算机系统层次结构如图2-1所示。

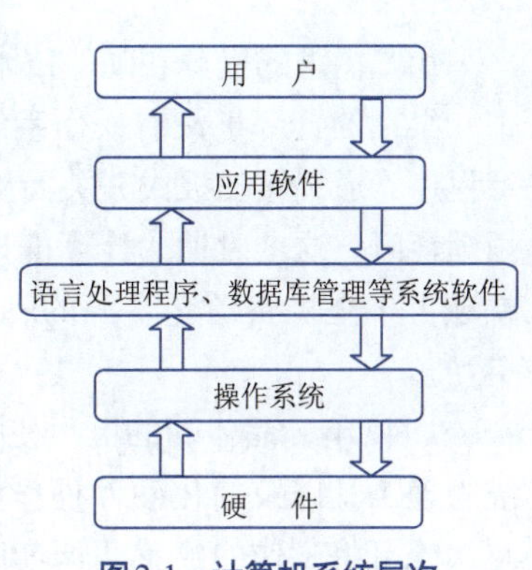

图2-1　计算机系统层次

从图中可以看出，操作系统是用户和计算机的接口，同时也是计算机硬件和其他软件的接口。操作系统的功能包括管理计算机系统的硬件、软件及数据资源，控制程序运行，改善人机界面，为其他应用软件提供支持等，使计算机系统所有资源最大限度地发挥作用，提供各种形式的用户界面，使用户有一个良好的工作环境。操作系统的作用总体上包括以下几方面：

① 隐藏硬件，为用户和计算机之间的“交流”提供统一的界面。由于直接对计算机硬件进行操作非常困难和复杂，当计算机配置操作系统之后，用户就可以通过操作系统所提供的命令和服务去使用计算机。因此，从用户的角度看，需要计算机具有友好、易操作的使用平台，使用户不必考虑不同硬件系统可能存在的差异。对于这种情况，操作系统设计的主要目的是方便用户使用，性能、资源利用率是次要的。

② 管理系统资源。从资源管理角度看，操作系统是管理计算机系统资源的软件。计算机系统资源包括硬件资源（CPU、存储器、输入/输出设备等）和软件资源（文件、程序、数据等）。操作系统负责控制和管理计算机系统中的全部资源，确保这些资源能被高效合理地使用，确保系统能够有条不紊地运行。

根据操作系统所管理的资源的类型，操作系统具有处理机管理、存储器管理、设备管理、文件管理和用户接口五大基本功能（见图2-2）。

① 处理机管理，又称进程管理，负责CPU的运行和分配。

② 存储器管理，负责主存储器的分配、回收、保护与扩充。

③ 设备管理，负责输入/输出设备的分配、回收与控制。

④ 文件管理，负责文件存储空间和文件信息的管理，为文件访问和文件保护提供更有效的方法及手段。

⑤ 用户接口，用户操作计算机的界面称为用户接口，用户通过命令接口或程序接口实现各种复杂的应用处理。

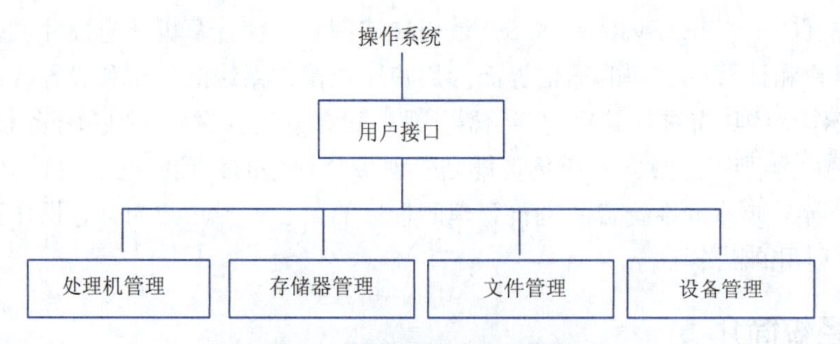

图2-2 操作系统功能示意图

用户需求的提升和硬件技术进步是操作系统发展的两大动力。

早期的计算机没有操作系统，用户在计算机上的操作完全由手工进行，使用机器语言编写程序，通过接插板或开关面板控制计算机操作。程序的准备、启动和结束，都是手工处理，烦琐耗时。这个时期的计算机只能一个个、一道道地串行计算各种问题，一个用户上机操作，就独占了全机资源，资源的利用率和效率都很低，程序在运行过程中缺乏和程序员的有效交互。

1947年，晶体管的诞生使得计算机产生了一次革命性的变革。操作系统的初级阶段是系统管理工具以及简化硬件操作流程的程序。1960年，商用计算机制造商设计了批处理系统，此系统可将工作的建置、调度以及执行序列化。此时，厂商为每一台不同型号的计算机创造不同的操作系统，无通用性。

1964年，第一代共享型、代号为OS/360的操作系统诞生，它可以运行在IBM推出的一系列用途与价位都不同的大型计算机IBM System/360上。

随着计算机技术的发展，操作系统的功能越来越强大。今天的操作系统已包括分时、实时、并行、网络、嵌入式等多种类型，成为不论大型机、小型机还是微型机都必须安装的系统软件。

2.1.2 操作系统分类

经过多年的迅速发展，操作系统种类繁多，功能相差很大，已经能够适应不同的应用和各种不同的硬件配置，很难用单一标准统一分类。但无论是哪一种操作系统，其主要目的都是实现在不同环境下，为不同应用目的提供不同形式和不同效率的资源管理，以满足不同用户的操作需要。操作系统有以下不同的分类标准。

根据应用领域划分，可分为桌面操作系统、服务器操作系统、主机操作系统和嵌入式操作系统等。

根据系统功能划分，操作系统可分为三种基本类型，即批处理操作系统、分时操作系统、实时操作系统。随着计算机体系结构的发展，又出现了多种操作系统，如个人计算机操作系统、网络操作系统和智能手机操作系统。除此之外，还可以从源码开放程度、使用环境、技术复杂程度等多种不同角度分类。下面简要介绍几种操作系统。

1. 批处理操作系统

批处理操作系统（Batch Processing Operating System，TPOS）是一种早期用在大型计算机上的操作系统，用于处理许多商业和科学应用。批处理操作系统是指在内存中存放多道程序，当某个程序因为某种原因（如执行I/O操作时）不能继续运行而放弃CPU时，操作系统便调度另一程序投入运行。这样可以使CPU尽量忙碌，提高系统效率。

批处理操作系统的工作方式是：用户事先把作业准备好，该作业包括程序、数据和一些有关作业性质的控制信息，提交给计算机操作员。计算机操作员将许多用户的作业按类似需求组成一批作业，输入到计算机中，在系统中形成一个自动转接的连续的作业流，系统自动、依次执行每个作业。最后由操作员将作业结果交给用户。

批处理系统的特点是：内存中同时存放多道程序，在宏观上多道程序同时向前推进，由于CPU只有一个，在某一时间点只能有一个程序占用CPU，因此在微观上是串行的。目前，批处理系统已经不多见了。

2. 分时操作系统

分时操作系统（Time Sharing Operating System，TSOS）允许多个终端用户同时共享一台计算机资源，彼此独立互不干扰。分时操作系统的工作方式是：一台高性能主机连接若干终端，每个终端有一个用户使用，终端机可以没有CPU与内存（见图2-3）。用户交互式地向系统提出命令请求，系统接收每个用户的命令，采用时间片轮转方式处理服务请求，并通过交互方式在终端上向用户显示结果。

为使一个CPU为多道程序服务，分时操作系统将CPU划分成若干很小的片段（如50 ms），称为时间片。操作系统以时间片为单位，采用循环轮作方式将这些CPU时间片分配给排列队列中等待处理的每个程序（见图2-4）。分时操作系统的主要特点是允许多个用户同时运行多个程序，每个程序都是独立操作、独立运行、互不干涉，具有多路性、交互性、“独占”性和及时性等特点。

多路性是指多个联机用户可以同时使用一台计算机，宏观上看是多个用户同时使用一个CPU，微观上是多个用户在不同时刻轮流使用CPU。交互性是指多个用户或程序都可以通过交互方式进行操作。“独占”性是指由于分时操作系统是采用时间片轮转方法为每个终端用户作业服务，用户彼此之间都感觉不到计算机为其他人服务，就像整个系统为他所独占。及时性指系统对用户提出的请求及时响应。

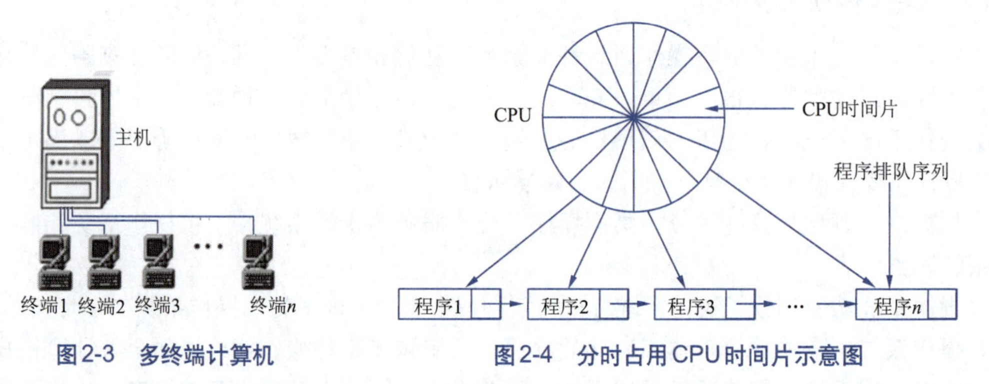

图2-3　多终端计算机　　图2-4　分时占用CPU时间片示意图

现代通用操作系统是分时系统与批处理系统的结合。其原则是：分时优先，批处理在后，典型的分时操作系统有UNIX和Linux。

3. 实时操作系统

实时操作系统（Real Time Operating System，RTOS）是指使计算机能及时响应外部事件的请求，在严格规定的时间内完成对该事件的处理，并控制所有实时设备和实时任务协调一致地工作的操作系统。实时系统的主要特点是资源的分配和调度首先要考虑实时性，然后才是效率。当对处理器或数据流动有严格时间要求时，就需要使用实时操作系统。

实时操作系统有明确的时间约束，处理必须在确定的时间约束内完成，否则系统会失败，通常用在工业过程控制和信息实时处理中。例如，控制飞行器、导弹发射、数控机床、飞机票（火车票）预订等。实时操作系统除具有分时操作系统的多路性、交互性、“独占”性和及时性等特性之外，还必须具有可靠性。在实时系统中，一般采取多级容错技术和措施，以保证系统的安全性和可靠性。

4. 个人计算机操作系统

个人计算机操作系统（Personal Computer Operating System，PCOS）是随着微型计算机的发展而产生的，用来对一台计算机的软件资源和硬件资源进行管理的单用户、多任务操作系统，主要特点是计算机在某个时间内为单个用户服务；采用图形用户界面，界面友好；使用方便，用户无须专门学习也能熟练操作机器。个人计算机操作系统的最终目标不再是最大化CPU和外设的利用率，而是最大化用户方便性和响应速度。

个人计算机操作系统主要供个人使用，功能强、价格便宜，可以在几乎任何地方安装使用。它能满足一般人操作、学习、游戏等方面的需求。典型的个人计算机操作系统是Windows。

5. 分布式操作系统

分布式操作系统（Distributed Software Systems，DSS）是通过网络将大量的计算机连接在一起，以获取极高的运算能力、广泛的数据共享以及实现分散资源管理等功能为目的的操作系统。分布式操作系统主要具有共享性、可靠性、加速计算等优点。

① 共享性。实现分散资源的深度共享，如分布式数据库的信息处理、远程站点文件的打印等。

② 可靠性。由于在整个系统中有多个CPU系统，因此当一个CPU系统发生故障时，整个系统仍旧能够继续工作。

③ 加速计算。可以将一个特定的大型计算分解成能够并发运行的子运算，并且允许将这些子运算分布到不同的站点，这些子运算可以并发运行，加快了计算速度。

6. 嵌入式操作系统

嵌入式操作系统（Embedded Operating System，EOS）是用于嵌入式系统环境中，对各种装置等资源进行统一调度、指挥和控制的操作系统。由于嵌入式系统一般应用于小型电子装置，系统资源相对有限，所以内核较之传统的操作系统要小得多。嵌入式操作系统具有如下特点：

① 专用性强。嵌入式系统的个性化很强，其中的软件系统和硬件的结合非常紧密，一般要针对硬件进行系统的移植，即使在同一品牌、同一系列的产品中也需要根据系统硬件的变化和增减不断进行修改。

② 高实时性。高实时性是嵌入式软件的基本要求。而且软件要求固态存储，以提高速度；软件代码要求高质量和高可靠性。

③ 系统精简。嵌入式系统一般没有系统软件和应用软件的明显区分，不要求其功能设计及实现上过于复杂，这样利于控制系统成本，也利于实现系统安全。

嵌入式系统广泛应用在生活和工作的各个方面，涵盖范围从便携设备到大型固定设施，如数码照相机、手机、平板电脑、家用电器、医疗设备、交通灯、航空电子设备和工厂控制设备等，越来越多的嵌入式系统安装有实时操作系统。

2.1.3 Windows 10操作系统简介

Windows是由微软公司推出的基于图形窗口界面的多任务的操作系统，是目前最流行、最常见的操作系统之一。随着计算机软硬件的不断发展，微软的Windows操作系统也在不断升级，从最初的Windows 1.0发展到Windows 7/10/11系列。Windows 10是跨平台及设备应用的操作系统，不仅可以运行在笔记本计算机和台式计算机上，还可以运行在智能手机、物联网等设备上。以下介绍以目前使用较广的Windows 10为例。

Windows 10有32位和64位之分。因为目前CPU一般都是64位的，所以建议安装64位的操作系统。

通常人们所说的32位有两种意思：32位计算机和32位操作系统。32位计算机，是指CPU的数据宽度为32位，也就是它一次最多可以处理32位数据。其内存寻址空间为2^{32} = 4 294 967 296 ≈ 4 GB。32位计算机只能安装32位系统，不能安装64位的操作系统。32位的操作系统是针对32位计算机而研发的，它最多可以支持4 GB内存，且只能支持32位的应用程序，满足普通用户的使用。

若安装64位系统，需要CPU支持64位，能识别到128 GB以上内存，能够支持32位和64位的应用程序。Windows 10与CPU和应用程序的位数关系如图2-5所示。

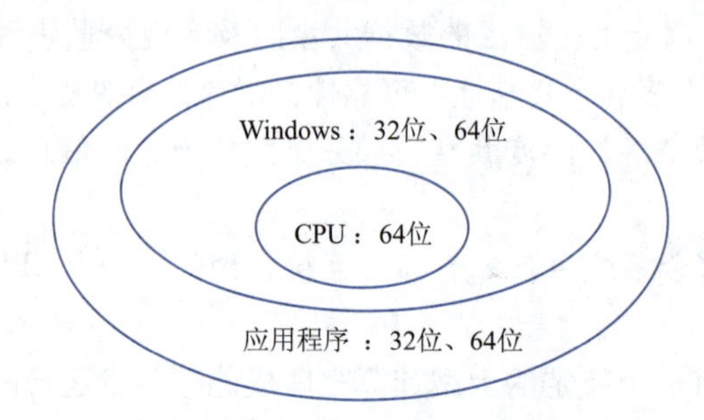

图2-5　Windows 10与CPU和应用程序的位数关系

Windows 10操作系统在易用性、安全性等方面相对于之前版本进行了深入改进与优化。

①“开始”菜单功能更加强大：操作方式更加符合传统的操作习惯，有助于降低学习成本，使用户快速上手。Windows 10操作系统对计算机硬件要求低，只要能运行Windows 7操作系统，就能更加流畅地运行Windows 10操作系统。

② 支持不同平台：智能手机、平板计算机、桌面计算机都能使用Windows 10操作系统。同时，通过使用微软云服务，可轻松在各个平台设备中共享数据。另外，Windows 10采用了自然人机交互等新技术，已经成为优秀的消费级操作系统之一。

③ 更加省电：移动设备越来越普及，设备的电池使用是用户考虑的重要问题。出于省电的目的，Windows 10操作系统做了大量改进，使其界面更简洁，没有华丽的效果，因此能降低操作系统资源电耗。另外，微软完善了Windows 10操作系统电源管理的功能，使之变得更加智能。

④ 推出了个人语音助理Cortana：是Windows 10操作系统平台上统一的、数据共享的智能式语音服务。

2.2 实训1：让你更便捷地操作计算机

用户要使用计算机，首先要了解系统的基本情况，如系统的启动和退出、进入系统后基本的操作等，同时要对计算机进行一些基本设置，使计算机的界面更适合自己的使用习惯。本实训的主要任务是使学生独立操作计算机，了解计算机的基本情况。

2.2.1 实训目标

- 掌握Windows 10基本操作。
- 了解如何美化系统桌面。

2.2.2 实训内容

（1）启动和关闭计算机。

（2）将“此电脑”图标显示在桌面上，在桌面上添加“画图”程序图标。

（3）选择自己喜欢的图片作为桌面背景。

2.2.3 实训知识点

桌面有背景图案，在桌面上可以布局各种图标，还有任务栏。任务栏上有“开始”按钮、任务按钮和其他显示信息，如时钟等。

1. 任务栏

任务栏是位于桌面底部的条状区域，它包含“开始”按钮及所有已打开程序的任务栏按钮。任务栏由“开始”按钮、窗口按钮栏、语言栏和通知区域等几部分组成，如图2-6所示。

图2-6 任务栏

① “开始”按钮：单击可以打开“开始”菜单。

② 窗口按钮栏：集成了常用的应用程序，单击即可启动程序；还显示已打开的程序或文档，单击完成切换。

③ 语言栏：显示当前的输入法状态。

④ 通知区域：包括时钟、音量、网络，以及其他显示特定程序和计算机设置状态的图标。

2. “开始”菜单

在Windows 10操作系统中，采用了全新设计的“开始”菜单。单击桌面左下角的Windows图标，或按键盘上的Windows徽标键即可打开“开始”菜单，如图2-7所示。“开始”菜单中为按照字母索引排序的应用列表，左下角为用户账户头像、文件资源管理器、“设置”按钮以及“电源”按钮（包括开关机快捷选项）；右侧则为“开始”屏幕，可将应用程序固定在其中。“开始”菜单中的应用程序支持跳转列表，跳转列表可以保存最近打开的文档记录，通过单击这些记录可以快速访问这些文档，在应用程序图标上右击即可打开跳转列表及其常用功能选项。

图2-7 “开始”菜单

在“开始”菜单中，应用程序以名称中的首字母或拼音升序排列，单击排序字母可显示排序索引，如图2-8所示，通过字母索引可以快速查找应用程序。

“开始”菜单有两种显示方式，分别是默认的非全屏模式和全屏模式。同时，还可在“开始”菜单边缘拖动鼠标调整“开始”菜单大小。如果要全屏显示“开始”菜单，则可以单击图2-7中左下角的“设置”按钮，在“设置”对话框“开始”选项卡中开启“使用全屏幕‘开始’屏幕”选项。

图2-8 应用列表索引

“开始”菜单右侧类似于图标的图形方块称为动态磁贴，其功能和快捷方式类似，但不仅限于打开应用程序。部分动态磁贴显示的信息是随时更新的，例如，Windows 10操作系统自带的日历应用，在动态磁贴中即显示当前的日期信息，无须打开应用进行查看。因此，动态磁贴能非常方便地呈现用户所需要的信息。

使用“开始”菜单实现的操作如下：

① 打开常用文件夹。

② 启动程序。

③ 搜索计算机中的文件、文件夹和程序，也可以直接搜索Internet上的相关信息。

④ 获取有关操作系统的帮助信息。

⑤ 调整计算机设置。

⑥ 注销Windows或切换到其他用户账户。

⑦ 重新启动、关闭计算机，也可以将计算机设置为锁定或睡眠状态。

3. 桌面图标设置

在Windows 10操作系统安装完成之后，桌面默认只显示“回收站”图标，没有“此电脑”“个人文件夹”“网络”等图标。要显示这些图标需要进行个性化设置。在桌面上右击，在弹出的快捷菜单中选择“个性化”命令，打开“个性化”设置窗口，选择“主题”中的“桌面图标设置”命令，打开图2-9所示的“桌面图标设置”对话框，可在桌面添加所需要的桌面图标。

图2-9 桌面图标设置

4. 桌面主题设置

Windows 10操作系统桌面采用了新的主题方案，其窗口采用无边框设计，界面扁平化，边框直角化，图标和按钮也采用扁平化设计。与之前版本相比，Windows 10提供的主题配色方案更多，界面整体风格更加专业化和更具现代感。同时还可以更改操作系统的自动配色方案。

在主题色设置窗口（见图2-10和图2-11）中，展示了Windows 10提供的40多种供选择的主题色。利用主题色不仅可以改变桌面背景等颜色，还可以改变“开始”菜单、任务栏、标题栏、操作中心、通知中心等的颜色。如果勾选“从我的背景自动选取一种主题色”复选框，则主题色会随壁纸自动更换。

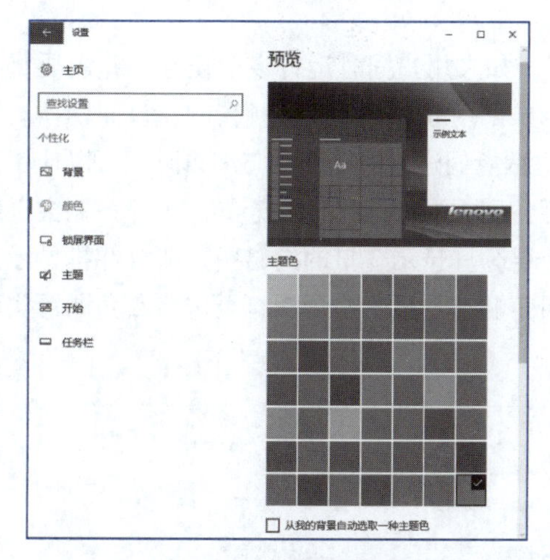

图2-10　主题色设置

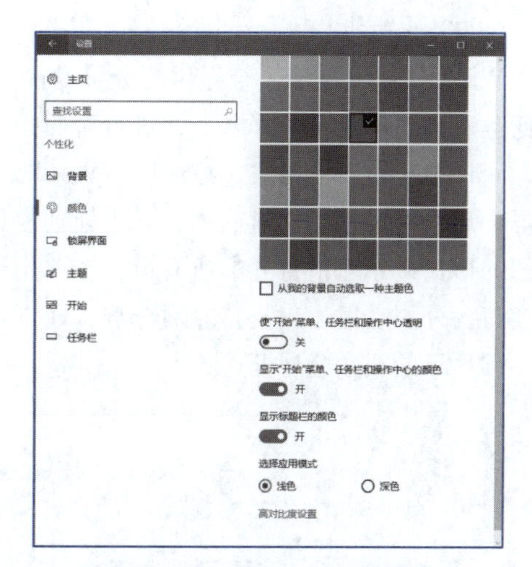

图2-11　桌面主题设置

5. 虚拟桌面

Windows 10操作系统中新增了虚拟桌面功能，在打开窗口较多的情况下，虚拟桌面功能可以突破传统桌面的使用限制，带给用户更多的桌面使用空间。虚拟桌面是指可以创建多个传统桌面，把不同的窗口放置于不同的桌面环境中使用。按【⊞+Tab】组合键或单击任务栏左起第三个图标，启用虚拟桌面界面（见图2-6），单击右下角带有加号的“新建桌面”按钮，可以创建新的虚拟桌面，如图2-12所示。

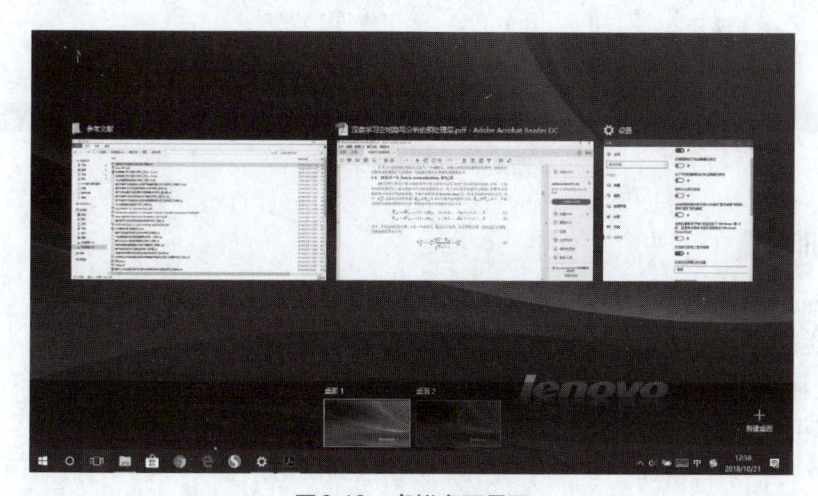

图2-12　虚拟桌面界面

虚拟桌面默认显示当前桌面的窗口，屏幕底部为虚拟桌面列表。在虚拟桌面中，可以将打开的窗口拖动至其他虚拟桌面中，也可拖动窗口至“新建桌面”上，虚拟桌面自动创建新虚拟桌面并将该窗口移动至此虚拟桌面中。此外，按【⊞+Ctrl+D】组合键也可以创建新虚拟桌面。创建虚拟桌面没有数量限制，每个虚拟桌面中的任务栏只显示在该虚拟桌面环境下的窗口或应用程序图标。

删除多余的虚拟桌面只需单击虚拟桌面列表右上角的“关闭”按钮，或者在需要删除的虚拟桌面环境中按【⊞+Ctrl+F4】组合键即可。如果被删除的虚拟桌面中有打开的窗口，则虚拟桌面自动将窗口移动至前一个虚拟桌面。在虚拟桌面界面中单击虚拟桌面可以实现桌面间的切换。

6. 分屏功能

Windows 10操作系统提供的分屏功能更加易用。如果用户同时运行多个任务，并需要将多个任务窗口同时显示在屏幕上，进行对照操作或编辑，采用分屏可以避免频繁的窗口间切换。例如，同时打开的PDF格式文档窗口与Word文档窗口，两者间进行对照查看与编辑时，可以使用二分屏。启用分屏功能非常简单，只需拖动窗口至屏幕左侧或右侧即可进入分屏，另外一侧会以缩略图的形式显示当前打开的所有窗口。单击选择一个要分屏显示窗口的缩略图，即可并排显示两个窗口。分屏功能不仅支持左右分屏，还支持屏幕四角贴靠分屏，拖动窗口至屏幕四角即可实现图2-13所示的四角分屏模式。

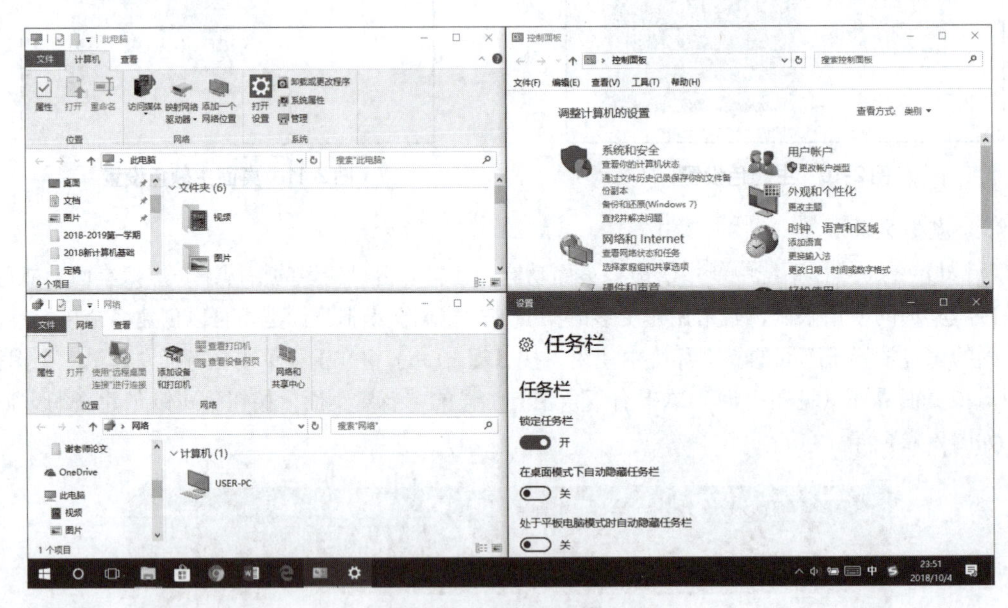

图2-13　四角分屏模式

2.2.4　实训步骤

（1）Windows 10安装成功后，启动Windows 10。

启动计算机的一般步骤如下：

① 依次打开计算机外围设备的电源开关和主机电源开关。

② 计算机执行硬件测试，测试无误后即开始系统引导。

③ 根据使用该计算机的用户账户数目，界面分为单用户登录和多用户登录两种。单击要

登录的用户名，输入用户密码，然后继续完成启动，出现Windows 10系统桌面，如图2-14所示。

（2）把“此电脑”图标显示在桌面上，在桌面上添加“画图”程序图标。

启动Windows 10后，屏幕上显示Windows 10桌面。这是Windows用户与计算机交互的工作窗口。桌面上有背景图案，可以布局各种图标。

① 添加“此电脑”桌面图标。首先在桌面空旷的位置右击，弹出快捷菜单，如图2-15所示。单击“个性化”命令，打开图2-16所示“个性化设置”窗口，选择“主题”中的“桌面图标设置”命令，弹出图2-9所示的“桌面图标设置”对话框，选中“计算机”复选框，即可在桌面上添加“此电脑”桌面图标。

图2-14　Windows 10桌面

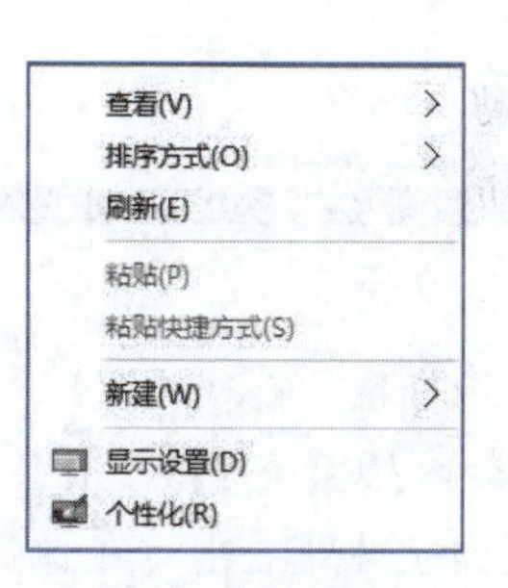

图2-15　快捷菜单

② 添加“画图”应用程序快捷方式。选择“开始”→“Windows附件”命令，打开程序组列表，如图2-17所示。在程序组列表中选择“画图”选项，然后右击，在弹出的快捷菜单中选择“更多”→“打开文件所在的位置”命令，在打开的窗口中右击“画图”选项，在弹出的快捷菜单中选择“发送到”→“桌面快捷方式”命令，如图2-18所示。

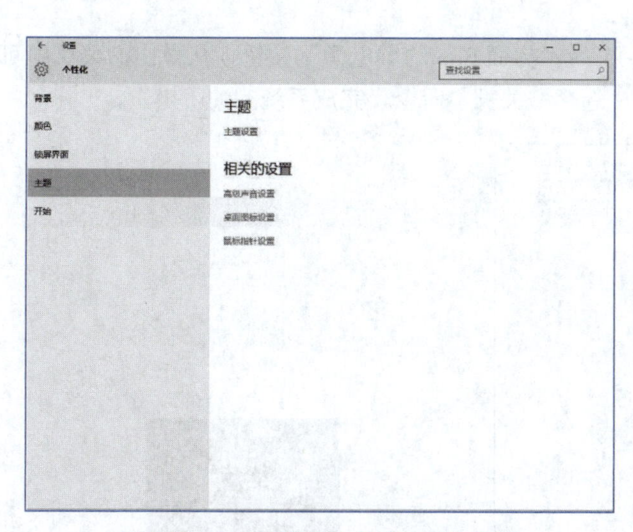

图2-16　更改计算机上的桌面图标设置

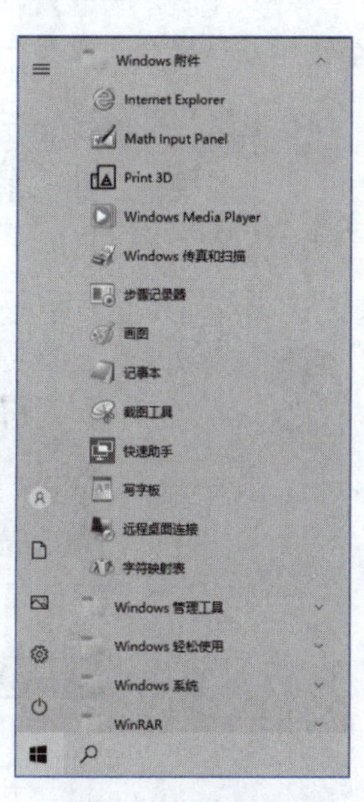

图2-17　程序组列表

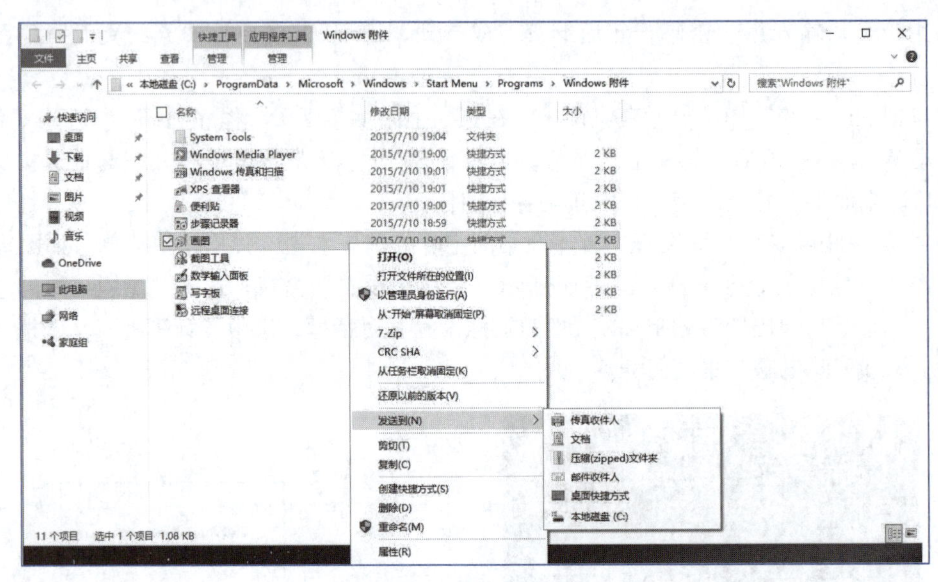

图 2-18　快捷菜单

(3) 选择自己喜欢的图片作为桌面背景。

Windows 10系统提供了很多个性化的桌面背景，用户可以根据自己的喜好来设置桌面背景。

在桌面空白处右击，在弹出的快捷菜单中选择“个性化”命令，打开“个性化”设置窗口。单击底部的“桌面背景”超链接，打开如图2-19所示的桌面背景设置窗口，默认的图片是“Windows桌面背景”，系统也提供了众多新颖美观的桌面壁纸。选中喜欢的图片，然后单击“保存修改”命令即可保存设置。

提示：

用户除了可以使用系统提供的图片之外，还可以通过单击“浏览”按钮，在打开的对话框中选择保存在硬盘上的图片作为背景图片。

(4) 退出Windows 10并关闭计算机。

单击“开始”按钮，接着单击图2-20所示界面底部的“电源”按钮，从弹出的菜单中可以选择“睡眠”“关机”“重启”等命令。选择“关机”命令，完成系统的关闭操作。

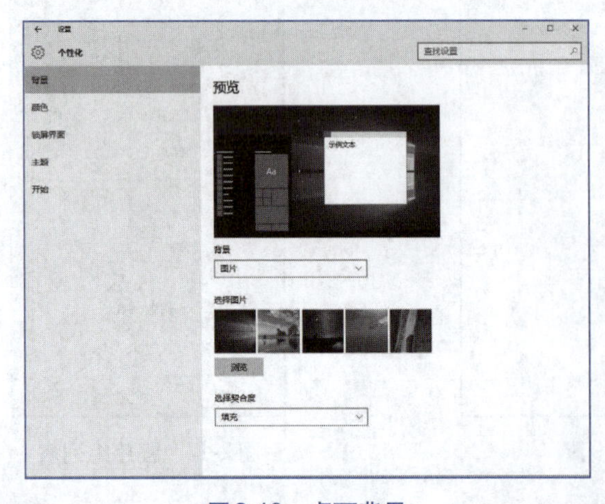

图 2-19　桌面背景

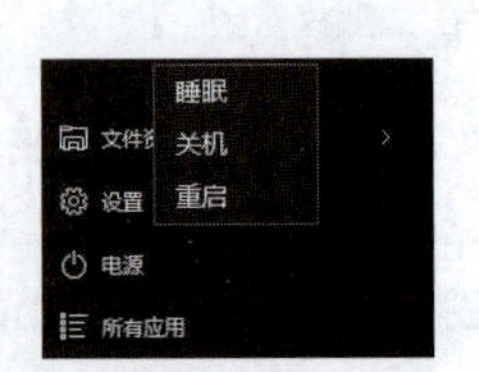

图 2-20　关机命令

2.3 实训 2：轻松找到需要的内容

Windows 几乎所有的工作都是以窗口的形式提供给用户的。了解窗口的基本操作是灵活用好计算机的根本。

文件是存储在外存上具有名字的一组相关信息的集合。文件中的信息可以是程序、数据或其他信息，如图形、图像、视频、声音等。磁盘上存储的一切信息都以文件的形式保存。在操作系统中，用户所有的操作都是针对文件进行的。为了便于用户将大量文件根据使用方式和目的等进行分类管理，采用文件夹来实现对所有文件的组织和管理。在 Windows 中，文件的组织形式是树状结构。

文件名通常由主文件名和扩展名两部分组成，中间由小圆点间隔，例如，“文件.doc”。主文件名即文件的名称，通过它可以了解到文件的主题或内容。主文件名可以由英文字符、汉字、数字及一些符号等组成。扩展名表示文件的类型，通常由三个或四个字符组成。不同的文件类型通常有相应的扩展名，表 2-1 所示为常见的文件类型及扩展名。

表 2-1　常见的文件类型及扩展名

文件扩展名	文件类型	文件扩展名	文件类型
.txt	文本文档/记事本文档	.docx	Word 文档
.exe、.com	可执行文件	.xlsx	电子表格文件
.hlp	帮助文档	.rar、.zip	压缩文件
.htm、.html	超文本文件	.wav、.mp3	音频文件
.bmp、.gif、.jpg	图形文件	.avi、.mpg	可播放视频文件
.int、.sys、.dll、.adt	系统文件	.bak	备份文件
.bat	批处理文件	.tmp	临时文件
.drv	设备驱动程序文件	.ini	系统配置文件
.mid	音频文件	.ovl	程序覆盖文件
.rtf	丰富文本格式文件	.tab	文本表格文件
.wav	波形声音	.obj	目标代码文件

Windows 10 中使用了“库”组件，可以方便地对各类文件或文件夹进行管理。打开资源管理器，在左侧栏中可以看到“库”。默认情况下，Windows 10 设置了视频、图片、文档和音乐的子库，可以把本机（甚至是局域网）不同位置的文件整合在一起，统一管理；可以建立新类别的库，如建立“下载”库，统一管理本机下载的所有文件。

实际上，“库”组件并不是将不同位置的文件在物理上移动到一起，而是通过库将这些目录的快捷方式整合在一起。在资源管理器的任何窗口都可以方便地访问库，大大提高了文件查找效率。

本实训的主要任务是熟悉 Windows 10 系统中窗口和文件的一般操作方法。

2.3.1 实训目标

- 认识窗口的组成元素，了解窗口的基本操作。
- 熟练掌握文件和文件夹的管理。
- 掌握文件的搜索。

2.3.2 实训内容

（1）创建“工作计划”文件夹。
（2）将“工作计划”文件夹移动到D盘。
（3）设置“工作计划”文件夹属性为只读。
（4）在桌面创建“工作计划”文件夹快捷方式。
（5）搜索C盘中第二个字符为a的文本文件，并将其复制到“工作计划”文件夹中。

2.3.3 实训知识点

1. 了解窗口的基本组成

窗口是Windows系统的基本对象。窗口的组成如图2-21所示。

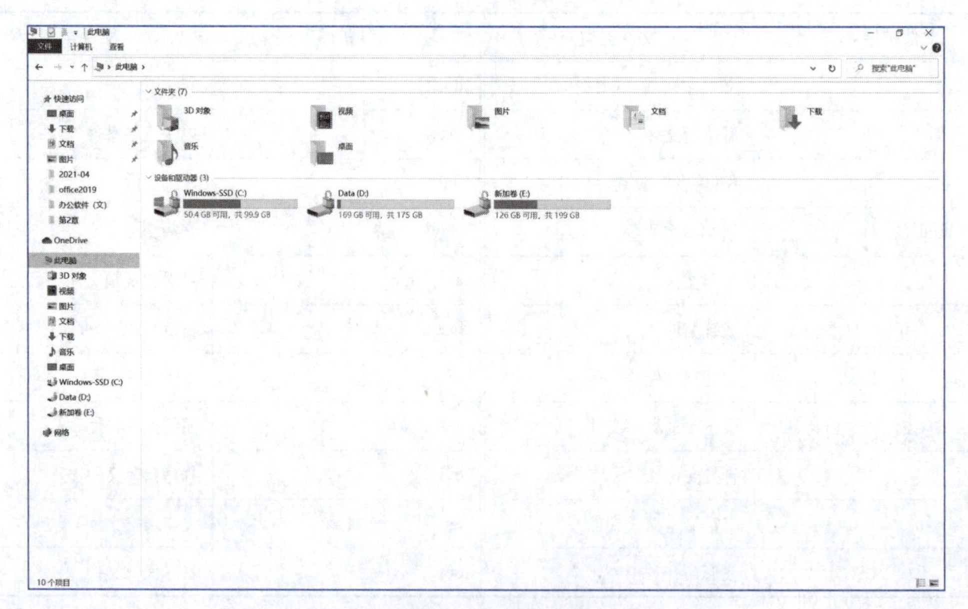

图2-21 窗口的组成

① 地址栏：用于输入文件的地址。用户可以通过下拉菜单选择地址，方便地访问本地或网络的文件夹，也可以直接在地址栏中输入网址，访问互联网。

② 工具栏：存放常用的操作按钮，可以实现文件的新建、打开、共享和调整视图等操作。在Windows 10中，工具栏上的按钮会根据查看的内容不同有所变化，但一般包含“主页”和“查看”等按钮。

通过“主页”按钮可以实现文件（夹）的复制、粘贴、剪切、删除、重命名等操作，如图2-22所示。通过“查看”按钮可以调整图标的显示大小与方式，以及显示/隐藏项目，如图2-23所示。

③ 搜索栏：具有动态搜索功能，即当用户输入关键字一部分的时候，搜索就已经开始。随着输入关键字增多，搜索结果被反复筛选，直到搜索出需要的内容。

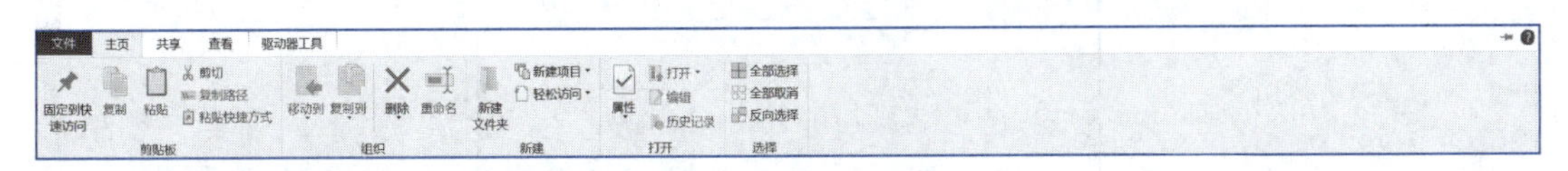

图 2-22 “主页”按钮

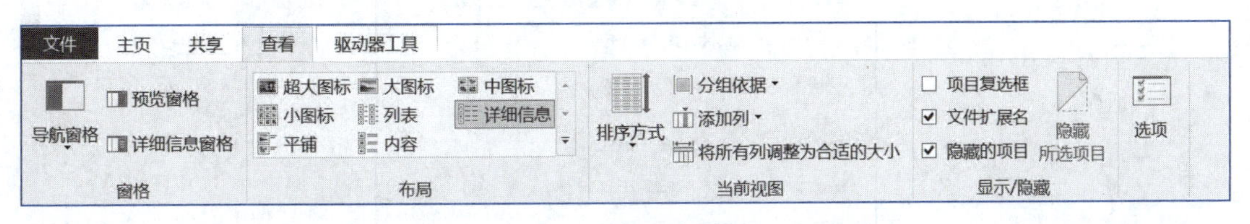

图 2-23 “查看”按钮

2. 窗口的操作

窗口的主要操作有打开窗口、移动窗口、缩放窗口、关闭窗口、最大化及最小化窗口。窗口的大部分操作可以通过窗口菜单来完成。单击标题左上角的控制菜单按钮打开图 2-24 所示的窗口快捷菜单，从中选择要执行的命令即可。此外，可以通过鼠标完成对窗口的操作。

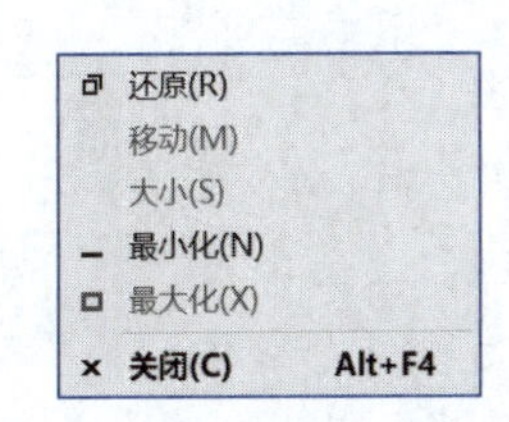

图 2-24 窗口快捷菜单

3. 文件

1）文件名

每一个文件都有文件名，系统按文件名对文件进行识别和管理。在为文件命名时，建议使用有意义的词汇或数字组合，以便用户回忆文件的内容或用途，即见名知意。例如：“个人简历-张三.docx”。不同的操作系统中文件名的规定不完全相同。

在 Windows 中，文件的命名应遵循如下约定：

① 文件名包括主文件名和扩展名，扩展名一般由 1～4 个字符组成，用以标识文件类型和与其相关联的程序，以便被特定的应用程序打开和操作。例如，扩展名 txt 表示一个文本文件；exe 表示一个可执行文件扩展名 docx 表示是一个 Word 文档。

② 不能出现以下字符：“\”“/”“:”“*”“?”“<”“>”“|”。

③ 系统保留用户命名文件时的大小写格式，但不区分其大小写。

④ 搜索和排列文件时，可以使用通配符“*”和“?”。其中，“?”代表文件名中的一个任意字符，而“*”代表文件名中的 0 个或多个任意字符。

⑤ 可以使用多分隔符的名字，如 Work.Plan.2021.docx。

⑥ 同一个文件夹中的文件不能同名。

2）文件属性

文件除了文件名外，还有其他几个属性，如文件的类型、路径、大小、创建时间、访问时间、存取属性（只读、隐藏）等。此外，操作系统还可以设置文件的安全属性，包括用户及权限设置。例如，在 Windows 资源管理器中，右击任一文件，打开图 2-25 所示对话框，可以查看该文件的各种属性。

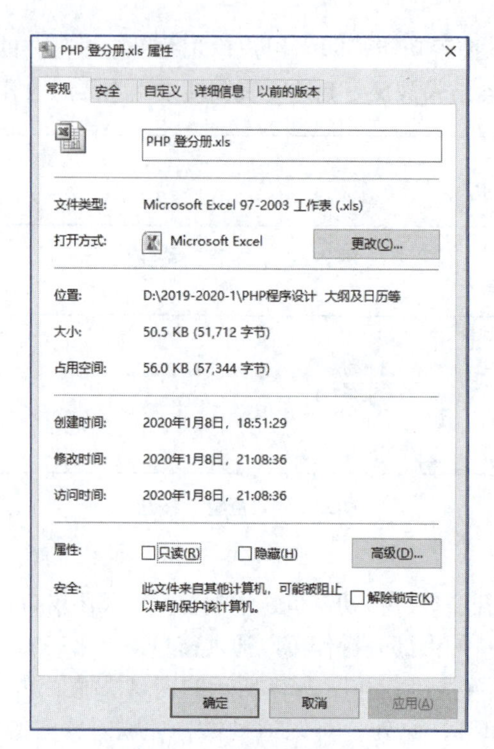

图2-25　文件属性对话框

3）快捷方式

在Windows 10桌面上，左下角有一个弧形箭头的图标称为快捷方式，如图2-26所示。为了快速启动某个应用程序或打开文件（文件夹），通常在桌面或“开始”菜单中创建一些常用对象的快捷方式。

快捷方式是为了方便操作而复制的指向对象的图标，是应用程序的快速连接。它不是这个对象本身，而是指向这个对象的指针。快捷方式的扩展名一般为lnk。创建快捷方式常用方法如下：

① 在“开始”菜单中通过鼠标左键拖动。例如，在桌面上为腾讯QQ建立快捷方式，只需将“开始”菜单中的“腾讯QQ”直接拖动到桌面上，桌面上即可出现图2-26的快捷方式图标。

② 在资源管理器中通过鼠标右键拖动到目标位置，在打开的快捷菜单中选择“在当前位置创建快捷方式”命令。

图2-26　腾讯QQ快捷方式

4）文件的目录结构

用户使用的是文件的逻辑结构，系统使用的是文件的物理结构，将这两种不同组织结构连接在一起的纽带就是文件的目录结构。

一个磁盘上往往存储了大量文件，为了有效管理和使用文件，用户通常在磁盘上创建目录（文件夹），在目录下再创建子目录（子文件夹），目录将磁盘上所有文件组织成树状结构，然后将文件分门别类地存放在不同目录中。对于每个磁盘或磁盘分区，有一个唯一的根目录（“/”），它是相对于子目录而言的，目录树中的非叶节点均为子目录，树叶节点均为文件。在Windows操作系统中，利用“此电脑”可显示系统的目录结构，如图2-27所示。

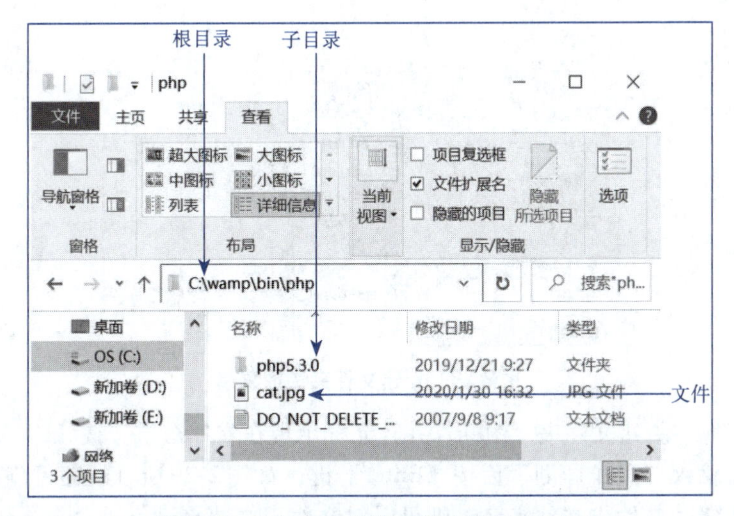

图 2-27　Windows 操作系统中的目录结构

目录以文件形式存于外存，称为目录文件，记录目录里面文件列表信息，该目录中包含哪些文件，每个文件的名称、存放地址、大小、更新时间等文件属性，目录文件相当于一个文件清单。文件目录的功能是将文件名转换为外存物理位置，帮助用户找到文件的存放位置。设计文件按目录组织的主要目的是实现对文件的“按名存取”，提高文件的检索速度。

5）文件路径

在进行文件操作的过程中，如果操作的不是当前目录中的文件，就需要指明文件所在的位置，即需要指出它所在的目录。所谓路径就是描述文件所在位置的一种方式，分为绝对路径和相对路径。

① 绝对路径。从盘符开始，到指定文件的路径。

子目录之间用正斜线“/”或反斜线“\”隔开，子目录名组成的部分又称路径名，每个文件都有唯一的路径名。绝对路径的一般形式如下：

```
[<盘符:]\<子目录1> \<子目录2>\...\<子目录n>\主文件名.扩展名
```

不加盘符时默认为当前盘符，例如，图 2-27 所示文件 cat.jpg 的绝对路径为 C:\wamp\bin\php\cat.jpg。

② 相对路径。从当前目录开始到指定文件的路径。

这里常用到两个特殊的符号：“.”表示当前目录；“..”表示上一级目录。假定在图 2-27 中，当前目录为 php，bin 目录下有一子文件夹 mysql，在文件夹 mysql 下有文件 a.txt，则文件 a.txt 的绝对路径为 C:\wamp\bin\mysql\a.txt，相对路径为 ..\mysql\a.txt。

2.3.4　实训步骤

根据工作需要在桌面建立名字为“工作计划”的文件夹，将它移动到 D 盘，并设置文件属性为只读，然后在桌面创建相应的快捷方式。

（1）创建“工作计划”文件夹。

在桌面空白区域右击，在弹出的快捷菜单中选择“新建”→“文件夹”命令，如图 2-28 所示。

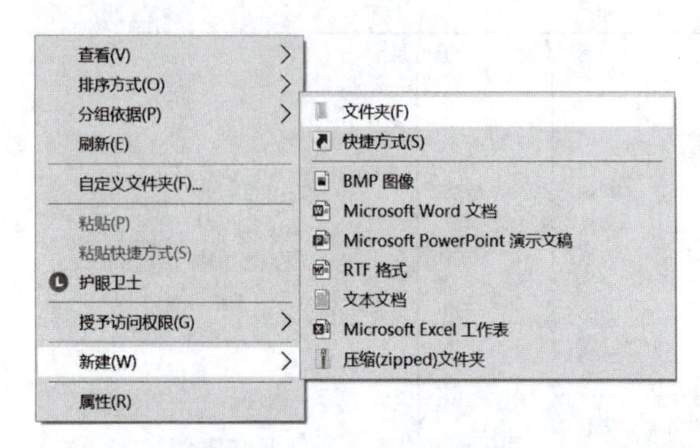

图2-28　新建文件夹快捷菜单

在桌面上出现“新建文件夹”图标，并且光标出现在文件名上。按【Backspace】键删除原来的文件名，输入“工作计划”后按【Enter】键，如图2-29所示，即可创建“工作计划”文件夹。如果要修改文件或文件夹名，则可以对文件或文件夹进行重命名操作。右击需要修改名称的文件或文件夹，在弹出的快捷菜单中选择“重命名”命令，如图2-30所示，即可输入文件或文件夹的新名称。

图2-29　重命名界面

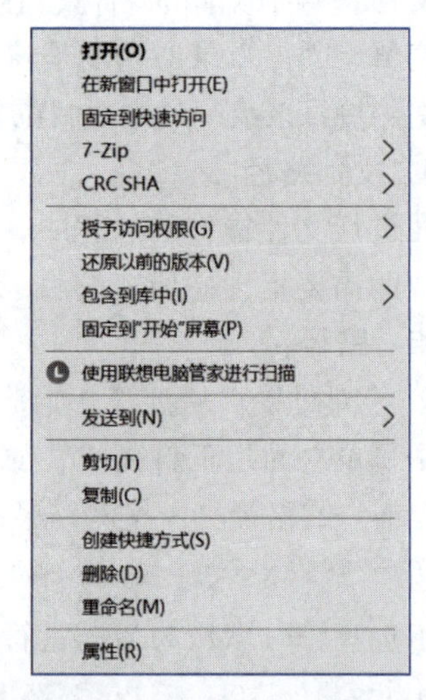

图2-30　“重命名”快捷菜单

（2）将“工作计划”文件夹移动到D盘。

右击“工作计划”文件夹，在弹出的快捷菜单中选择“剪切”命令，可将文件夹移动到剪贴板；打开D盘窗口，再次右击，在弹出的快捷菜单中选择“粘贴”命令，即实现文件的移动。

（3）设置“工作计划”文件夹属性为只读。

单击选定“工作计划”文件夹，右击，在弹出的快捷菜单中选择“属性”命令，打开“工作计划属性”对话框，如图2-31所示。在对话框中选择“只读”复选框，然后单击“确定”按钮，该文件夹属性就被设置为只读。

（4）在桌面创建“工作计划”文件夹快捷方式。

为了便于打开“工作计划”文件夹，可以在桌面上创建一个快捷方式。右击D盘“工作计划”文件夹，在弹出的快捷菜单中选择“发送到”→“桌面快捷方式”命令，如图2-32所示，桌面上即出现该文件夹的快捷方式。

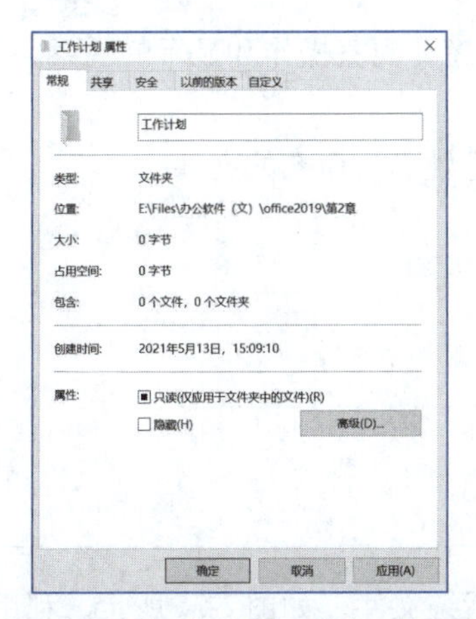

图2-31 “工作计划属性”对话框

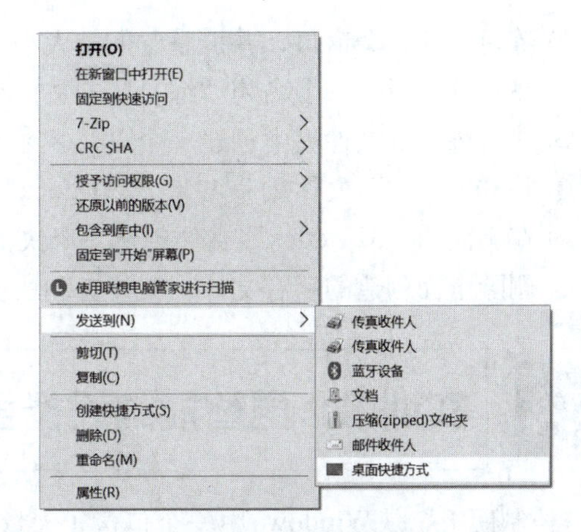

图2-32 快捷菜单

（5）搜索C盘中第二个字符为a的文本文件，并将其复制到“工作计划”文件夹中。

Windows 10操作系统提供了查找文件和文件夹的多种方法，在不同情况下可以选择使用。

① 使用“开始”菜单中的搜索框。可以使用“开始”菜单中的搜索框来查找存储在计算机中的文件、文件夹、程序和电子邮件等。单击“开始”按钮，在打开的“开始”菜单的搜索框中输入想要查找的信息，例如“工作计划”，如图2-33所示。确认后，与所输入文本相匹配的项都会显示在“开始”菜单中。

图2-33 “开始”菜单中的搜索框

② 使用文件夹或库中的搜索框。文件夹或库中的搜索框位于每个文件夹或库窗口的顶部，如图2-34所示，它根据输入的文本筛选当前的视图，在文件夹或库中搜索所有文件夹及其子文件夹。单击搜索框中的空白输入区，激活筛选搜索界面，然后输入相应的文件或文件夹名称“?a*.txt”，即可进行搜索操作。

图2-34 “库”中的搜索框

2.3.5 课后作业

① 练习打开多个窗口，并调整它们的大小、叠压次序，观察操作和显示的关系。

② 在D盘上新建一个名为“练习”的文件夹。

③ 在“练习”文件夹中创建一个以“×××”（自己姓名）命名的文件。

④ 将“×××”文件重命名为“321.docx”。

⑤ 在桌面为“321.docx”文件创建一个快捷方式。

⑥ 删除上面创建的所有文件、文件夹和快捷方式。

2.4 实训3：更智能的设备管理

“控制面板”是Windows中一个包含了大量工具的系统文件，如图2-35所示。利用其中的独立工具或程序项可以调整和设置系统的各种属性，例如，管理用户账户，改变硬件的设置，安装或删除软件和硬件，设置时间、日期等。本节将学习使用控制面板为计算机添加、删除程序，添加、删除以及设置硬件设备。

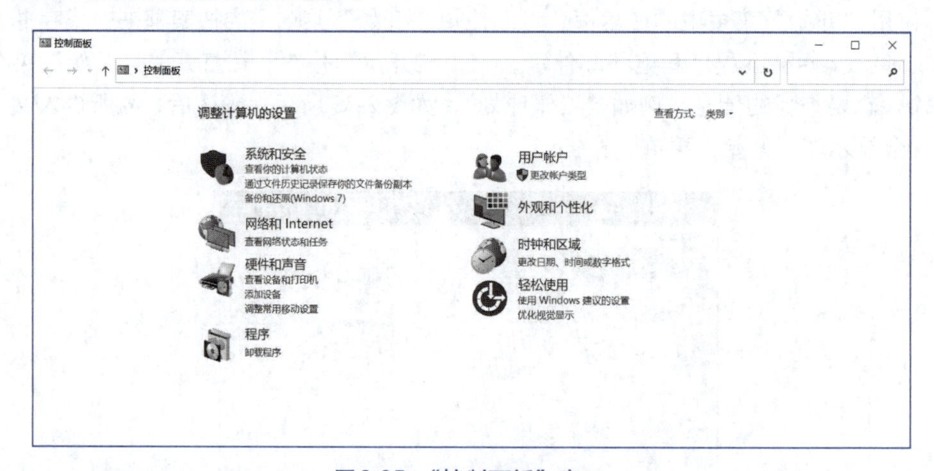

图2-35 “控制面板”窗口

2.4.1 实训目标

- 了解控制面板的使用。
- 掌握添加或删除Windows程序的方法。
- 掌握在计算机中查看硬件信息。

2.4.2 实训内容

删除某些不再需要的程序。

2.4.3 实训知识点

1. *打开控制面板的方法*

- 选择“开始”→“控制面板”命令。

• 双击桌面上的“控制面板”图标。

2. 控制面板简介

控制面板是Windows提供的用来对系统进行设置和操作的工具集，它集成了设置计算机软硬件环境的所有功能，用户可以根据需要对桌面、用户等进行设置和管理，还可以进行添加或删除程序等操作。

在控制面板中，可以很方便地管理用户、卸载应用程序和管理设备。

1）管理用户

Windows允许多个用户共同使用同一台计算机，这就需要进行用户管理，包括创建新用户以及为用户分配权限等。每一个用户都有自己的工作环境，如个性的桌面、锁屏设置等。

用户使用Microsoft账户登录即可查看家庭账户，或添加新的家庭成员。家庭成员可以有自己的登录名和桌面。管理子账户的成人账户还可以设置合适的网站、时间限制、应用和游戏来确保孩子们的计算机使用安全。如果和室友共用一台PC，管理员账户可以通过添加“其他用户”为室友创建用户。

2）卸载应用程序

在使用计算机的过程中，经常需要安装、更新程序或删除已有的应用程序。在“控制面板”中，对程序的管理和设置集中在“程序”组中。单击控制面板中的“程序”图标，打开“程序”窗口，如图2-36所示。

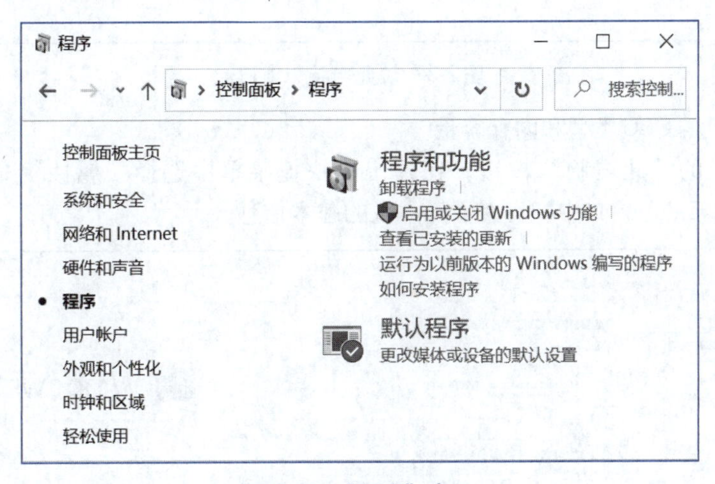

图2-36 “程序”窗口

对于不再使用的应用程序，应该卸载删除，有的软件安装完成后，在其安装目录或程序组的快捷菜单中会有一个名为“Uninstall+应用程序名”或“卸载+应用程序名”的文件或快捷方式，执行该程序可自动卸载应用程序。如果有的应用程序没有带Uninstall程序，或需要更改某些应用程序的安装设置时，单击“卸载程序”，选中要更改或卸载的程序，然后单击卸载、“更改”或“修复”按钮，按提示进行操作即可。

注意：

不要通过打开其所在文件夹，然后删除其中文件的方式来删除某个应用程序。因为有些DLL文件安装在Windows目录中，因此不可能删除干净，而且很可能会删除某些其他程序也需要的DLL文件，导致破坏其他依赖这些DLL文件的程序。

Windows 10提供了丰富且功能齐全的组件，包括程序、工具和大量的支持软件，可能由于需求或者因为硬件条件的限制，很多功能没有打开，或者有些功能当前不需要。在使用过程中，可随时根据需要启用或关闭Windows功能。

3. 在计算机中查看硬件信息

硬件包含任何连接到计算机并由计算机的微处理器控制的设备，包括制造和生产时连接到计算机上的设备，以及用户后来添加的外围设备。移动硬盘、调制解调器、磁盘驱动器、打印机、网卡、键盘和显示器等都是典型的硬件设备。

1）查看本机的硬盘数量和空间使用情况

如图2-37所示，打开“此电脑”窗口，可以清楚地看到本机的硬盘数量以及各个分区的使用情况。

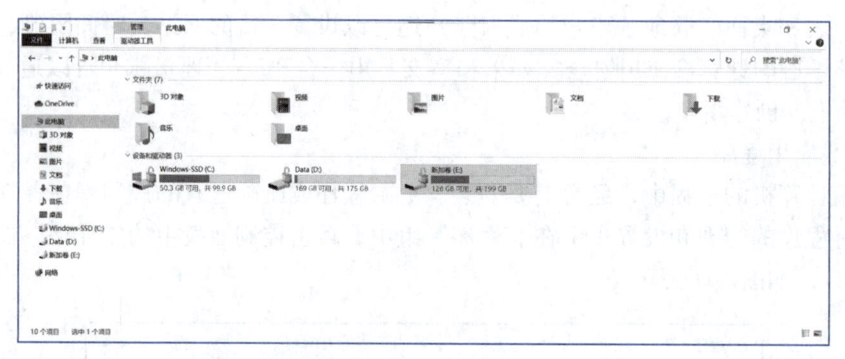

图2-37 “此电脑”窗口

2）查看本机的CPU类型和内存容量

右击桌面上的“此电脑”按钮，在弹出的快捷菜单中选择“属性”命令，在打开的图2-38所示的“系统”窗口中即可查看到本机的基本信息。

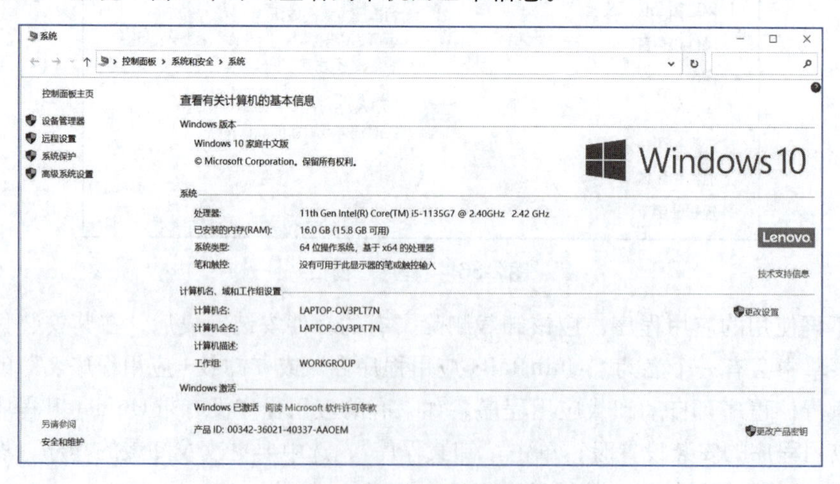

图2-38 “系统”窗口

2.4.4 实训步骤

卸载程序的操作步骤如下：

① 打开“控制面板”窗口，如图2-35所示。

② 单击“程序”图标，打开“程序”窗口，如图2-39所示。

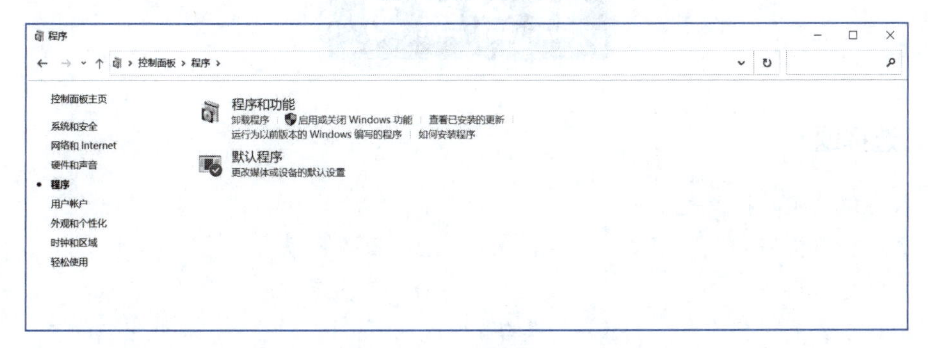

图2-39　“程序”窗口

③ 单击“程序和功能”下的“卸载程序”超链接，打开“卸载或更改程序”窗口，如图2-40所示。在该窗口中列出了计算机中已经安装的所有程序。

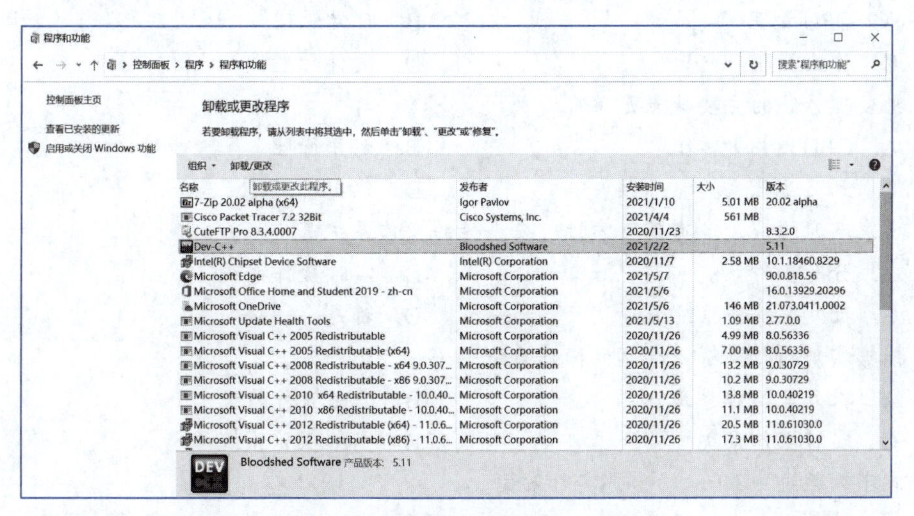

图2-40　“卸载或更改程序”窗口

④ 选择某个程序后，单击“卸载”按钮，将打开图2-41所示询问是否卸载程序的提示对话框。单击“是”按钮，卸载该程序。

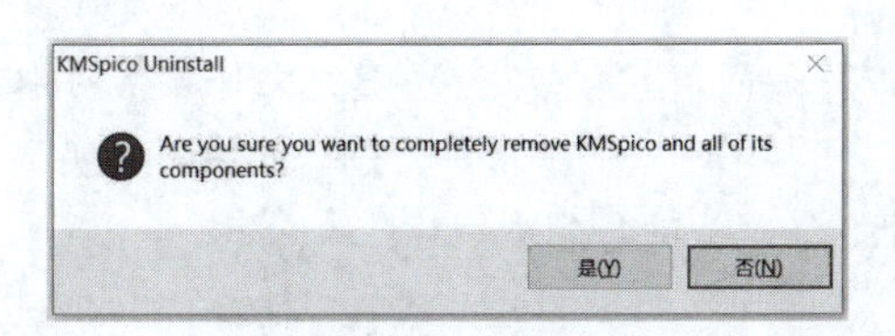

图2-41　提示对话框

2.4.5　课后作业

利用“控制面板”，设置“时钟、语言和区域”，进一步观察和思考如何在控制面板中设置计算机属性。

综合练习

一、选择题

1. 人与裸机间的接口是（　　）。
   A. 应用软件　　B. 操作系统
   C. 支撑软件　　D. 都不是
2. 操作系统是一套（　　）程序的集合。
   A. 文件管理　　B. 中断处理
   C. 资源管理　　D. 设备管理
3. 操作系统的功能不包括（　　）。
   A. CPU 管理　　B. 日常管理
   C. 作业管理　　D. 文件管理
4. 批处理系统的主要缺点是（　　）。
   A. CPU 使用效率低　　B. 无并行性
   C. 无交互性　　D. 以上都不是
5. 要求及时响应、具有高可靠性、安全性的操作系统是（　　）。
   A. 分时操作系统　　B. 实时操作系统
   C. 批处理操作系统　　D. 都是
6. 能够实现通信及资源共享的操作系统是（　　）。
   A. 批处理操作系统　　B. 分时操作系统
   C. 实时操作系统　　D. 网络操作系统
7. 在下列系统中，（　　）是实时系统。
   A. 计算机激光照排系统　　B. 办公自动化系统
   C. 化学反应堆控制系统　　D. 计算机辅助设计系统
8. 用户使用文件时不必考虑文件存储在哪里、怎样组织输入输出等工作，我们称为（　　）。
   A. 文件共享　　B. 文件按名存取
   C. 文件保护　　D. 文件的透明
9. 对文件的管理是对（　　）进行管理。
   A. 主存　　B. 辅存
   C. 地址空间　　D. CPU 处理过程的管理
10. 存储管理的主要目的在于（　　）。
   A. 协调系统的运行　　B. 提高主存空间利用率
   C. 增加主存的容量　　D. 方便用户和提高主存利用率

二、填空题

1. 让计算机系统使用方便和________是操作系统的两个主要设计目标。
2. 操作系统对文件的管理，采用________。
3. 存储管理的目的是尽可能方便用户和________。
4. 进程是一个________态概念，而程序是一个________态概念。
5. 启动任务管理器的组合键是________。
6. 回收站是________盘中的一块区域，通常用于________逻辑删除的文件。
7. 文件的扩展名反映文件________。
8. 通配符“*”表示________，“?”表示________。
9. 在Windows中，把一个文件play.doc的属性设置为________时，默认情况下在窗口中不显示出来。
10. 采用虚拟存储器的目的是________。
11. 操作系统的基本功能包括________、________、________、________和用户接口。
12. 进程在其生命周期中的三种基本状态是________、________和________。

三、操作题

1. 更改“此电脑”图标，在F盘创建“此电脑”的快捷方式，并重命名为“我的电脑”。
2. 创建一个计算机宾客访问账号，并设置密码为123。
3. 共享一个文件夹，并让同学访问，允许其复制文件到该文件夹。
4. 将整个屏幕截图，并保存为“姓名.jpeg”图片（姓名指自己的姓名）。
5. 新建一个XS文件夹，创建以自己学号命名的记事本，并将题4中的图片复制到此文件夹中。
6. 搜索国内外操作系统的发展现状，了解科技兴国的重要性。

第3章

文稿编辑 Word 2019

在日常办公中，使用计算机进行各种公文、报告、信函等文字处理是最频繁的。Word 2019可以编辑文字图形、图像、艺术字和数学公式，是一种“所见即所得”的用户图形界面，适合一般的办公文员或文秘工作者，以及专业排版人员使用。

3.1 实训1：制作企业招聘启事

企业招聘启事是用人单位面向社会公开招聘有关人员时使用的一种应用文书。招聘启事撰写的质量影响招聘的效果和招聘单位的形象。

扫一扫

制作企业招聘启事

3.1.1 实训目标

- 掌握字体的设置。
- 掌握段落的设置。
- 掌握项目符号与编号的使用方法。
- 掌握图片的插入。
- 掌握艺术字的插入。

3.1.2 实训内容

（1）启动Word 2019并建立新文档。

启动Word 2019，建立新的空文档，然后录入相关信息，如图3-1所示。

（2）设置格式。

按以下要求设置格式，设置后的效果如图3-2所示。

① 对文档完成页面设置，上、下边距均为2厘米，左、右为3厘米，纸张大小为A4，纸张方向为纵向。

② 插入素材中的“放榜招贤.jpg”为背景图片。

③ 使用艺术字插入主标题“放榜招贤”。

④ 设置正文字体为宋体，字号小四，段落行距为1.5倍，首行缩进2字符。

⑤ 设置项目编号。

（3）保存文档。

*********有限公司是******红酒销售平台商，主要经营 ** 桑干系列高端红酒。公司除提供较好的薪酬待遇，同时也为公司员工提供持续的学习机会。本公司为了业务发展需要，现特招聘销售专员职位：

职位描述：
区域市场开拓、了解市场动态、制定并执行销售策略。
做好销售人员指导和管理工作。
区域市场客户的维护和服务。
执行被批准的或上级下达的开发计划，定期做出开发报告。

职位要求：
专科以上学历，有酒水行业相关知识和 2 年从业经验，愿意在此行业长期发展的有志之士。
具有较强的市场开拓能力，较强的谈判能力。
吃苦耐劳、责任心强，有较强的学习能力和团队合作精神。
具有一定的管理领导能力。公司提供良好的发展平台，有相关工作经验者优先。

待遇：*****+提成+奖金+保险（转正后）

联系人：******　电话：*********
公司地址：************
邮箱：*************

图3-1　招聘启事原文

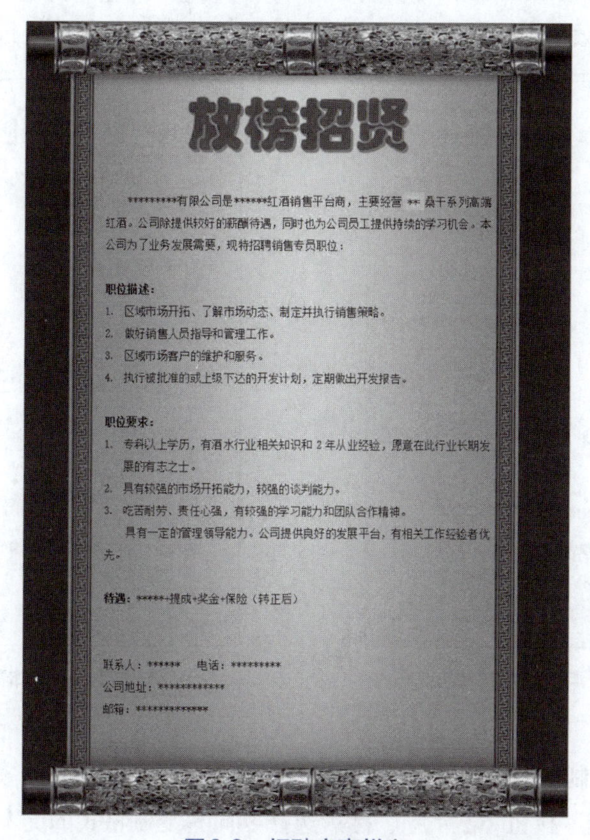

放榜招贤

*********有限公司是******红酒销售平台商，主要经营 ** 桑干系列高端红酒。公司除提供较好的薪酬待遇，同时也为公司员工提供持续的学习机会。本公司为了业务发展需要，现特招聘销售专员职位：

职位描述：

1. 区域市场开拓、了解市场动态、制定并执行销售策略。
2. 做好销售人员指导和管理工作。
3. 区域市场客户的维护和服务。
4. 执行被批准的或上级下达的开发计划，定期做出开发报告。

职位要求：

1. 专科以上学历，有酒水行业相关知识和 2 年从业经验，愿意在此行业长期发展的有志之士。
2. 具有较强的市场开拓能力，较强的谈判能力。
3. 吃苦耐劳、责任心强，有较强的学习能力和团队合作精神。

具有一定的管理领导能力。公司提供良好的发展平台，有相关工作经验者优先。

待遇： *****+提成+奖金+保险（转正后）

联系人：******　电话：*********
公司地址：************
邮箱：*************

图3-2　招聘启事样文

3.1.3 实训知识点

1. 添加文本并设置文本格式

若要添加文本，可将光标置于所需位置并开始输入。

① 选择要设置格式的文本。若要选择单个字词，可将光标定位于该字词处并双击。若要选择文本的某行，可单击该行左侧。

② 单击“开始”选项卡，选择相应选项可更改字体、字号、字体颜色，或将文本加粗、变成斜体，或为其添加下画线，如图3-3所示。

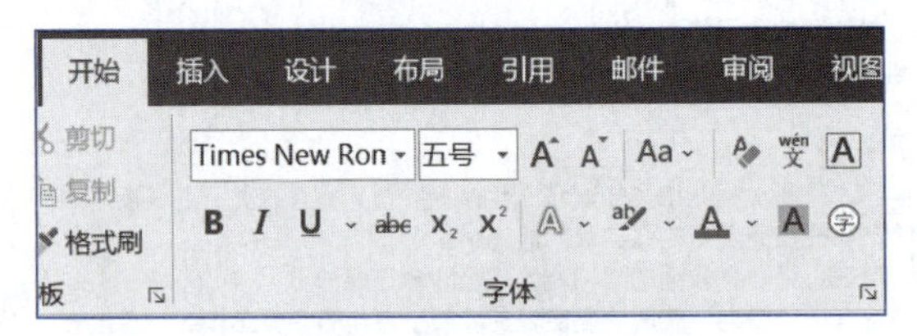

图3-3 字体设置

③ 单击“字体”对话框启动器按钮，打开“字体”对话框，通过“字体”对话框同样可以对字体、字形、字号、字体颜色、下画线以及着重号等进行设置，如图3-4所示。此外，通过“高级”选项卡可以对字符间距等进行设置，如图3-5所示。单击对话框左下角的“设为默认值”按钮可以选择想要使用的字体和大小将其设置为默认值，在弹出的提示对话框中选择“仅此文档”或“所有基于Normal.dotm模板的文档”单选按钮，单击“确定”按钮确认选择，如图3-6所示。单击“文字效果”按钮可以对文本填充与轮廓以及文本效果进行修改，如图3-7所示。

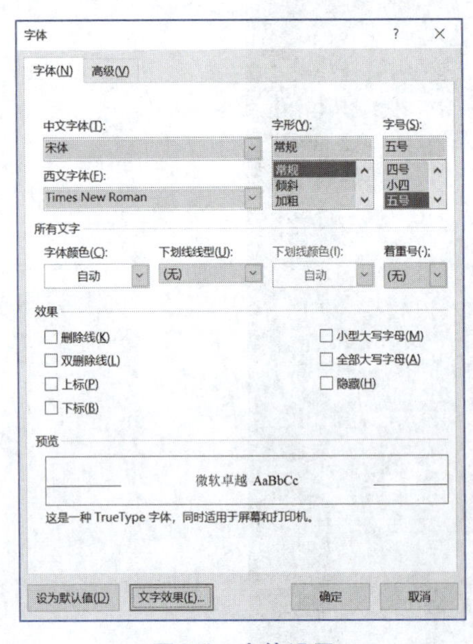

图3-4 字体设置

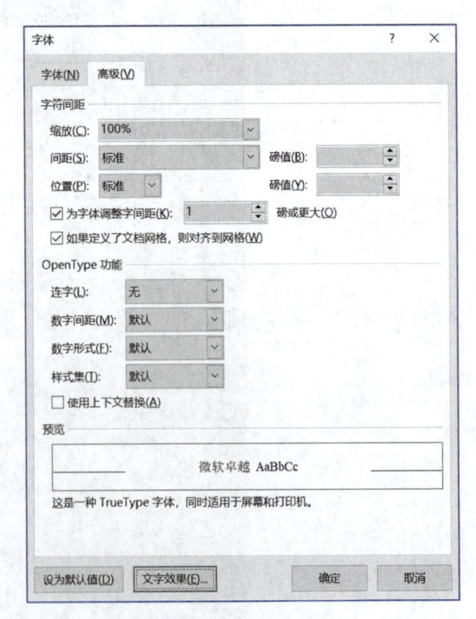

图3-5 字体高级设置

2. 复制格式

① 选择具有要复制格式的文本。

② 单击“格式刷”按钮 格式刷，然后选择要向其复制格式的文本。若要将格式复制到多个位置，可双击“格式刷”按钮。

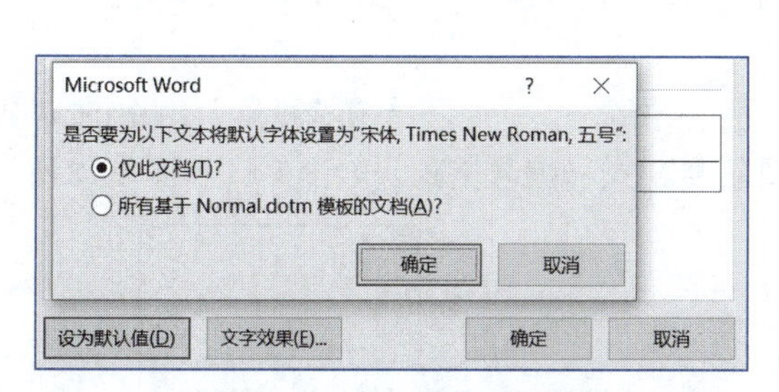

图3-6　设置字体默认值

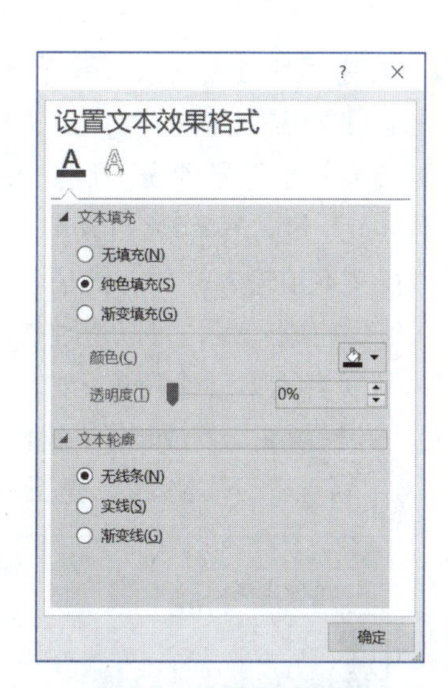

图3-7　字体文本效果

3. 段落格式

① 选择要设置格式的段落。若要选择文本的某段落，可将光标移到此段落任意文字之间三击，或双击该段落左侧。

② 选择相应选项可更改段落的对齐方式、间距以及缩进等格式，如图3-8所示。

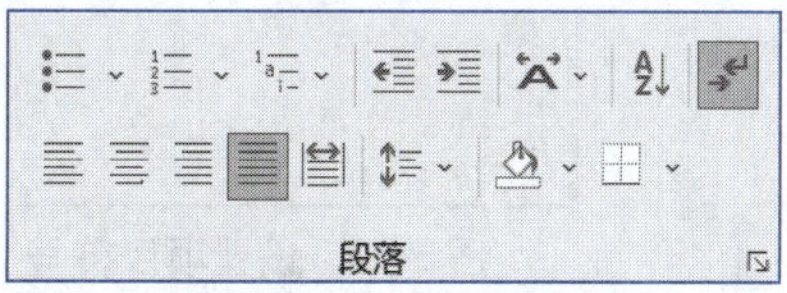

图3-8　段落设置

③ 单击“段落”对话框启动器按钮，通过“段落”对话框同样可以对段落的对齐方式、缩进以及间距等进行设置，如图3-9所示。单击对话框左下角的“制表位”按钮可以对制表位的位置、对齐方式以及引导符进行设置，如图3-10所示。

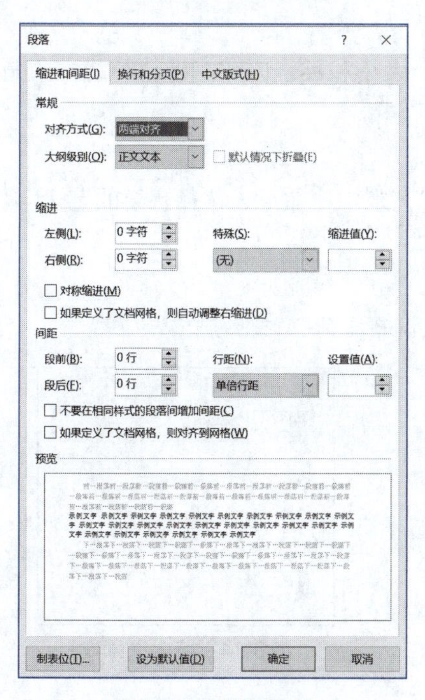

图3-9　缩进和间距

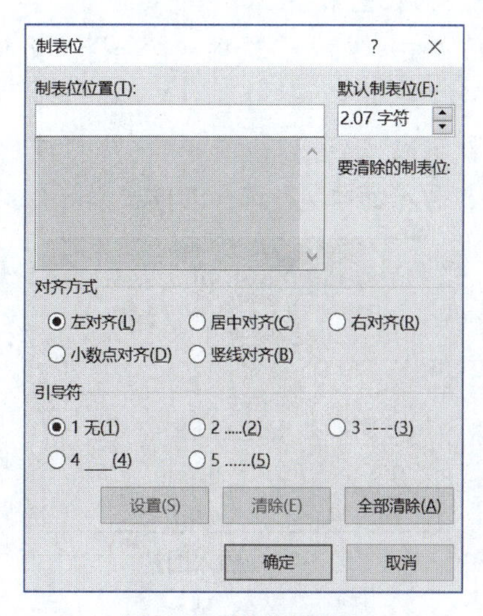

图3-10　段落制表位

4. 创建项目符号列表或编号列表

1）创建列表

① 若要开始编号列表，可输入“1.”“(1)”“一、”等编号和“空格”以及一些文本，然后按【Enter】键，Word将自动启动编号列表。

② 在文本前输入“*”，然后按【Tab】键，Word将创建项目符号列表。

③ 若要完成列表，可以通过按【Enter】键实现，直到项目符号或编号开关关闭。

2）从现有文本创建列表

首先选择要更改为列表的文本，然后转到“开始”选项卡，单击“段落”组中的“项目符号”或“编号”下拉按钮。查找不同的项目符号样式和编号格式，如图3-11和图3-12所示。

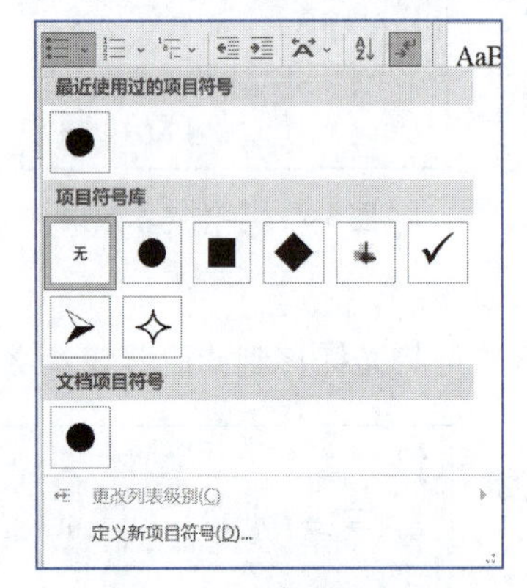

图3-11 设置项目符号

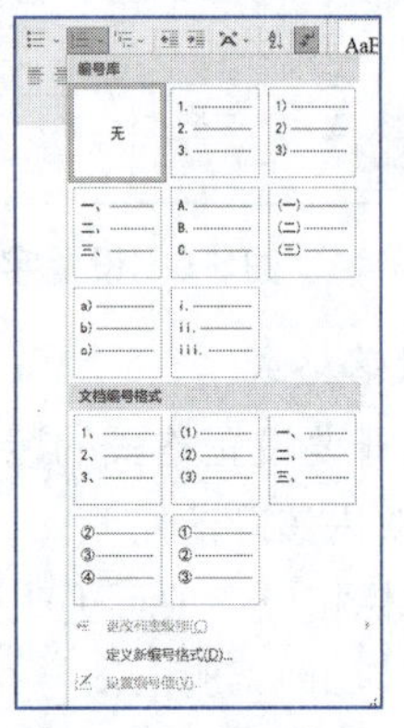

图3-12 设置编号

5. 插入图片

① 单击“插入”选项卡，选择“插图”→“图片”中的“此设备”或“联机图片”命令，如图3-13所示。

② 选择所需图片，然后单击“插入”按钮。

③ 插入图片后，通过“布局”调整图片的位置、大小和环绕方式。默认环绕方式是“嵌入型”。使用图片作为背景，需要设置为“衬于文字下方”。

6. 插入艺术字

① 单击“插入”选项卡，选择“文本”组中的“艺术字”命令，选择想要的艺术字样式。如图3-14所示。

② 输入文本。

③ 插入艺术字，选择的样式不符合要求时，可以调整字体，修改颜色。

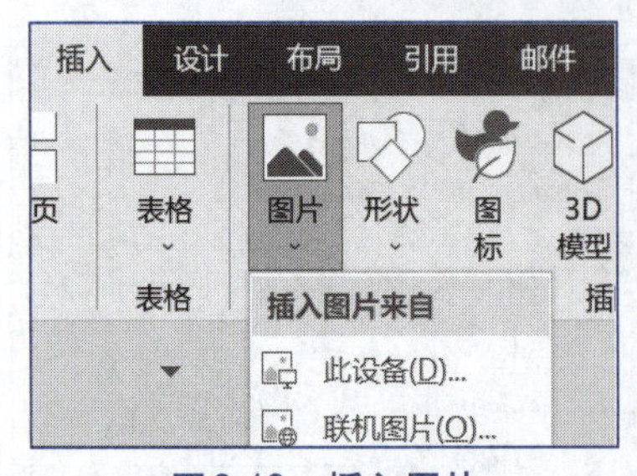

图3-13 插入图片

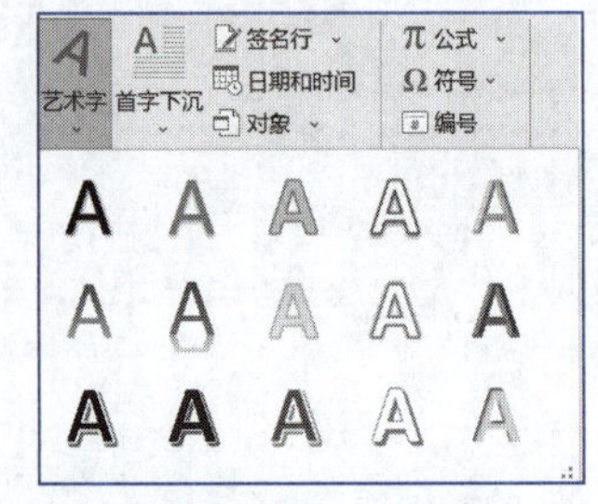

图3-14 插入艺术字

3.1.4　实训步骤

1. 启动 Word 2019，建立空文档

① 启动 Word 2019 程序，然后选择“开始”→“Word 2019”命令。

② 启动后，将自动建立一个文件名为“文档1.docx”的空白文档。

2. 设置格式

1）页面设置

对文档进行页面设置，上、下边距均为2厘米，左、右边距为3厘米，纸张大小为A4，纸张方向为纵向。

① 单击“布局”选项卡，单击“页面设置”组的对话框启动器按钮，在打开的“页面设置”对话框中选择“页边距”选项卡。设置“页边距”的“上”和“下”均为“2厘米”，“左”和“右”均为“3厘米”，“纸张方向”为“纵向”，如图3-15所示。

② 单击“纸张”选项卡，选择“纸张大小”为A4，如图3-16所示。

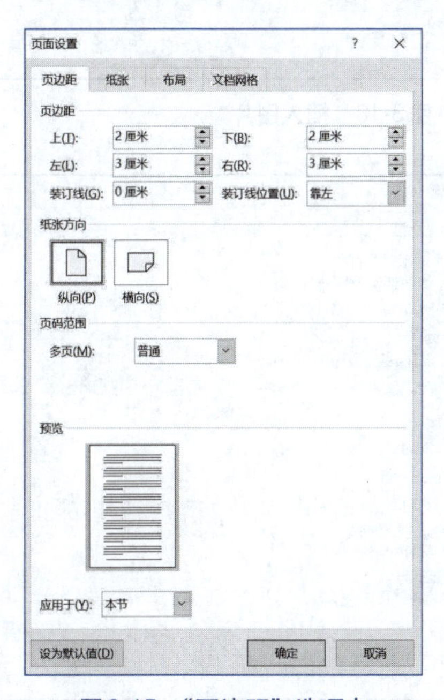

图3-15　“页边距”选项卡

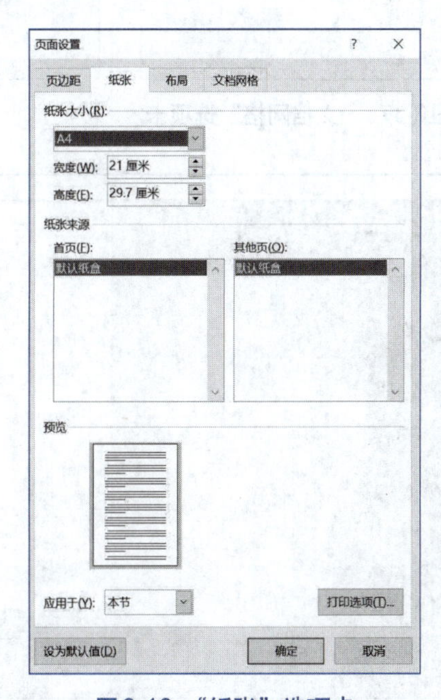

图3-16　“纸张”选项卡

③ 单击“文档网格”选项卡，设置“文字排列”的方向为“水平”，设置“栏数”为1，如图3-17所示。

2）插入背景图片

插入素材中的“放榜招贤.jpg”作为背景图片。

① 将光标定位于文档任意位置，然后单击“插入”选项卡“插图”组中的“图片”按钮，选择“此设备”，打开“插入图片”对话框，如图3-18所示。

② 在“插入图片”对话框中找到实训1素材“放榜招贤.jpg”图片，然后单击“插入”按钮。

③ 完成图片插入操作后，选中图片并右击，在弹出的快捷菜单中选择“大小和位置”命令，如图3-19所示。

④ 在打开的“布局”对话框中单击“大小”选项卡，设置“高度”的绝对值为“29.7 厘米”，“宽度”的绝对值为“21 厘米”，如图 3-20 所示。

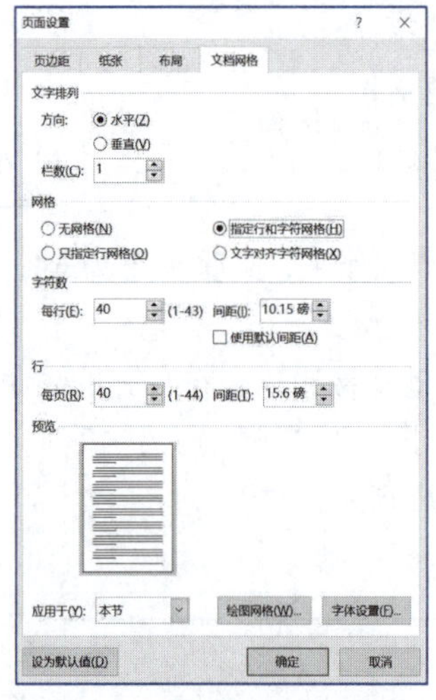

图 3-17 “文档网格”选项卡

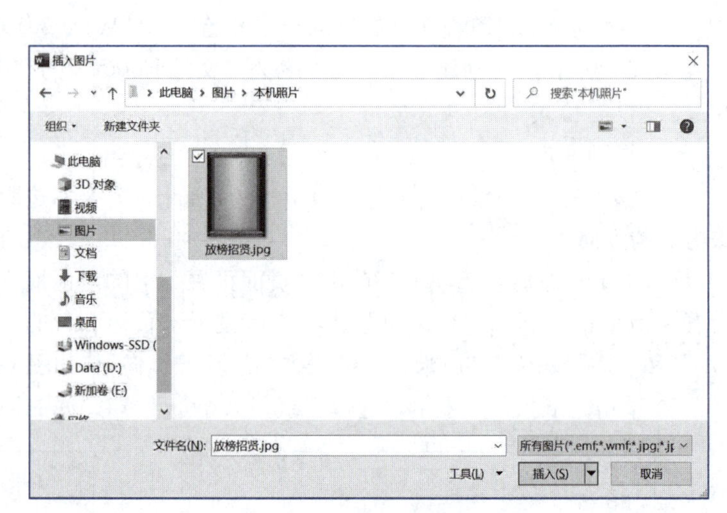

图 3-18 插入图片

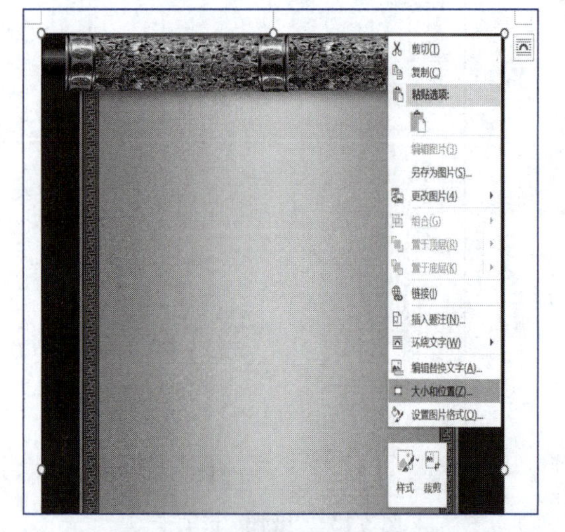

图 3-19 设置图片的大小和位置

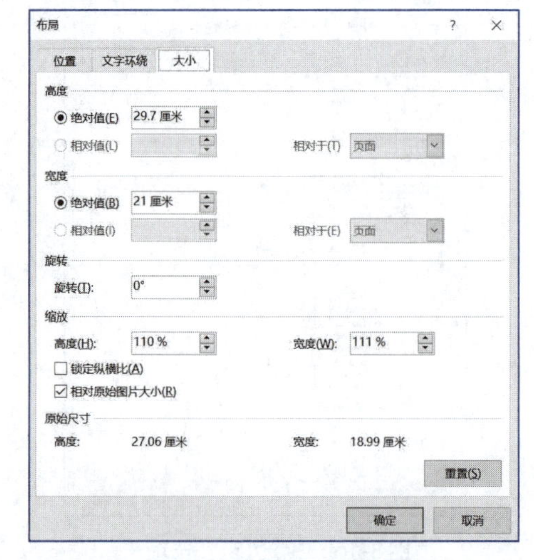

图 3-20 “布局”对话框

⑤ 单击“文字环绕”选项卡，设置“环绕方式”为“衬于文字下方”，如图 3-21 所示。

⑥ 单击“位置”选项卡，取消“选项”中“对象随文字移动”复选框的勾选，然后单击“确定”按钮，如图 3-22 所示。调整图片与文档对齐。

3）使用艺术字插入主标题“放榜招贤”

① 将光标定位于文档的第一行。

② 选择“插入”选项卡，然后单击“文本”组中的“艺术字”按钮，在弹出的下拉列表中选择一种艺术字样式，如图 3-14 所示。

③ 在艺术字文本框中输入“放榜招贤”，然后选中文本内容，在“开始”选项卡“字体”组中设置字体为“华文琥珀”，字号为 60，字体颜色为标准色“深红”，效果如图 3-23 所示。

图 3-21　“文字环绕”选项卡

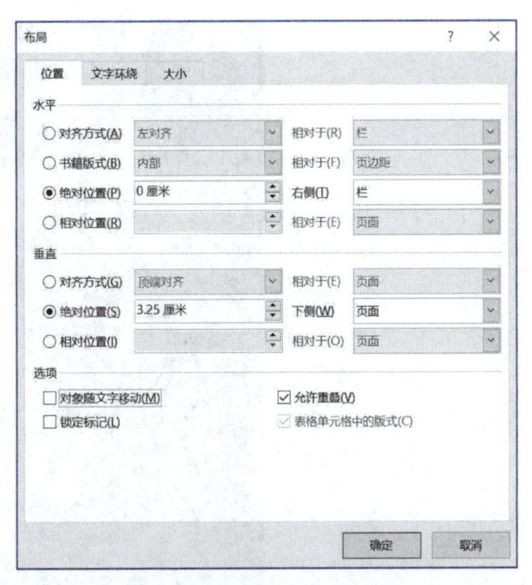

图 3-22　“位置”选项卡

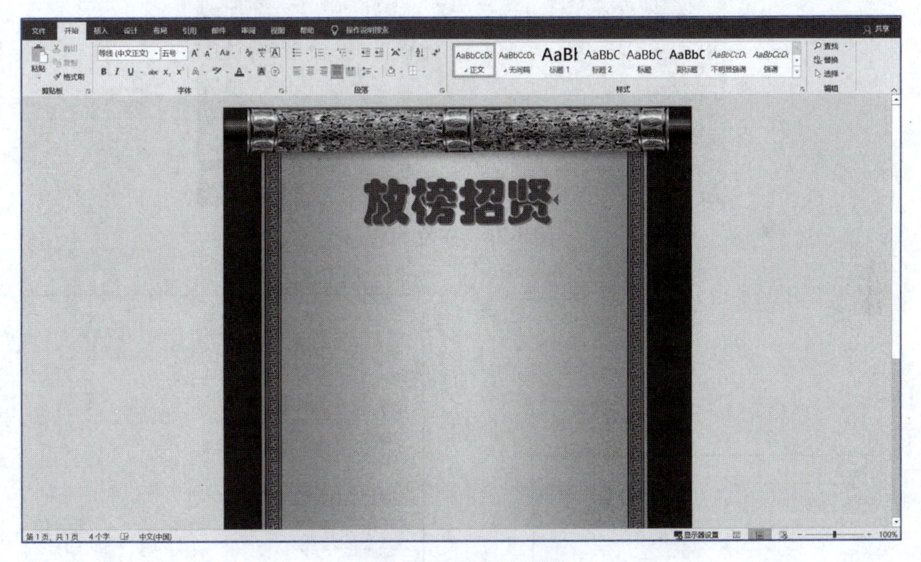

图 3-23　艺术字效果

4）设置文字及段落

设置正文字体为宋体，字号为小四，段落行距为1.5倍，首行缩进2字符。

① 输入招聘启事原文内容，如图3-24所示。

② 选中正文内容，然后在“开始”选项卡的“字体”组中设置字体为“宋体”，字号为“小四”；或者选中正文内容，然后右击，在弹出的快捷菜单中选择“字体”命令，在打开的对话框中选择“宋体”“小四”，如图3-25所示。

③ 选中正文内容，然后在“开始”选项卡中选择“段落”组，从中选择“行和段落间距”，再选中“1.5”；或者选中正文内容，然而右击，在弹出的快捷菜单中选择“段落”命令，在弹出的对话框中选择“首行”缩进“2字符”，行距为“1.5倍行距”，如图3-26所示。

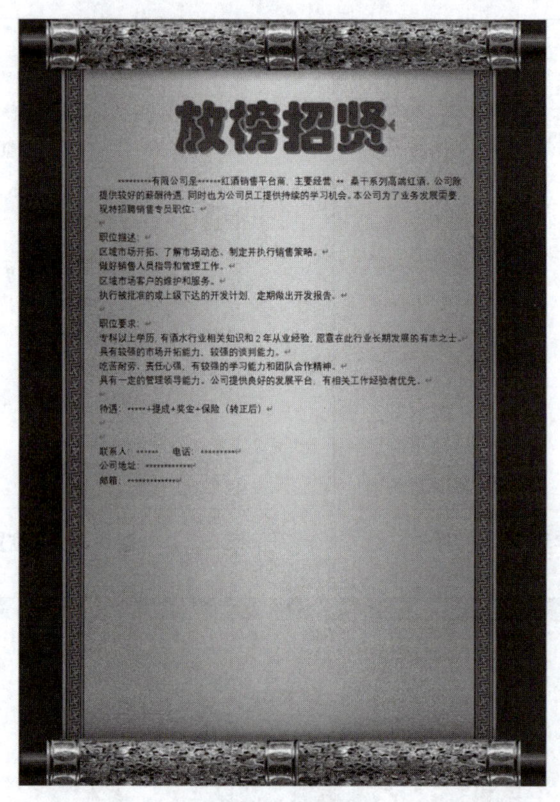

*********有限公司是******红酒销售平台商，主要经营 ** 桑干系列高端红酒。公司除提供较好的薪酬待遇，同时也为公司员工提供持续的学习机会。本公司为了业务发展需要，现特招聘销售专员职位：

职位描述：

区域市场开拓、了解市场动态、制定并执行销售策略。

做好销售人员指导和管理工作。

区域市场客户的维护和服务。

执行被批准的或上级下达的开发计划，定期做出开发报告。

职位要求：

专科以上学历，有酒水行业相关知识和 2 年从业经验，愿意在此行业长期发展的有志之士。

具有较强的市场开拓能力、较强的谈判能力。

吃苦耐劳、责任心强，有较强的学习能力和团队合作精神。

具有一定的管理领导能力。公司提供良好的发展平台，有相关工作经验者优先。

待遇：*****+提成+奖金+保险（转正后）

联系人：******　电话：*********

公司地址：************

邮箱：*************

图3-24　正文内容

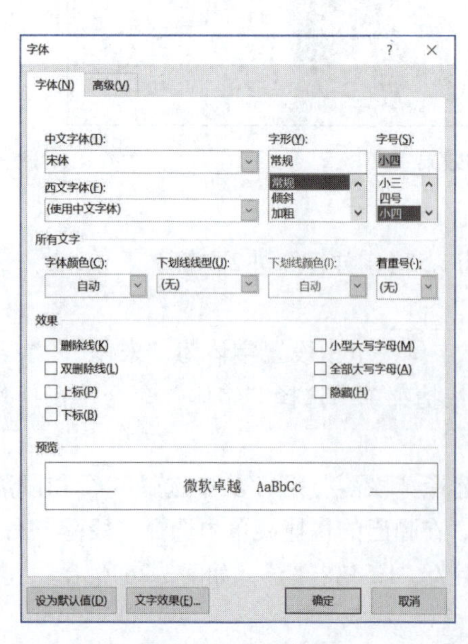

图3-25　字体设置

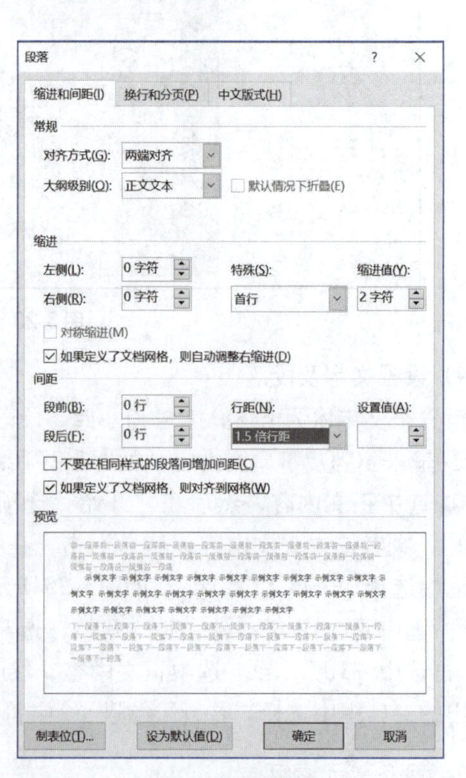

图3-26　段落设置

5）设置项目编号

① 选取职位描述内容，然后单击“开始”选项卡。在“段落”组中单击按钮编号下拉按钮，在打开的下拉列表中选择一种样式，如图3-27所示。

② 对于职位要求的内容，操作与步骤①相同。

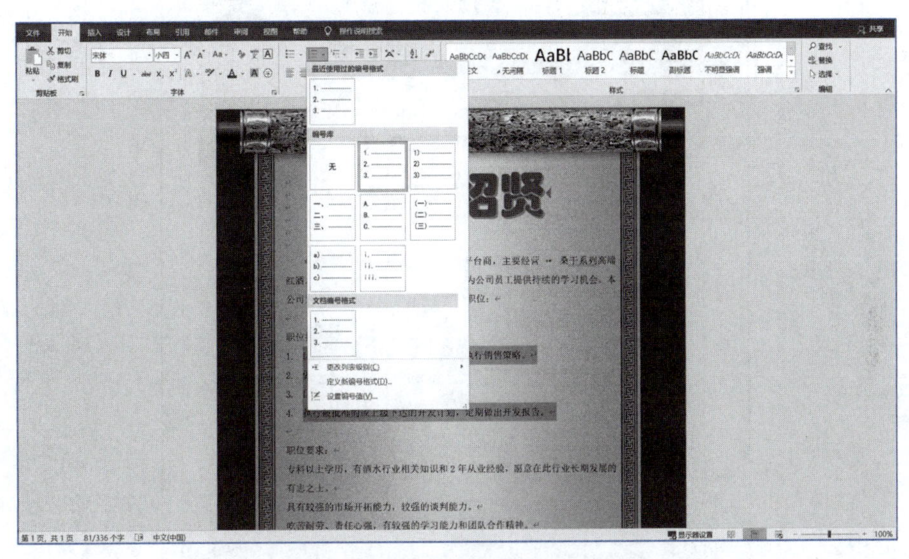

图3-27　项目编号

3. 保存文档

① 单击“文件”选项卡，选择“另存为”命令，打开“另存为”对话框，如图3-28所示。

② 选择保存位置，输入文件名称，单击“保存”按钮。

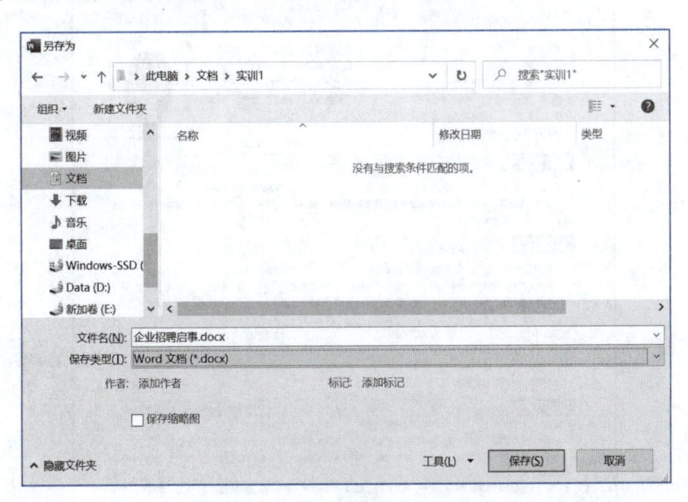

图3-28　“另存为”对话框

3.1.5　课后作业

制作个人简历。个人简历一般由个人基本信息教育背景、工作经历（实践经历）、技能证书、自我评价等元素组成，可参考图3-29和图3-30所示的个人简历模板进行制作。

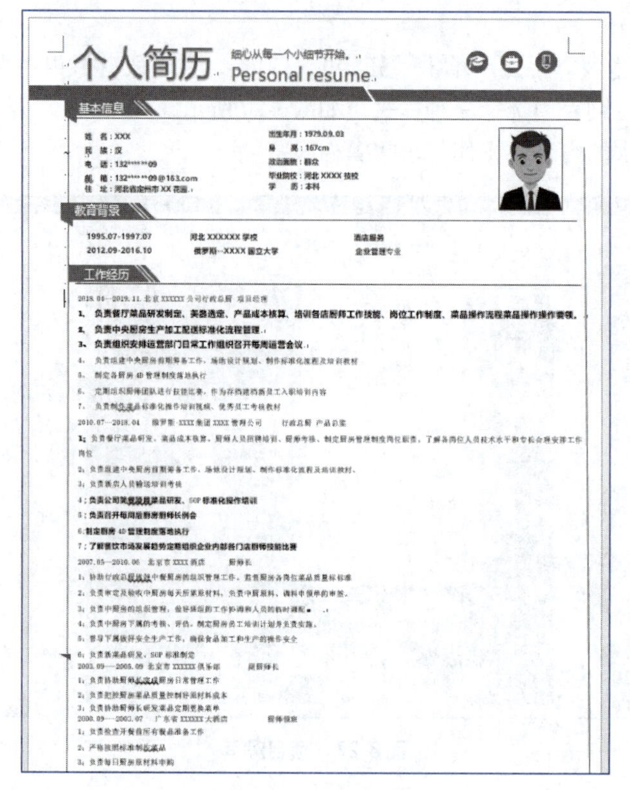

个人简历 细心从每一个小细节开始。
Personal resume

基本信息

姓　名：XXX
民　族：汉
电　话：132******09
邮　箱：132******09@163.com
住　址：河北省定州市XX花园。
出生年月：1979.09.03
身　高：167cm
政治面貌：群众
毕业院校：河北XXXX技校
学　历：本科

教育背景

1995.07-1997.07　河北XXXXXX学校　酒店服务
2012.09-2016.10　俄罗斯--XXXX国立大学　企业管理专业

工作经历

2018.04—2019.11. 北京XXXXX公司行政总厨　项目经理
1、负责餐厅菜品研发制定、美器选定、产品成本核算、培训各店厨师工作技能、岗位工作制度、菜品操作流程菜品操作操作要领。
2、负责中央厨房生产加工配送标准化流程管理。
3、负责组织安排运营部门日常工作组织召开每周运营会议。
4、负责组建中央厨房前期筹备工作，场地设计规划、制作标准化流程及培训教材
5、制定各厨房4D管理制度落地执行
6、定期组织厨师团队进行技能比赛，作为存档建档新员工入职培训内容
7、负责制作菜品标准化操作培训视频、优秀员工考核教材
2010.07—2018.04　俄罗斯·XXXX集团XXXX餐饮公司　行政总厨　产品总监
1；负责餐厅菜品研发、菜品成本核算、厨师人员招聘培训、厨师考核、制定厨房管理制度岗位职责，了解各岗位人员技术水平和专长合理安排工作岗位
2；负责组建中央厨房前期筹备工作、场地设计规划、制作标准化流程及培训教材。
3；负责新店人员输送培训考核
4；负责公司新店菜品研发、SOP标准化操作培训
5；负责召开每周后厨厨师长例会
6.制定厨房4D管理制度落地执行
7；了解餐饮市场发展趋势定期组织企业内部各门店厨师技能比赛
2007.05—2010.06　北京市XXXX酒店　厨师长
1；协助行政总厨做好中餐厨房的组织管理工作，监督厨房各岗位菜品质量标准
2；负责审定及验收中厨房每天所需原材料，负责中厨原料、调料申领单的审签。
3；负责中厨房的组织管理，做好班组的工作协调和人员的临时调配。
4；负责中厨房下属的考核、评估，制定厨房员工培训计划并负责实施。
5；督导下属做好安全生产工作，确保食品加工和生产的操作安全
6；负责新菜品研发，SOP标准制定
2003.09—2005.09　北京市XXXXXX俱乐部　副厨师长
1；负责协助厨师长完成厨房日常管理工作
2；负责把控厨房菜品质量控制好原材料成本
3；负责协助厨师长研发菜品定期更换菜单
2000.09—2003.07　广东省XXXXXX大酒店　厨师领班
1；负责检查开餐前所有餐品准备工作
2；严格按照标准制作菜品
3；负责每日厨房原材料申购

图3-29　个人简历模板1

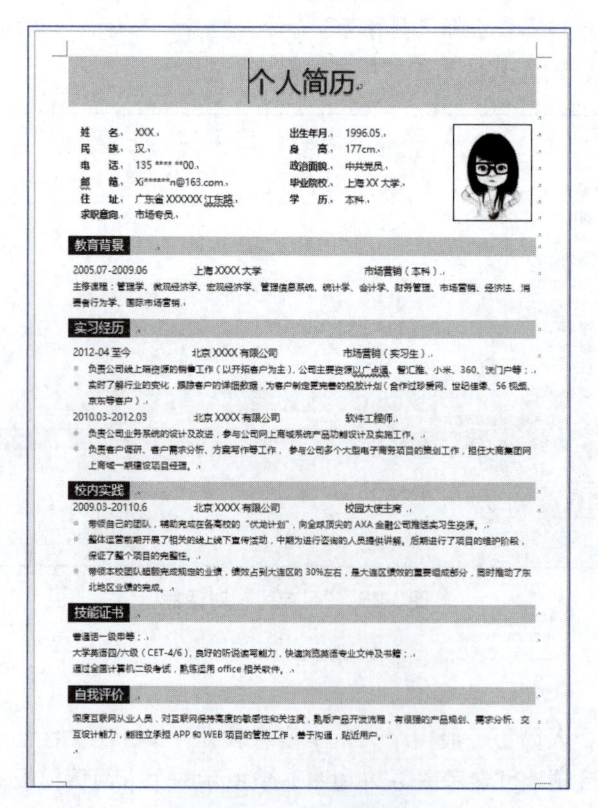

个人简历

姓　　名　XXX
民　　族　汉
电　　话　135 **** **00
邮　　箱　Xi******n@163.com
住　　址　广东省XXXXXX江东路
求职意向　市场专员
出生年月　1996.05
身　　高　177cm
政治面貌　中共党员
毕业院校　上海XX大学
学　　历　本科

教育背景

2005.07-2009.06　上海XXXX大学　市场营销（本科）
主修课程：管理学、微观经济学、宏观经济学、管理信息系统、统计学、会计学、财务管理、市场营销、经济法、消费者行为学、国际市场营销。

实习经历

2012-04至今　北京XXXX有限公司　市场营销（实习生）
- 负责公司线上端资源的销售工作（以开拓客户为主），公司主要资源以广点通、智汇推、小米、360、沃门户等；
- 实时了解行业的变化，跟踪客户的详细数据，为客户制定更完善的投放计划（合作过珍爱网、世纪佳缘、56视频、京东等客户）。

2010.03-2012.03　北京XXXX有限公司　软件工程师
- 负责公司业务系统的设计及改进，参与公司网上商城系统产品功能设计及实施工作。
- 负责客户调研、客户需求分析、方案写作等工作，参与公司多个大型电子商务项目的策划工作，担任大商集团网上商城一期建设项目经理。

校内实践

2009.03-20110.6　北京XXXX有限公司　校园大使主席
- 带领自己的团队，辅助完成在各高校的“伏龙计划”，向全球顶尖的AXA金融公司推送实习生资源。
- 整体运营前期开展了相关的线上线下宣传活动，中期为进行咨询的人员提供讲解。后期进行了项目的维护阶段，保证了整个项目的完整性。
- 带领本校团队超额完成规定的业绩，绩效占到大连区的30%左右，是大连区绩效的重要组成部分，同时推动了东北地区业绩的完成。

技能证书

普通话一级甲等；
大学英语四/六级（CET-4/6），良好的听说读写能力，快速浏览英语专业文件及书籍；
通过全国计算机二级考试，熟练运用office相关软件。

自我评价

深度互联网从业人员，对互联网保持高度的敏感性和关注度，熟悉产品开发流程，有很强的产品规划、需求分析、交互设计能力，能独立承担APP和WEB项目的管控工作，善于沟通，贴近用户。

图3-30　个人简历模板2

3.2 实训2：制作企业销售明细表

企业销售明细表是企业根据所属的明细分类设置的，用于分类登记业务事项，提供相关的明细核算资料。

扫一扫

制作企业销售明细表

3.2.1 实训目标

- 掌握表格的建立。
- 掌握表格的编辑。
- 掌握表格的样式。

3.2.2 实训内容

1. *建立文档*

启动 Word 2019，建立空文档，并保存为“企业销售明细表.docx”。

2. *设置格式*

按以下要求设置格式，效果如图3-31所示。

企业销售明细表

店名：北京分店　　2021年1月　　第1页共1页

货品/日期	货号	颜色	尺码	标价	实收	件数	备注
2021-1-1	A10901	C-1	D02	90	80	300	
2021-1-2	A10901	C-1	D02	90	80	700	
2021-1-3	A10901	C-1	D02	90	80	600	
2021-1-4	A10901	C-1	D02	90	80	400	
2021-1-5	A10901	C-1	D02	90	80	600	
2021-1-6	A10901	C-1	D02	90	80	400	
2021-1-7	A10901	C-1	D02	90	80	300	
2021-1-8	A10901	C-1	D02	90	80	600	
2021-1-9	A10901	C-1	D02	90	80	500	
2021-1-10	A10901	C-1	D02	90	80	800	
2021-1-11	A10901	C-1	D02	90	80	900	
2021-1-12	A10901	C-1	D02	90	80	200	
2021-1-13	A10901	C-1	D02	90	80	300	
2021-1-14	A10901	C-1	D02	90	80	500	
2021-1-15	A10901	C-1	D02	90	80	559	
2021-1-16	A10901	C-1	D02	90	80	600	
2021-1-17	A10901	C-1	D02	90	80	700	
2021-1-18	A10901	C-1	D02	90	80	460	
2021-1-19	A10901	C-1	D02	90	80	650	
2021-1-20	A10901	C-1	D02	90	80	870	
2021-1-21	A10901	C-1	D02	90	80	880	
2021-1-22	A10901	C-1	D02	90	80	600	
2021-1-23	A10901	C-1	D02	90	80	400	
2021-1-24	A10901	C-1	D02	90	80	450	
2021-1-25	A10901	C-1	D02	90	80	460	
2021-1-26	A10901	C-1	D02	90	80	689	
2021-1-27	A10901	C-1	D02	90	80	800	
当月进货				当月销售累计			
日期	件数	实价	总价	标价	实收	总件数	总价
2021-1	18000	60	1080000	90	80	15218	1217440

图3-31　企业销售明细表

① 在文档中输入“企业销售明细表”作为标题，设置字体为“黑体”，字号为“小二”，居中对齐。

② 在标题下方输入“店名:________”、“_____年_____月”和“第_____页和共_____页”，对应所需输入的内容使用下画线标注。

③ 插入一个31行8列的表格。

④ 绘制斜线表头。

⑤ 在表格第29～31行，需要合并或拆分部分单元格。

⑥ 在表格中输入数据。

⑦ 使用公式计算总价。

⑧ 套用表格样式。

3.2.3 实训知识点

1. 插入表格

若要插入基本表格，可单击“插入”选项卡中的“表格”下拉按钮并将光标移动到网格上方，直到突出显示所需的列数和行数，如图3-32所示。若插入的表格较大或要自定义表格，可选择“插入”选项卡中的“表格”下拉按钮，在打开的下拉列表中选择“插入表格”选项。如果文本已用制表符分隔，可快速将其转换为表格，先选中要转换为表格的文字，然后单击“插入”选项卡中的“表格”下拉按钮，在打开的下拉列表中选择“文本转换成表格”选项，打开“将文字转换成表格”对话框进行设置，如图3-33所示。若要绘制自己的表格，可单击“插入”选项卡中的“表格”下拉按钮，在打开的下拉列表中选择“绘制表格”选项。

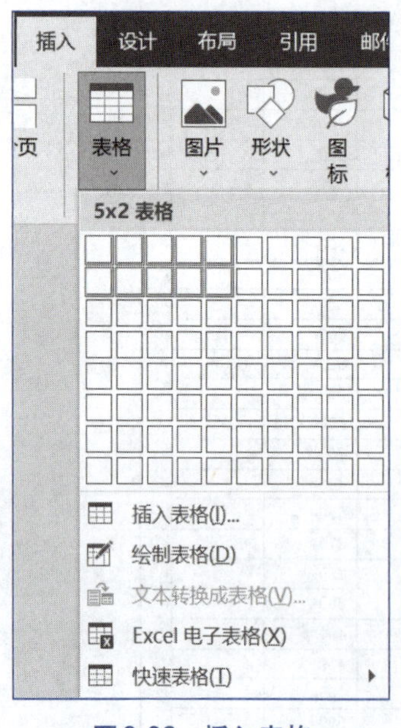

图3-32 插入表格

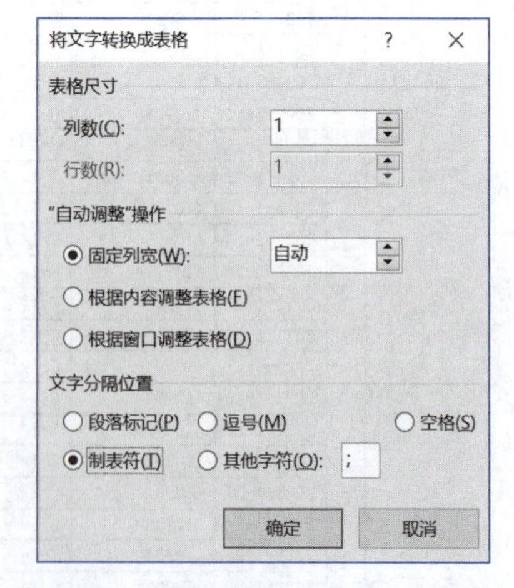

图3-33 “将文字转换成表格”对话框

2. 斜线表头

使用边框绘制斜线表头时只能完成一条斜线的表头；如果需要添加多斜线表头，则需要使用直线绘制。

3. 公式的使用

熟悉常用的函数名及其作用，如SUM、AVERAGE等；函数括号中的LEFT、ABOVE和RIGHT是相对于光标所在单元格位置的。如果对表格的数据有修改，可以选中相对应单元格的公式域，再按【F9】键进行更新。

3.2.4 实训步骤

1. 建立文档

启动Word 2019，建立空文档，保存为“企业销售明细表.docx”。

2. 设置格式

(1) 在文档中输入“企业销售明细表”作为标题，设置字体为“黑体”，字号为“小二”，居中对齐。

① 在文档的第一行中输入“企业销售明细表”，然后选中此内容。

② 选择“开始”选项卡中的“字体”组，在字体下拉列表框中选择“黑体”、在字号下拉列表框中选择“小二”。设置效果如图3-34所示。

企业销售明细表↵

图3-34 企业销售明细表标题

(2) 在标题下方输入“店名：______”“____年____月”和“第____页和共____页”，设置字体为“宋体”，字号为“五号”，对应所需输入的内容使用下画线标注。

① 在第二行中输入“店名_____”、“____年____月”和“第 页共 页”。

② 选择“开始”选项卡中的“字体”组，在字体下拉列表框中选择“宋体”，在字号下拉列表框中选择“五号”。

③ 在“店名：”后使用空格预留适中位置，然后选中这些空格，再单击“开始”选项卡中“字体”组中的 **U** 按钮，空格处会出现下画线，设置下画线后的效果如图3-35所示。

企业销售明细表↵

店名：__________ ______年____月 第______页共______页↵

图3-35 设置下画线

(3) 插入一个31行8列的表格。

① 单击“插入”选项卡“表格”组中的“插入表格”按钮，打开“插入表格”对话框，如图3-36所示。

② 在“插入表格”对话框中，设置表格尺寸中的“列数”为8，“行数”为31。其中，“自动调整”操作中有三个单选按钮，可根据实际需求进行选择。如果选中了“为新表格记忆此尺寸”复选框，在下一次新建表格时，“列数”和“行数”将显示8和31。单击“确定”按钮，生成31行8列的表格，如图3-37所示。

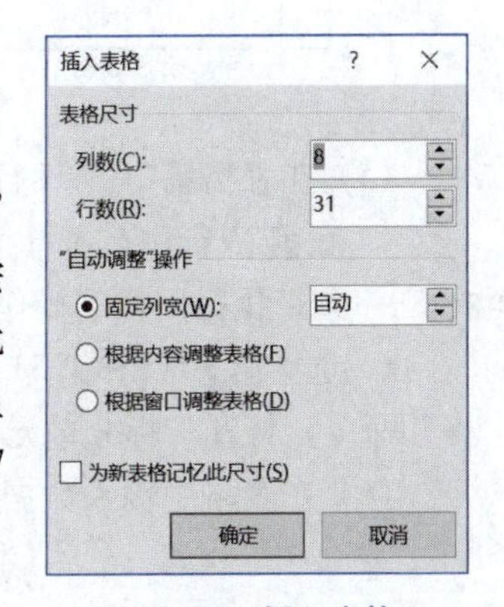

图3-36 插入表格

(4) 绘制斜线表头。

① 将光标定位于第一行第一个单元格。

② 选择“表格工具-设计”选项卡，然后单击“边框”组中的“边框”下拉按钮，在打开的下拉列表中选择“斜下框线”选项，如图3-38所示。

↵	↵	↵	↵	↵	↵	↵	↵
↵	↵	↵	↵	↵	↵	↵	↵
↵	↵	↵	↵	↵	↵	↵	↵
↵	↵	↵	↵	↵	↵	↵	↵
↵	↵	↵	↵	↵	↵	↵	↵
↵	↵	↵	↵	↵	↵	↵	↵
↵	↵	↵	↵	↵	↵	↵	↵
↵	↵	↵	↵	↵	↵	↵	↵
↵	↵	↵	↵	↵	↵	↵	↵
↵	↵	↵	↵	↵	↵	↵	↵
↵	↵	↵	↵	↵	↵	↵	↵
↵	↵	↵	↵	↵	↵	↵	↵
↵	↵	↵	↵	↵	↵	↵	↵
↵	↵	↵	↵	↵	↵	↵	↵
↵	↵	↵	↵	↵	↵	↵	↵
↵	↵	↵	↵	↵	↵	↵	↵
↵	↵	↵	↵	↵	↵	↵	↵
↵	↵	↵	↵	↵	↵	↵	↵
↵	↵	↵	↵	↵	↵	↵	↵
↵	↵	↵	↵	↵	↵	↵	↵
↵	↵	↵	↵	↵	↵	↵	↵
↵	↵	↵	↵	↵	↵	↵	↵
↵	↵	↵	↵	↵	↵	↵	↵
↵	↵	↵	↵	↵	↵	↵	↵
↵	↵	↵	↵	↵	↵	↵	↵
↵	↵	↵	↵	↵	↵	↵	↵
↵	↵	↵	↵	↵	↵	↵	↵
↵	↵	↵	↵	↵	↵	↵	↵

图3-37　新建表格

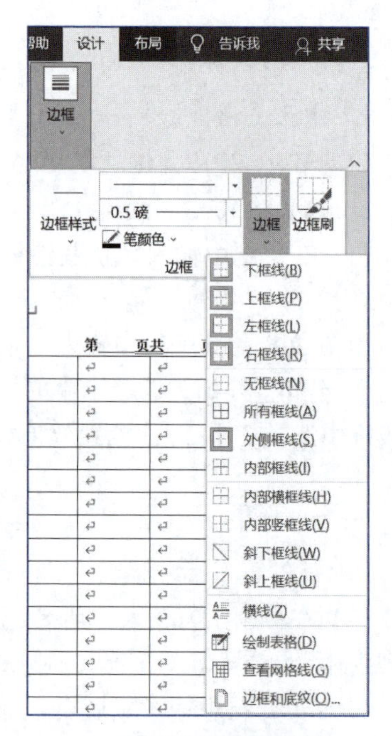

图3-38　插入斜线

③ 单元格中已经添加了斜线。在单元格中输入“货品”，然后按两次【Enter】键，取消最后一次的空格符，再输入“日期”，“货品”二字右对齐，“日期”二字左对齐，完成斜线表头的绘制，效果如图3-39所示。

企业销售明细表↵

店名：＿＿＿＿＿＿　　＿＿＿＿年＿＿＿月　　第＿＿＿＿页共＿＿＿＿页↵

货品↵ 日期↵	↵	↵	↵	↵	↵	↵	↵
↵	↵	↵	↵	↵	↵	↵	↵

图3-39　斜线表头

(5) 在表格第29～31行，需要合并或拆分部分单元格。

① 在第29行中，选择1～4列并右击，在弹出的快捷菜单中选择“合并单元格”命令。选择5～8列，执行同样的操作。

② 选中第30行和第31行中的第2个单元格，右击并在弹出的快捷菜单中选择“拆分单元格”命令，打开“拆分单元格”对话框。设置列数为2，行数为1，效果如图3-40所示。

(6) 在表格中输入数据，如图3-41所示。

货品 日期							

图 3-40　合并和拆分单元格

企业销售明细表

店名：北京分店　　　　2021 年 1 月　　　　第 1 页共 1 页

货品 日期	货号		颜色	尺码	标价	实收	件数	备注
2021-1-1	A10901		C-1	D02	90	80	300	
2021-1-2	A10901		C-1	D02	90	80	700	
2021-1-3	A10901		C-1	D02	90	80	600	
2021-1-4	A10901		C-1	D02	90	80	400	
2021-1-5	A10901		C-1	D02	90	80	600	
2021-1-6	A10901		C-1	D02	90	80	400	
2021-1-7	A10901		C-1	D02	90	80	300	
2021-1-8	A10901		C-1	D02	90	80	600	
2021-1-9	A10901		C-1	D02	90	80	500	
2021-1-10	A10901		C-1	D02	90	80	800	
2021-1-11	A10901		C-1	D02	90	80	900	
2021-1-12	A10901		C-1	D02	90	80	200	
2021-1-13	A10901		C-1	D02	90	80	300	
2021-1-14	A10901		C-1	D02	90	80	500	
2021-1-15	A10901		C-1	D02	90	80	559	
2021-1-16	A10901		C-1	D02	90	80	600	
2021-1-17	A10901		C-1	D02	90	80	700	
2021-1-18	A10901		C-1	D02	90	80	460	
2021-1-19	A10901		C-1	D02	90	80	650	
2021-1-20	A10901		C-1	D02	90	80	870	
2021-1-21	A10901		C-1	D02	90	80	880	
2021-1-22	A10901		C-1	D02	90	80	600	
2021-1-23	A10901		C-1	D02	90	80	400	
2021-1-24	A10901		C-1	D02	90	80	450	
2021-1-25	A10901		C-1	D02	90	80	460	
2021-1-26	A10901		C-1	D02	90	80	689	
2021-1-27	A10901		C-1	D02	90	80	800	
当月进货					当月销售累计			
日期	件数	实价	总价		标价	实收	总件数	总价
2021-1	18000	60			90	80		

图 3-41　输入数据后的表格

（7）使用公式计算总件数和总价。

① 把光标定位在“当月销售累计”的“总件数”下的单元格中，然后单击“表格工具-布局”选项卡“数据”组中的“公式”按钮，如图3-42所示。

② 打开“公式”对话框，如图3-43所示。

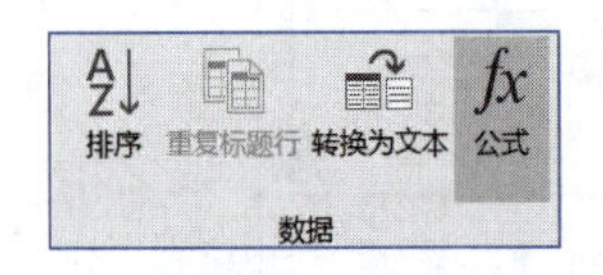

图3-42 公式

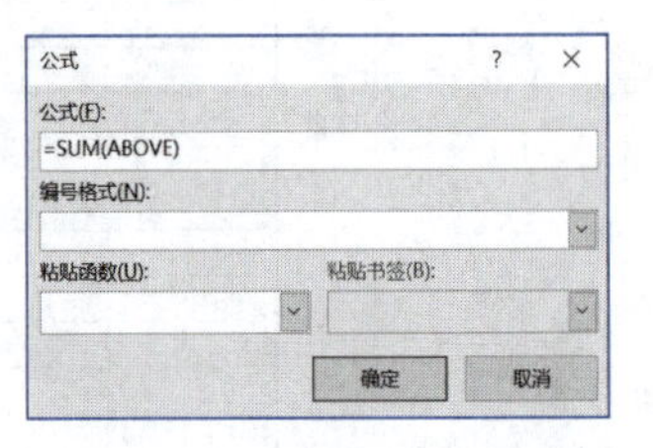

图3-43 “公式”对话框

③ 在“公式”对话框中输入“=SUM(ABOVE)”，然后单击“确定”按钮，就可以计算出总件数。要计算“当月进货”的总价，输入“=18000*60”；要计算“当月销售累计”的总价，输入“=15218*80”，结果如图3-44所示。

当月进货				当月销售累计			
日期	件数	实价	总价	标价	实收	总件数	总价
2021-1	18000	60	1080000	90	80	15218	1217440

图3-44 公式计算结果

（8）套用表格样式。

单击表格的控制柄，选中整个表格。

单击“表格工具-设计”选项卡“表格样式”组中的下拉列表按钮，在打开的下拉列表中选择“其他”选项，打开图3-45所示的表格样式列表。

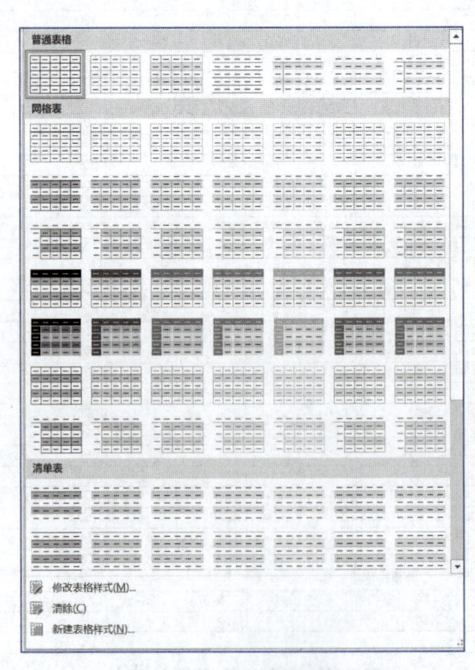

图3-45 表格样式

在表格样式列表中按需要选择一种并应用，如图 3-46 所示。也可以选择“新建表格样式”选项卡，创建新的表格样式。

企业销售明细表

店名：北京分店　　2021 年 1 月　　第 1 页共 1 页

货品日期	货号	颜色	尺码	标价	实收	件数	备注
2021-1-1	A10901	C-1	D02	90	80	300	
2021-1-2	A10901	C-1	D02	90	80	700	
2021-1-3	A10901	C-1	D02	90	80	600	
2021-1-4	A10901	C-1	D02	90	80	400	
2021-1-5	A10901	C-1	D02	90	80	600	
2021-1-6	A10901	C-1	D02	90	80	400	
2021-1-7	A10901	C-1	D02	90	80	300	
2021-1-8	A10901	C-1	D02	90	80	600	
2021-1-9	A10901	C-1	D02	90	80	500	
2021-1-10	A10901	C-1	D02	90	80	800	
2021-1-11	A10901	C-1	D02	90	80	900	
2021-1-12	A10901	C-1	D02	90	80	200	
2021-1-13	A10901	C-1	D02	90	80	300	
2021-1-14	A10901	C-1	D02	90	80	500	
2021-1-15	A10901	C-1	D02	90	80	559	
2021-1-16	A10901	C-1	D02	90	80	600	
2021-1-17	A10901	C-1	D02	90	80	700	
2021-1-18	A10901	C-1	D02	90	80	460	
2021-1-19	A10901	C-1	D02	90	80	650	
2021-1-20	A10901	C-1	D02	90	80	870	
2021-1-21	A10901	C-1	D02	90	80	880	
2021-1-22	A10901	C-1	D02	90	80	600	
2021-1-23	A10901	C-1	D02	90	80	400	
2021-1-24	A10901	C-1	D02	90	80	450	
2021-1-25	A10901	C-1	D02	90	80	460	
2021-1-26	A10901	C-1	D02	90	80	689	
2021-1-27	A10901	C-1	D02	90	80	800	
当月进货				当月销售累计			
日期	件数	实价	总价	标价	实收	总件数	总价
2021-1	18000	60	1080000	90	80	15218	1217440

图 3-46　应用样式后的表格

3.3 实训 3：制作企业简报

扫一扫　制作企业简报

企业简报用于传递企业的经营理念、经营方式、经营思路、经营方案、经营策略等信息，让员工和顾客都能够了解，形成系统、有效和广泛的宣传，进而树立与众不同的品牌形象。

3.3.1 实训目标

- 掌握图片与文字排版。
- 掌握分栏的方法。
- 能够进行首字下沉设置。

3.3.2 实训内容

1. 建立文档

启动Word 2019，建立新的文档，保存为“企业简报.docx”。

2. 设置格式

按如下要求进行设置，效果如图3-47所示。

① 设置简报报头，内容包括简报名称、期号、主办单位、印发日期和责任主编。简报名称设置为黑体、红色、一号字体、居中对齐；期号、主办单位、印发日期和责任主编设置为宋体（正文）、小四号字体。

② 在简报报头下使用绘图工具绘制一条红色横线。

③ 在红横线下方输入正文内容，设置第一段首字下沉，正文分为两栏。

④ 插入图标，设置图片格式。

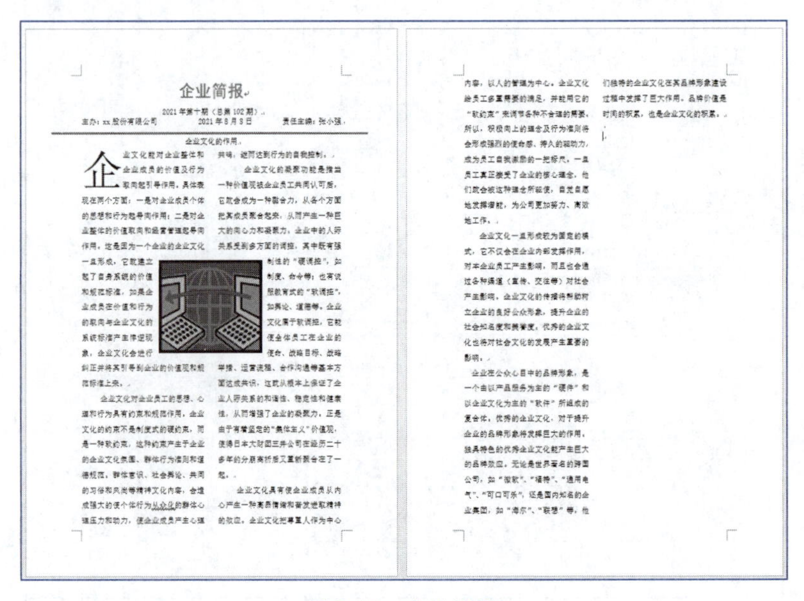

企业简报

2021年第十期（总第102期）

主办：xx股份有限公司　　2021年8月3日　　责任主编：张小强

企业文化的作用

企业文化能对企业整体和企业成员的价值及行为取向起引导作用。具体表现在两个方面：一是对企业成员个体的思想和行为起导向作用；二是对企业整体的价值取向和经营管理起导向作用。这是因为一个企业的企业文化一旦形成，它就建立起了自身系统的价值和规范标准，如果企业成员在价值和行为的取向与企业文化的系统标准产生悖逆现象，企业文化会进行纠正并将其引导到企业的价值观和规范标准上来。

企业文化对企业员工的思想、心理和行为具有约束和规范作用。企业文化的约束不是制度式的硬约束，而是一种软约束，这种约束产生于企业的企业文化氛围、群体行为准则和道德规范。群体意识、社会舆论、共同的习俗和风尚等精神文化内容，会造成强大的使个体行为从众化的群体心理压力和动力，使企业成员产生心理共鸣，继而达到行为的自我控制。

企业文化的凝聚功能是指当一种价值观被企业员工共同认可后，它就会成为一种黏合力，从各个方面把其成员聚合起来，从而产生一种巨大的向心力和凝聚力。企业中的人际关系受到多方面的调控，其中既有强制性的“硬调控”，如制度、命令等；也有说服教育式的“软调控”，如舆论、道德等。企业文化属于软调控，它能使全体员工在企业的使命、战略目标、战略举措、运营流程、合作沟通等基本方面达成共识，这就从根本上保证了企业人际关系的和谐性、稳定性和健康性，从而增强了企业的凝聚力。正是由于有着坚定的“集体主义”价值观，使得日本大财团三井公司在经历二十多年的分崩离析后又重新聚合在了一起。

企业文化具有使企业成员从内心产生一种高昂情绪和奋发进取精神的效应。企业文化把尊重人作为中心内容，以人的管理为中心。企业文化给员工多重需要的满足，并能用它的“软约束”来调节各种不合理的需要。所以，积极向上的理念及行为准则将会形成强烈的使命感、持久的驱动力，成为员工自我激励的一把标尺。一旦员工真正接受了企业的核心理念，他们就会被这种理念所驱使，自觉自愿地发挥潜能，为公司更加努力、高效地工作。

企业文化一旦形成较为固定的模式，它不仅会在企业内部发挥作用，对本企业员工产生影响，而且也会通过各种渠道（宣传、交往等）对社会产生影响。企业文化的传播将帮助树立企业的良好公众形象，提升企业的社会知名度和美誉度。优秀的企业文化也将对社会文化的发展产生重要的影响。

企业在公众心目中的品牌形象，是一个由以产品服务为主的“硬件”和以企业文化为主的“软件”所组成的复合体。优秀的企业文化，对于提升企业的品牌形象将发挥巨大的作用。独具特色的优秀企业文化能产生巨大的品牌效应。无论是世界著名的跨国公司，如“微软”、“福特”、“通用电气”、“可口可乐”，还是国内知名的企业集团，如“海尔”、“联想”等，他们独特的企业文化在其品牌形象建设过程中发挥了巨大作用。品牌价值是时间的积累，也是企业文化的积累。

图3-47　企业简报

3.3.3 实训知识点

1. 图片与文字排版

在文字中插入图片后，若要调整图片大小，可选中图片并拖动四角的控制点。若要使文字环绕图片，可选中图片，然后选择环绕选项，选择“嵌入型”或“文字环绕”等布局选项。其中，如果选择除“嵌入型”以外的其他选项，可通过选中图片并拖动的方式在页面移动图片。

2. 图标

从图标库中选择图标，可以移动这些图标，调整其大小，设置其格式，就像处理Word中其他现成形状一样。

① 单击“插入”选项卡中的“图标”按钮，如图3-48所示。

② 根据需要选择任意数量的图标，然后单击右下方的“插入”按钮。

③ 使用“图片工具－格式”选项卡中的选项（选择图标后它们会出现），可以旋转图标，设置其颜色，调整其大小，如图 3-49 所示。

图 3-48　插入图标

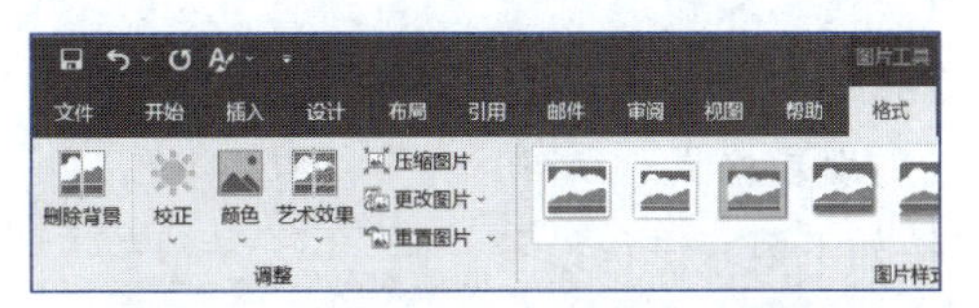

图 3-49　“图片工具-格式”选项卡

插入图标后，可以通过“布局”选项卡调整图标的位置、大小和环绕方式。默认环绕方式是“嵌入型”如果使用图片作为背景，需要将其设置为“紧密型”。

3. 分栏

若要在列中设置整个文档的布局，可单击“布局”选项卡中的“栏”下拉按钮，如图 3-50 所示，在打开的下拉列表中选择想要的选项，或选择“更多栏”选项，在打开的“栏”对话框中设置分栏的栏数、宽度和间距、分隔线等格式，如图 3-51 所示。

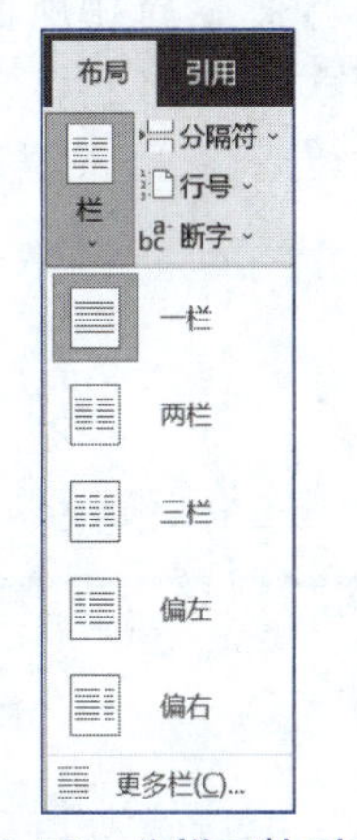

图 3-50　分栏下拉列表

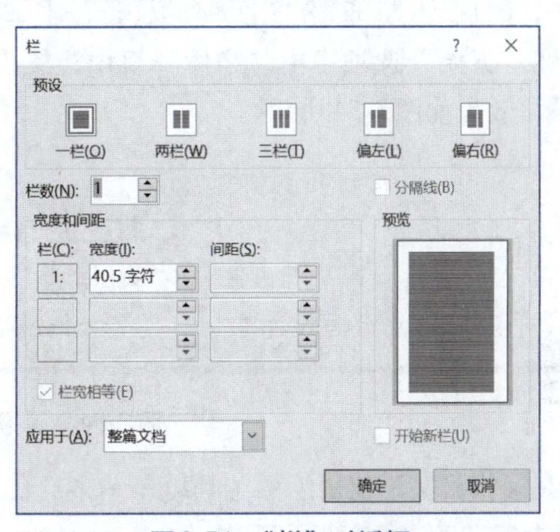

图 3-51　“栏”对话框

4. 首字下沉

若要对文中某一段落中的第一个字符设置首字下沉效果，可选中需要设置的字符，单击“插入”选项卡中的“首字下沉”下拉按钮，如图 3-52 所示，在打开的下拉列表中选择想要的选项，或选择“首字下沉选项”选项，在打开的“首字下沉”对话框中设置首字下沉的位置、字体、下沉行数等格式，如图 3-53 所示。

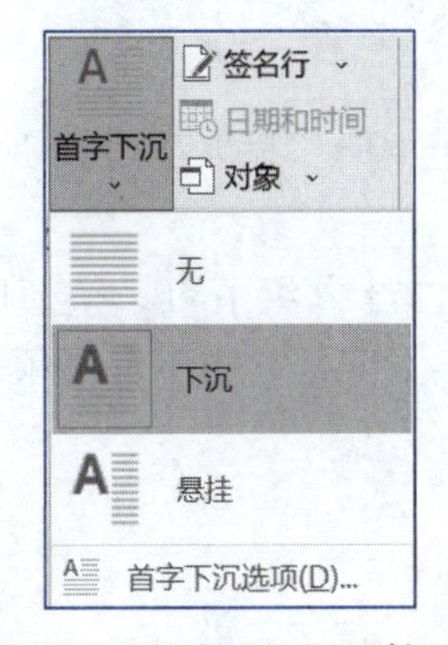

图 3-52　“首字下沉”下拉列表

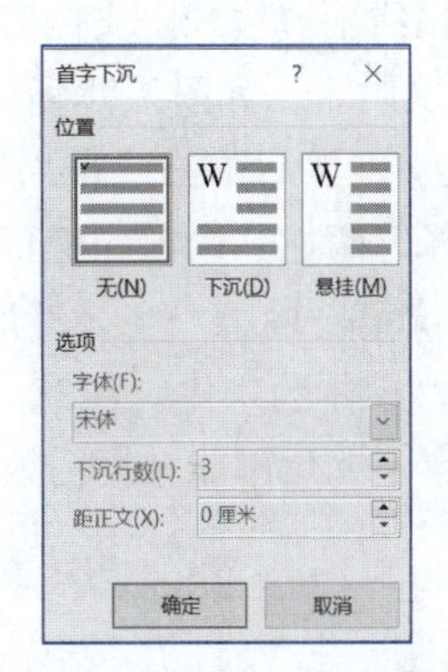

图 3-53　“首字下沉”对话框

3.3.4 实训步骤

1. 建立文档

启动Word 2019，建立新的文档，保存为“企业简报.docx”。

2. 设置格式

按如下要求进行设置：

（1）设置简报报头，包括简报名称、期号、主办单位、印发日期和责任主编。简报名称设置为黑体、红色、一号字体、居中对齐；期号、主办单位、印发日期和责任主编设置为宋体（正文）、小四号字体。

① 输入“公司简报”作为标题并选中，然后在“开始”选项卡中“字体”组中设置字体为“黑体”，字号为“一号”，字体颜色为“红色”；或者选中正文内容，然后右击，在弹出的快捷菜单中选择“字体”命令，在打开的“字体”对话框中设置为“黑体”“一号”“红色”。

② 在标题下方输入期号“2021年第十期（总第102期）”，主办单位为“主办：××股份有限公司”，时间为“2021年8月8日”，责任主编为“责任主编：张小强”。选中所输入的内容，然后在“开始”选项卡中“字体”组中设置字体为“宋体”，字号为“小四”，字体颜色为“黑色”，效果如图3-54所示。

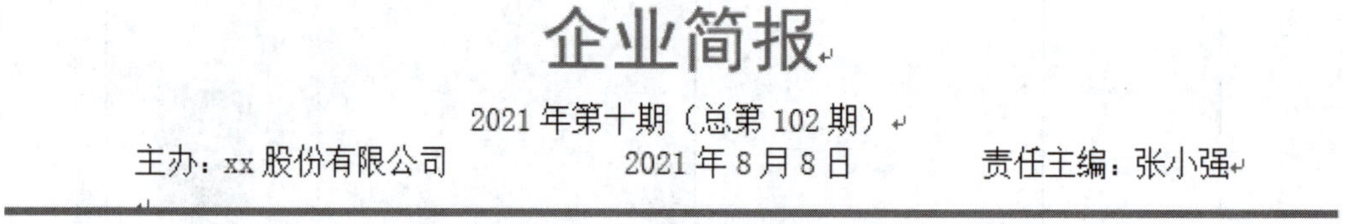

企业简报

2021年第十期（总第102期）

主办：xx股份有限公司　　2021年8月8日　　责任主编：张小强

图3-54　简报报头

（2）在简报报头下使用绘图工具绘制一条红色横线。

① 首先把光标定位在报头下方。

② 选择“插入”选项卡，然后单击“插图”组中的“形状”下拉按钮，在打开的下拉列表中选择“线条”中的直线，如图3-55所示。

③ 按住【Shift】键，用鼠标拖动出一条横线，然后选中横线并右击，在弹出的快捷菜单中选择“设置形状格式”命令，在页面右侧打开“设置形状格式”窗格。设置线条颜色为“红色”，线条宽度为“3磅”，其他选项采用默认值，如图3-56所示，效果如图3-57所示。

（3）在红横线下方输入正文内容，设置第一段首字下沉，正文分为两栏。

① 输入正文内容，如图3-58所示。

② 选择正文，然后单击“布局”选项卡“页面设置”组中的“栏”下拉按钮，在打开的下拉列表中选择“两栏”选项，把正文分成两栏。

③ 选择正文第一段第一字，然后单击“插入”选项卡“文本”组中的“首字下沉”按钮，默认下沉三行，字体为宋体。注意：如果既要分栏又要首字下沉，首字下沉必须是在分栏之后；反之，首字下沉后不能分栏。效果如图3-59所示。

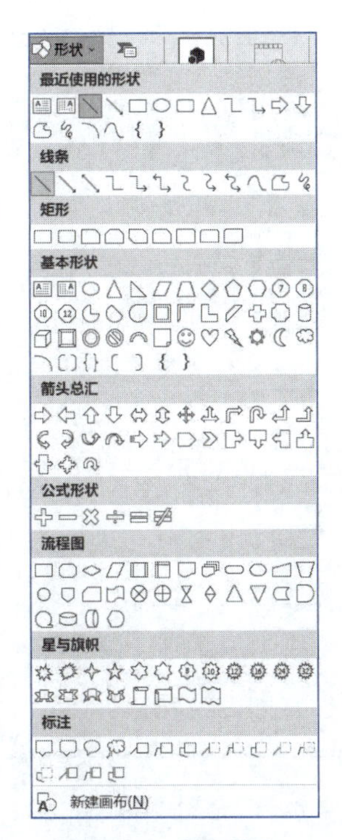

图 3-55　插入线条

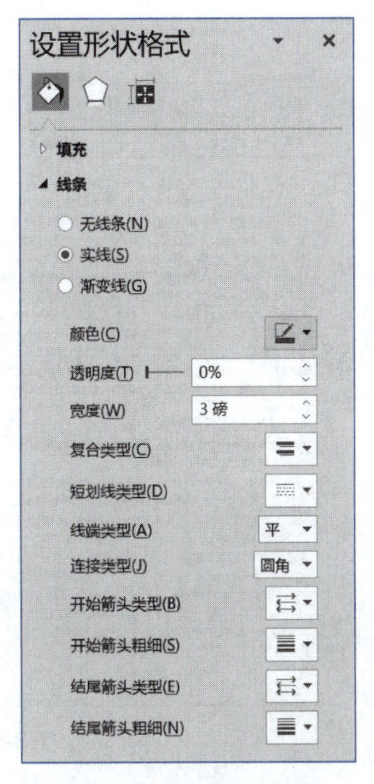

图 3-56　设置线条宽度

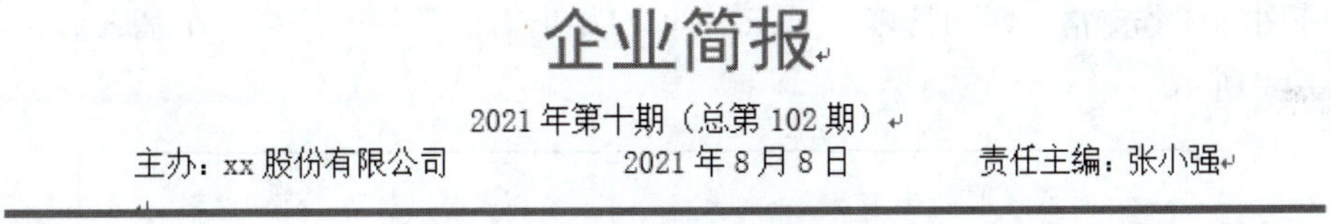

企业简报

2021 年第十期（总第 102 期）

主办：xx 股份有限公司　　2021 年 8 月 8 日　　责任主编：张小强

图 3-57　企业简报报头

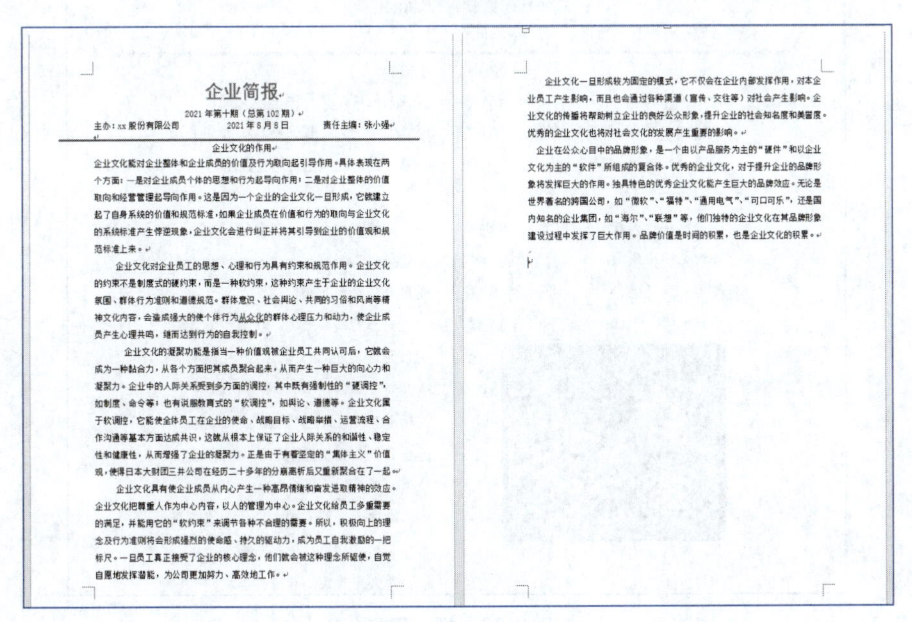

企业简报

2021 年第十期（总第 102 期）

主办：xx 股份有限公司　　2021 年 8 月 8 日　　责任主编：张小强

企业文化的作用

企业文化能对企业整体和企业成员的价值及行为取向起引导作用。具体表现在两个方面：一是对企业成员个体的思想和行为起导向作用；二是对企业整体的价值取向和经营管理起导向作用。这是因为一个企业的企业文化一旦形成，它就建立起了自身系统的价值和规范标准，如果企业成员在价值和行为的取向与企业文化的系统标准产生悖逆现象，企业文化会进行纠正并将其引导到企业的价值观和规范标准上来。

企业文化对企业员工的思想、心理和行为具有约束和规范作用。企业文化的约束不是制度式的硬约束，而是一种软约束，这种约束产生于企业的企业文化氛围、群体行为准则和道德规范。群体意识、社会舆论、共同的习俗和风尚等精神文化内容，会造成强大的使个体行为从众化的群体心理压力和动力，使企业成员产生心理共鸣，继而达到行为的自我控制。

企业文化的凝聚功能是指当一种价值观被企业员工共同认可后，它就会成为一种黏合力，从各个方面把其成员聚合起来，从而产生一种巨大的向心力和凝聚力。企业中的人际关系受到多方面的调控，其中既有强制性的“硬调控”，如制度、命令等；也有说服教育式的“软调控”，如舆论、道德等。企业文化属于软调控，它能使全体员工在企业的使命、战略目标、战略举措、运营流程、合作沟通等基本方面达成共识，这就从根本上保证了企业人际关系的和谐性、稳定性和健康性，从而增强了企业的凝聚力。正是由于有着坚定的“集体主义”价值观，使得日本大财团三井公司在经历二十多年的分崩离析后又重新聚合在了一起。

企业文化具有使企业成员从内心产生一种高昂情绪和奋发进取精神的效应。企业文化把尊重人作为中心内容，以人的管理为中心。企业文化给员工多重需要的满足，并能用它的“软约束”来调节各种不合理的需要。所以，积极向上的理念及行为准则将会形成强烈的使命感、持久的驱动力，成为员工自我激励的一把标尺。一旦员工真正接受了企业的核心理念，他们就会被这种理念所驱使，自觉自愿地发挥潜能，为公司更加努力、高效地工作。

企业文化一旦形成较为固定的模式，它不仅会在企业内部发挥作用，对本企业员工产生影响，而且也会通过各种渠道（宣传、交往等）对社会产生影响。企业文化的传播将帮助树立企业的良好公众形象，提升企业的社会知名度和美誉度。优秀的企业文化也将对社会文化的发展产生重要的影响。

企业在公众心目中的品牌形象，是一个由以产品服务为主的“硬件”和以企业文化为主的“软件”所组成的复合体。优秀的企业文化，对于提升企业的品牌形象将发挥巨大的作用。独具特色的优秀企业文化能产生巨大的品牌效应。无论是世界著名的跨国公司，如“微软”、“福特”、“通用电气”、“可口可乐”，还是国内知名的企业集团，如“海尔”、“联想”等，他们独特的企业文化在其品牌形象建设过程中发挥了巨大作用。品牌价值是时间的积累，也是企业文化的积累。

图 3-58　简报正文内容

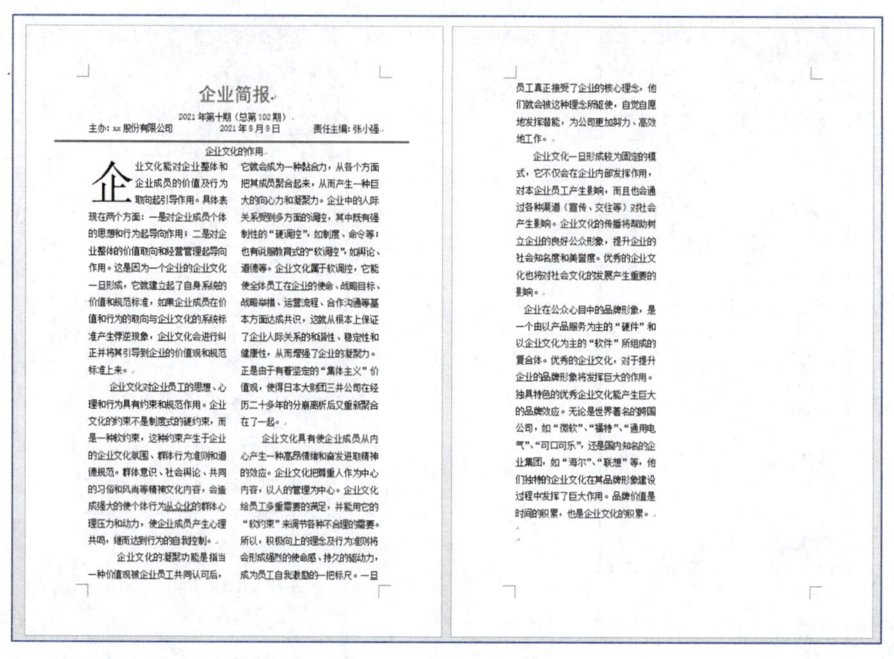

企业简报

2021年第十期（总第102期）

主办：xx股份有限公司　　2021年8月8日　　责任主编：张小强

企业文化的作用

企业文化能对企业整体和企业成员的价值及行为取向起引导作用。具体表现在两个方面：一是对企业成员个体的思想和行为起导向作用；二是对企业整体的价值取向和经营管理起导向作用。这是因为一个企业的企业文化一旦形成，它就建立起了自身系统的价值和规范标准，如果企业成员在价值和行为的取向与企业文化的系统标准产生悖逆现象，企业文化会进行纠正并将其引导到企业的价值观和规范标准上来。

企业文化对企业员工的思想、心理和行为具有约束和规范作用。企业文化的约束不是制度式的硬约束，而是一种软约束，这种约束产生于企业的企业文化氛围、群体行为准则和道德规范。群体意识、社会舆论、共同的习俗和风尚等精神文化内容，会造成强大的使个体行为从众化的群体心理压力和动力，使企业成员产生心理共鸣，继而达到行为的自我控制。

企业文化的凝聚功能是指当一种价值观被企业员工共同认可后，它就会成为一种黏合力，从各个方面把其成员聚合起来，从而产生一种巨大的向心力和凝聚力。企业中的人际关系受到多方面的调控，其中既有强制性的“硬调控”，如制度、命令等；也有说服教育式的“软调控”，如舆论、道德等。企业文化属于软调控，它能使全体员工在企业的使命、战略目标、战略举措、运营流程、合作沟通等基本方面达成共识，这就从根本上保证了企业人际关系的和谐性、稳定性和健康性，从而增强了企业的凝聚力。正是由于有着坚定的“集体主义”价值观，使得日本大财团三井公司在经历二十多年的分崩离析后又重新聚合在了一起。

企业文化具有使企业成员从内心产生一种高昂情绪和奋发进取精神的效应。企业文化把尊重人作为中心内容，以人的管理为中心。企业文化给员工多重需要的满足，并能用它的“软约束”来调节各种不合理的需要。所以，积极向上的理念及行为准则将会形成强烈的使命感、持久的驱动力，成为员工自我激励的一把标尺。一旦员工真正接受了企业的核心理念，他们就会被这种理念所驱使，自觉自愿地发挥潜能，为公司更加努力、高效地工作。

企业文化一旦形成较为固定的模式，它不仅会在企业内部发挥作用，对本企业员工产生影响，而且也会通过各种渠道（宣传、交往等）对社会产生影响。企业文化的传播将帮助树立企业的良好公众形象，提升企业的社会知名度和美誉度。优秀的企业文化也将对社会文化的发展产生重要的影响。

企业在公众心目中的品牌形象，是一个由以产品服务为主的“硬件”和以企业文化为主的“软件”所组成的复合体。优秀的企业文化，对于提升企业的品牌形象将发挥巨大的作用。独具特色的优秀企业文化能产生巨大的品牌效应。无论是世界著名的跨国公司，如“微软”、“福特”、“通用电气”、“可口可乐”，还是国内知名的企业集团，如“海尔”、“联想”等，他们独特的企业文化在其品牌形象建设过程中发挥了巨大作用。品牌价值是时间的积累，也是企业文化的积累。

图3-59　分栏和首字下沉

（4）插入图标，设置图片格式。

① 将光标定位于正文中，然后单击“插入”选项卡“插图”组中的“图标”按钮，在文档中打开图标任务窗格。联网搜索，显示出Word中所有的图标，选择一个插入到正文中，效果如图3-60所示。

企业简报

2021年第十期（总第102期）

主办：xx股份有限公司　　2021年8月8日　　责任主编：张小强

企业文化的作用

企业文化能对企业整体和企业成员的价值及行为取向起引导作用。具体表现在两个方面：一是对企业成员个体的思想和行为起导向作用；二是对企业整体的价值取向和经营管理起导向作用。这是因为一个企业的企业文化一旦形成，它就建立起了自身系统的价值和规范标准，如果企业成员在价值和行为的取向与企业文化的系统标准产生悖逆现

成强大的使个体行为从众化的群体心理压力和动力，使企业成员产生心理共鸣，继而达到行为的自我控制。

企业文化的凝聚功能是指当一种价值观被企业员工共同认可后，它就会成为一种黏合力，从各个方面把其成员聚合起来，从而产生一种巨大的向心力和凝聚力。企业中的人际关系受到多方面的调控，其中既有强制性的“硬调控”，如制度、命令等；也有说服教育式的“软调控”，如舆论、道德等。企业文化属于软调控，它能使全体员工在企业的使命、战略目标、战略举措、运营流程、合作沟通等基本方面达成共识，这就从根本上保证了企业人际关系的和谐性、稳定性和

图3-60　插入图标

② 选中图标，然后右击，在弹出的快捷菜单中选择“大小和位置”命令，弹出“布局”对话框，如图3-61所示。

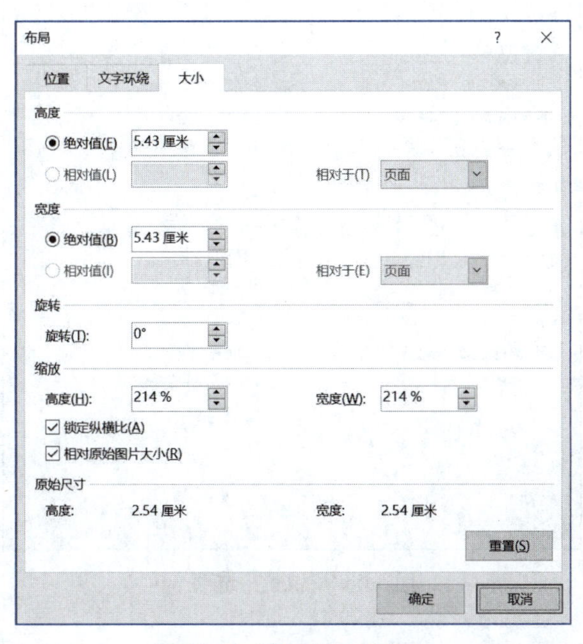

图3-61　“布局”对话框

③ 选择“文字环绕”选项卡，设置环绕方式为“紧密型”，距正文左、右均为“0厘米”，如图3-62所示。

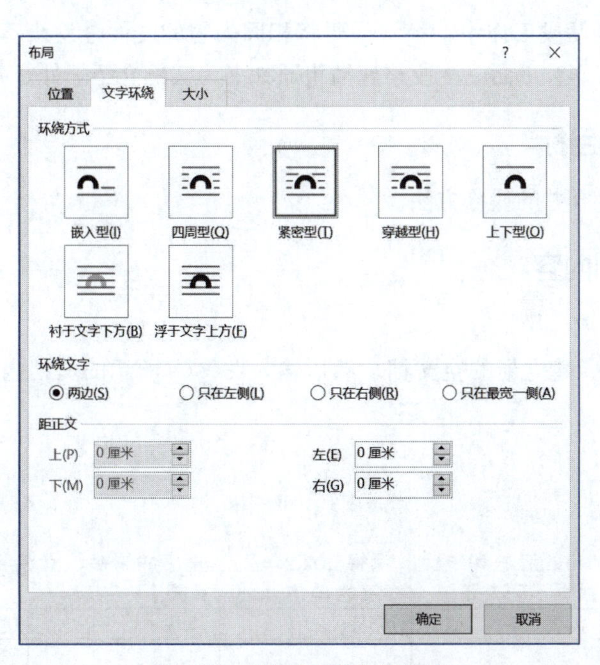

图3-62　“文字环绕”选项卡

④ 选择“位置”选项卡，设置水平方向的绝对位置为“2.04厘米”，相对于右侧栏；设置垂直方向绝对位置为“6.12厘米”，相对于下侧段落，如图3-63所示。

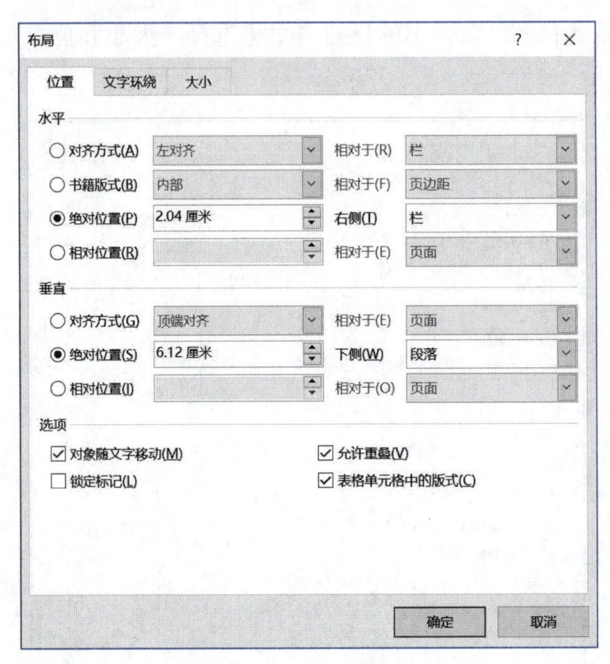

图 3-63 “位置”选项卡

3.4 实训 4：制作企业季度销售通知书

扫一扫

制作企业季度销售通知书

在实际生活或工作中，经常需要将相同内容的文件分发给不同的人或单位，如何减少重复性工作？下面以企业季度销售通知书为实例介绍邮件合并的功能。

3.4.1 实训目标

掌握邮件合并的操作方法。

3.4.2 实训内容

1. 创建主文档

启动 Word 2019，建立新的空文档，然后输入图 3-64 所示的文档内容，并保存为“主文档.docx”。

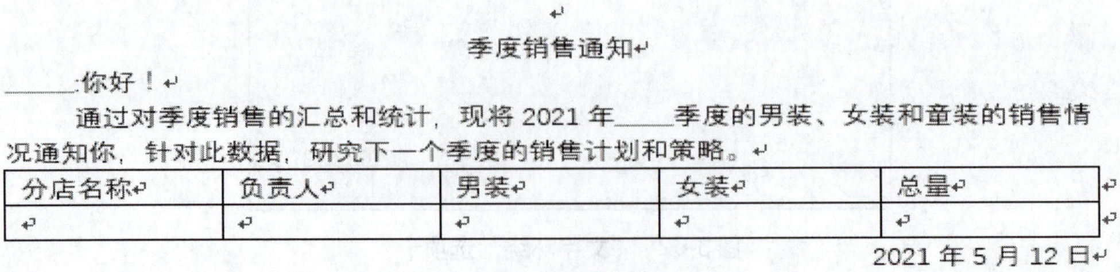

季度销售通知

______:你好！

通过对季度销售的汇总和统计，现将 2021 年____季度的男装、女装和童装的销售情况通知你，针对此数据，研究下一个季度的销售计划和策略。

分店名称	负责人	男装	女装	总量

2021 年 5 月 12 日

图 3-64 主文档原文

2. 创建数据源

建立一个数据文档，内容如图3-65所示，作为邮件合并所需要的数据源，保存为“数据源.docx”。

季度	分店名称	负责人	男装	女装	童装	总量
第一	北京	节小品	98000	95000	80000	273000
第一	天津	李刚	75000	63000	53000	191000
第一	广州	姚小桃	40000	60000	50000	150000
第一	深圳	生明	60000	70000	55000	185000
第一	上海	杨大石	50000	66000	76000	192000
第一	南京	肖帅	34000	80000	90000	204000
第一	武汉	军飞	66000	76000	88000	230000

图3-65　数据源

3. 编辑主文档

① 设置纸张宽度为“21厘米”，高度为“15厘米”。

② 使用邮件合并功能对主文档和数据源建立关联。

③ 在主文档中插入合并域。

④ 生成每个分店的通知单，并且作为新的文件保存。

3.4.3　实训知识点

1. 使用邮件合并批量操作电子邮件、信件、标签和信封

通过邮件合并，可以创建一批针对每个收件人进行个性化设置的文档。例如，可以对套用信函进行个性化设置，从而使用姓名来称呼每位收件人。会有一个数据源（如列表、电子表格或数据库）与文档相关联。合并域用于指示Word要在文档中的何处添加来自数据源的信息。

在Word中处理主文档，添加想要的个性化内容插入合并域。邮件合并完成后，合并文档将为数据源中的每个姓名生成单独的个性化版本。

2. 数据源

设置邮件合并的第一步是选择要用于个性化信息的数据源。Excel电子表格和Outlook联系人列表是最常见的数据源，但任何可以连接到Word的数据库都能正常使用。如果还没有数据源，也可以在Word中输入此类内容，作为邮件合并过程的一部分。邮件合并的最后一步需要选择合并记录为“全部”，才能把所有数据与主文档合并生成新的文档。

3. 文档类型

Word提供了用于将数据合并到以下几种类型文档的工具。

信函：包含个性化问候语。每封信函均打印在单独的一张纸上。

电子邮件：其中的每个收件人地址都是“收件人”行中的唯一地址。可直接从Word发送电子邮件。

信封或标签：其中的姓名和地址来自数据源。

目录：列出针对数据源中每一项的一批信息。使用该功能打印联系人列表，或者列出成组的信息，如每个班级中的所有学生。这种类型的文档也称目录合并。

3.4.4 实训步骤

1. 创建主文档

启动Word 2019，建立空文档，录入原文内容并保存，命名为“主文档.docx”。

2. 创建数据源

新建一个文档，录入数据内容并保存，命名为“数据源.docx”。

3. 编辑主文档

（1）设置纸张宽度为“21厘米”，高度为“15厘米”。打开“主文档.docx”，然后单击“布局”选项卡“页面设置”组中的“纸张大小”下拉按钮，在打开的下拉列表中选择“其他页面大小”选项，在弹出的“页面设置”对话框中选择“纸张”选项卡，然后在“纸张大小”下拉列表框中选择“自定义大小”，设置宽度为“21厘米”，高度为“15厘米”，如图3-66所示。

（2）使用邮件合并功能对主文档和数据源建立关联。

① 选择“邮件”选项卡，然后在“开始邮件合并”组中单击“开始邮件合并”下拉按钮，打开的下拉列表中选择“邮件合并分步向导”选择，打开“邮件合并”任务窗格，如图3-67所示。

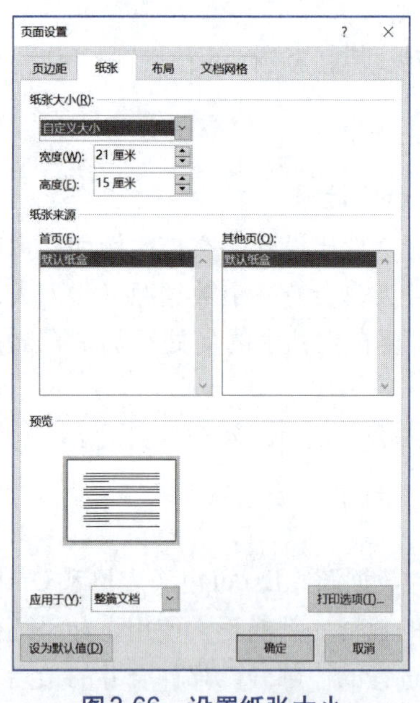

图3-66 设置纸张大小

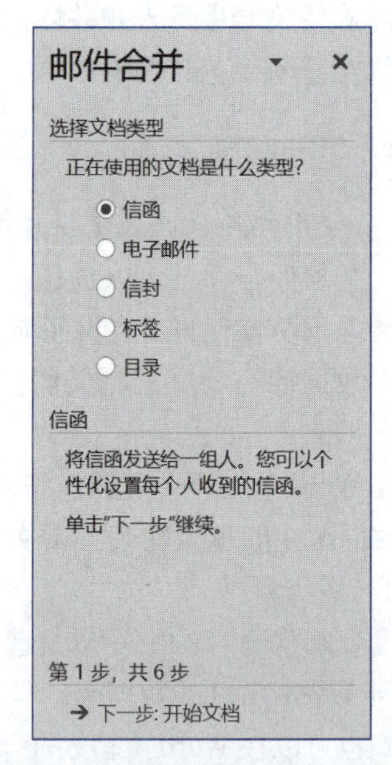

图3-67 “邮件合并”任务窗格

② 在邮件合并向导第1步中选择文档类型，显示的类型有信函、电子邮件、信封、标签和目录，按实际要求选择即可。本实训选择“信函”类型，然后单击“下一步：开始文档”按钮。

③ 第2步是选择开始文档，显示的选项有“使用当前文档”、“从模板开始”和“从现有文档开始”。本实训是在主文档中启动邮件合并向导，所以选择“使用当前文档”作为开始文档，如图3-68所示。如果不在主文档中启动邮件合并，则需要从其他两种中选择。单击“下一步：选择收件人”按钮。

④ 第3步是选择收件人，显示的选项有“使用现有列表”“从Outlook联系人中选择”和“键入新列表”。本实训已经建立好收件人数据源，所以选择“使用现有列表”。单击“浏览”

按钮，在弹出的对话框中选择“数据源.docx”，如图3-69和图3-70所示。

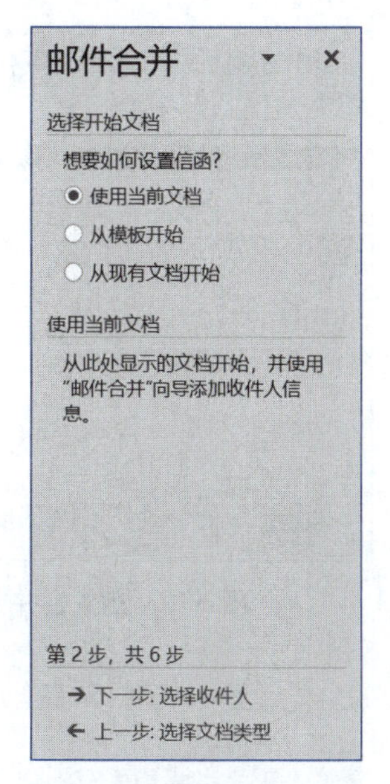

图3-68 选择开始文档

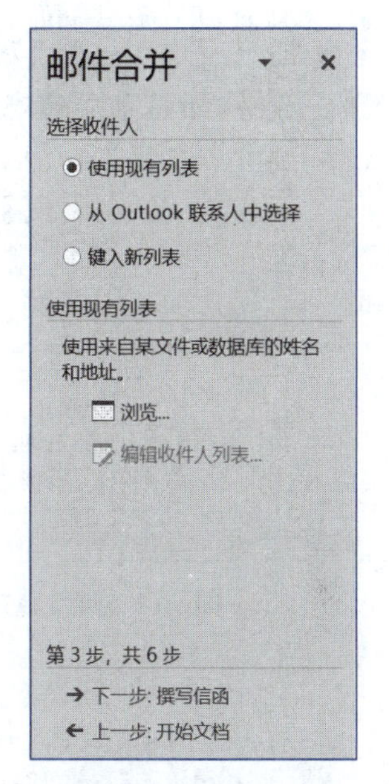

图3-69 选择收件人

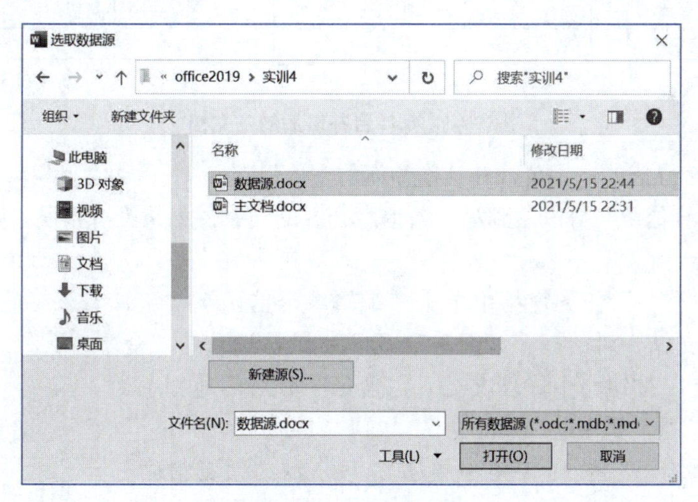

图3-70 选择数据源

⑤ 选择好数据源后，将显示“邮件合并收件人”对话框，如图3-71所示。在收件人列表中，默认是全选。可按实际要求，使用取消勾选复选框来删除不需要合并的收件人，还可以对收件人列表进行排序、筛选、查找重复收件人、查找收件人或验证地址。列表设置好后，单击“确定”按钮，再单击“下一步：撰写文档”按钮。

（3）在主文档中插入合并域。

① 把光标定位于“你好：”前，在“撰写信函”任务窗格中选择“其他项目”，弹出“插入合并域”对话框。选择“数据库域”中的“分店名称”，然后单击“插入”按钮，如图3-72所示。

② 重复上述操作，分别在主文档中“季度”前和表格中的5个空白单元格，从“插入合并域”列表选择对应的插入域，完成后如图3-73所示。

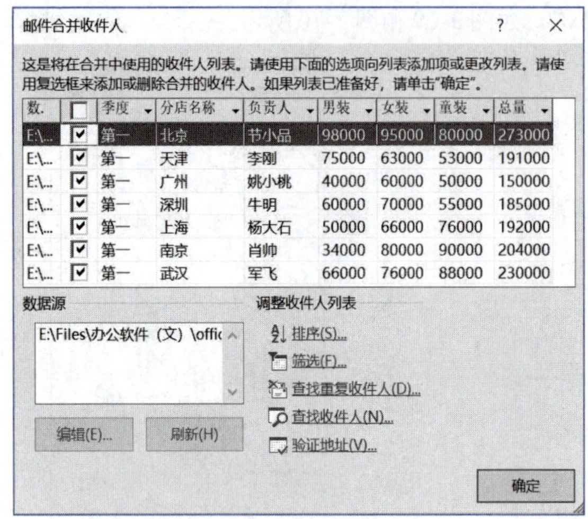

图3-71　邮件合并收件人

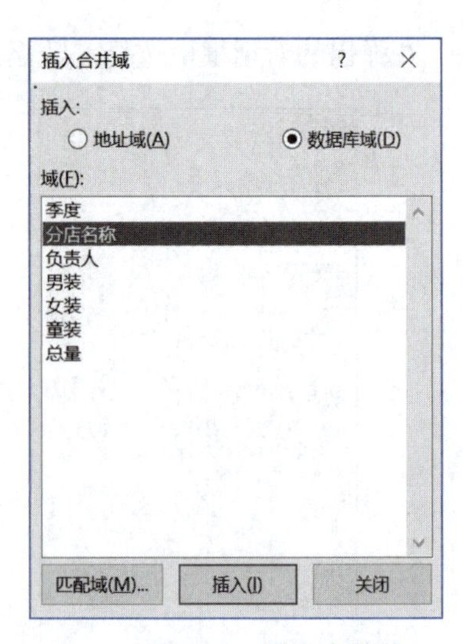

图3-72　插入合并域

季度销售通知

___«负责人»___你好！

通过对季度销售的汇总和统计，现将2021年___«季度»__季度的男装、女装和童装的销售情况通知你，针对此数据，研究下一个季度的销售计划和策略。

分店名称	负责人	男装	女装	总量
«分店名称»	«负责人»	«男装»	«女装»	«总量»

2021年5月12日

图3-73　邮件合并域后的主文档

（4）生成每个分店的通知单，并且作为新的文件保存。

① 通过“预览信函”可以看到第一条信息合并的结果。如果没有错误，则单击“下一步：完成合并”按钮。

② 在“完成合并”任务窗格中单击“编辑单个信函”按钮，弹出“合并到新文档”对话框，如图3-74所示。默认选项是“全部”。单击“确定”按钮，生成新文档，包含每个分店的通知单，将该文档保存为“季度销售通知单”。

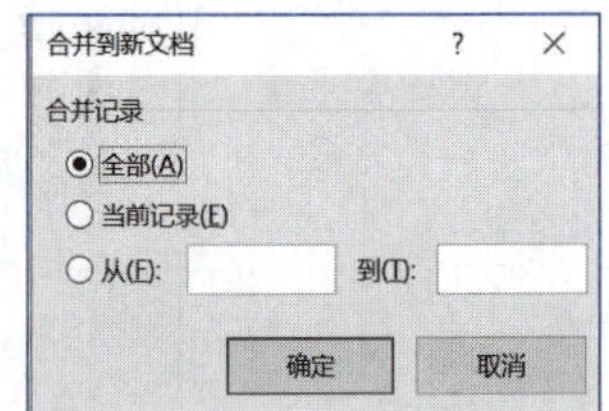

图3-74　合并到新文档

③ 在“邮件合并”任务窗格中单击“下一步：预览信函”按钮。

3.5　实训5：制作企业组织结构图

扫一扫

制作企业组织结构图

企业组织结构图是最常见的表现雇员、职称和群体关系的一种图表，它形象地反映了组织内各机构以及岗位之间的相互关系。

3.5.1　实训目标

学会使用SmartArt图形。

3.5.2 实训内容

1. 新建文档

启动Word 2019，建立新的文档，保存为“企业组织结构.docx”。

2. 设置文档

按如下要求进行设置，效果如图3-75所示。

（1）把“企业组织结构图”设置为标题1样式并居中。

（2）使用SmartArt插入层次结构图，设置三层级别的层次结构图。

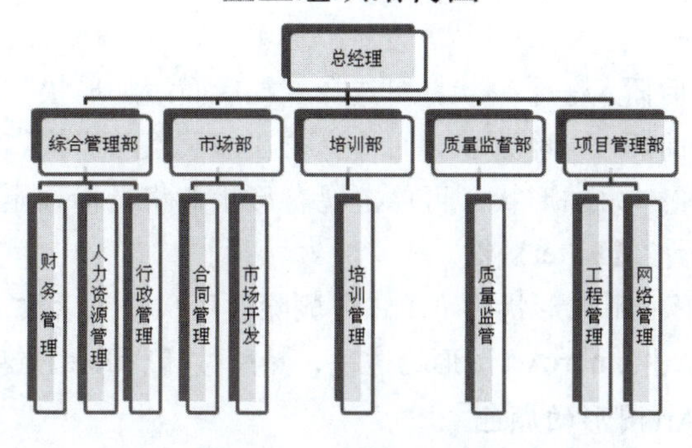

图3-75 企业组织结构

3.5.3 实训知识点

通过创建SmartArt图形，可以快速直观地将信息呈现出来。可从多种不同的布局中进行选择，以有效地传达消息或想法。

1. 插入SmartArt图形并向其中添加文本

①在“插入”选项卡的“插图”组中单击SmartArt按钮，如图3-76所示。

②在弹出的“选择SmartArt图形”对话框中，单击所需的类型和布局，如图3-77所示。

③执行下列操作之一以便输入文本：

- 单击文本窗格中的“[文本]”，然后输入文本。
- 从其他位置或程序复制文本，单击“文本”窗格中的“[文本]”，然后粘贴文本。
- 在SmartArt图形中的一个框中单击，然后输入文本。

为获得最佳结果，可在添加需要的 所有框之后再输入文本。

图3-76 插入SmartArt

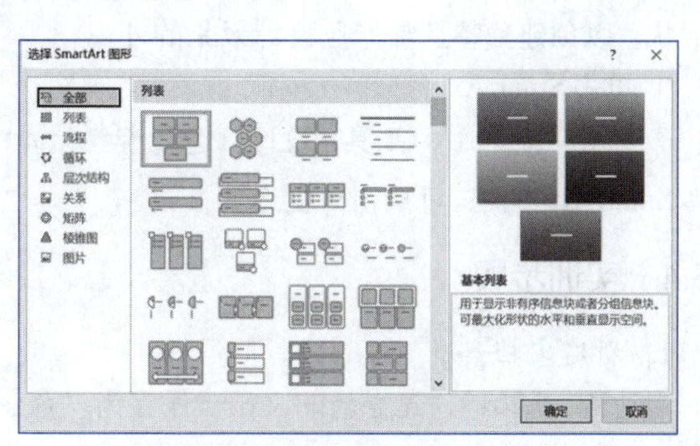

图3-77 选择SmartArt图形

若要在SmartArt图形附近或顶部的任意位置添加文本（如标题），可在“插入”选项卡的“文本”组中单击“文本框”以插入文本框。如果希望仅显示文本框中的文本，可右击文本框，在弹出的快捷菜单中选择“设置形状格式”或“设置文本框格式”命令，然后将文本框设置为没有背景色和边框。

2. 在SmartArt图形中添加或删除形状

① 单击要向其添加另一个形状的SmartArt图形。

② 单击最靠近要添加新形状的位置的现有形状。

③ 单击“SmartArt工具-设计”选项卡“创建图形”组中的“添加形状”下拉按钮，打开下拉列表，如图3-78所示。

④ 执行下列操作之一：

- 若要在所选形状之后插入一个形状，可选择“在后面添加形状”选项。
- 若要在所选形状之前插入一个形状，可选择“在前面添加形状”选项。

若要从“文本”窗格中添加形状，可单击现有形状，将光标移至要添加形状的文本所在位置的前面或后面，然后按【Enter】键。

若要从SmartArt图形中删除形状，可单击要删除的形状，然后按【Delete】键。若要删除整个SmartArt图形，可单击SmartArt图形的边框，然后按【Delete】键。

3. 更改整个SmartArt图形的颜色

① 单击SmartArt图形。

② 单击“SmartArt工具-设计”选项卡“SmartArt样式”组中的“更改颜色”下拉按钮，如图3-79所示。

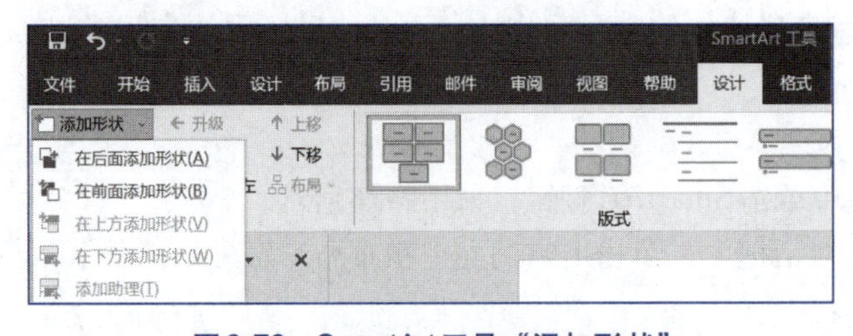

图3-78 SmartArt工具“添加形状”

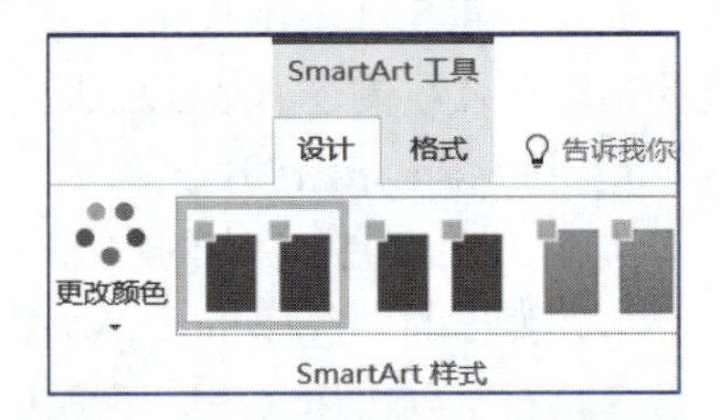

图3-79 SmartArt工具“更改颜色”

③ 在打开的下拉列表中选择所需的颜色变体。

4. 将SmartArt样式应用于SmartArt图形

“SmartArt样式”是各种效果（如线型、棱台或三维）的组合，可应用于SmartArt图形中的形状，以创建独特且具专业设计效果的外观。

① 单击SmartArt图形。

② 单击“SmartArt工具-设计”选项卡“SmartArt样式”组中的SmartArt样式。若要查看更多SmartArt样式，可单击“更多”按钮▾。

3.5.4 实训步骤

1. 新建文档

启动Word 2019，建立新的文档，保存为“企业组织结构.docx”。

2. 设置文档

（1）把“公司组织结构图”设置为标题1样式并居中。

① 输入“公司组织结构图”作为标题。

② 选择标题，单击“开始”选项卡“样式”组中的“标题1”按钮，再单击“段落”组中的“居中”按钮，效果如图3-80所示。

企业组织结构图↵

图3-80 标题

（2）使用SmartArt插入层次结构图，设置三层级别的层次结构图。

① 定位光标至需要插入图形的位置。

② 单击“插入”选项卡“插图”组中的SmartArt按钮，弹出“选择SmartArt图形”对话框，如图3-77所示。

③ 在“选择SmartArt图形”对话框中选择“层次结构”选项，然后单击右侧“列表”中所需的层次结构，如图3-81所示。

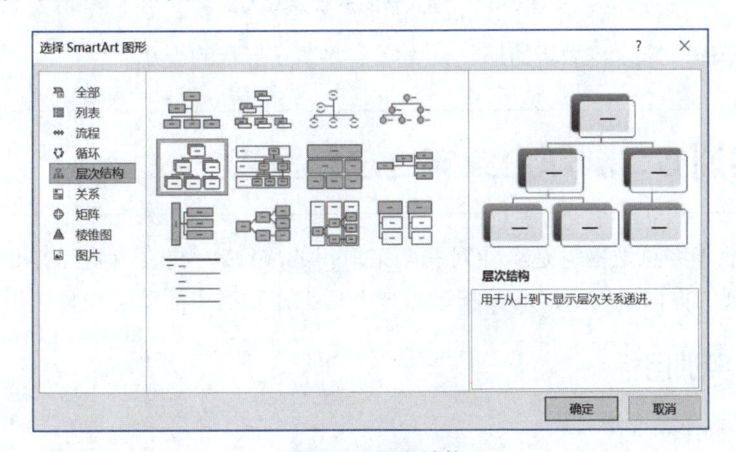

图3-81 层次结构

④ 单击“确定”按钮，将图形插入到文档。

⑤ 单击SmartArt图形左侧的按钮，弹出“在此处键入文字”任务窗格，如图3-82所示。

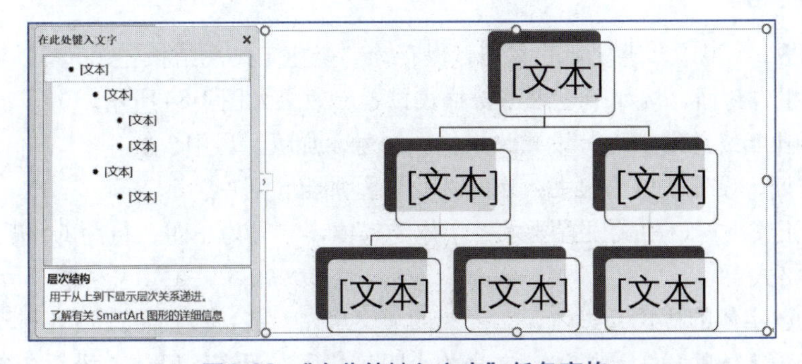

图3-82 “在此处键入文字”任务窗格

⑥ 默认结构不能满足需要时，选择需要插入形状位置的相邻形状，如“总经理”的形

状。单击“SmartArt工具-设计”选项卡“创建图形”组中的“添加形状”下拉按钮，在打开的下拉列表中选择“在下方添加形状”选项，并在新添加形状中输入相应的文字，如图3-83所示。

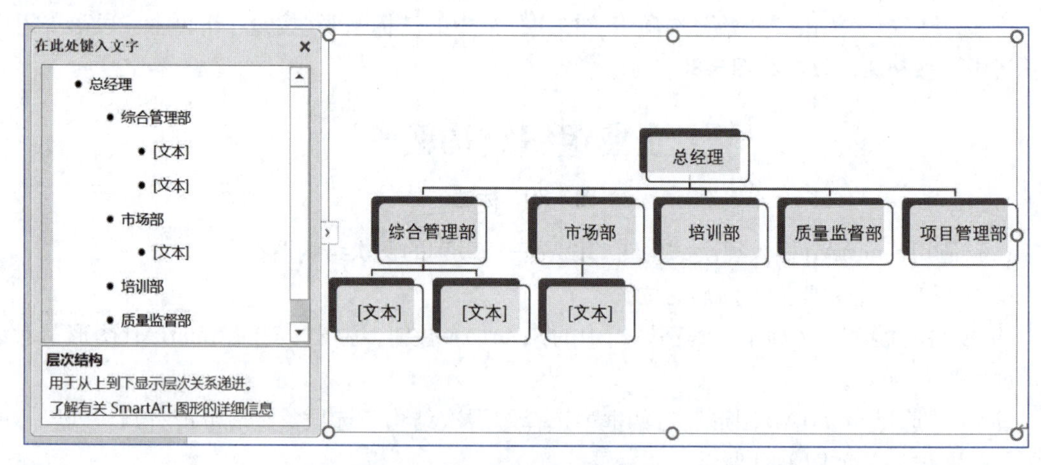

图3-83 插入新的形状并输入文字

⑦ 同上述操作，继续添加新的形状及文字，并调整形状的大小。

3.6 实训6：制作企业年终总结报告

企业年终总结报告是企业对一年来取得的成绩和经验、存在的问题和教训，以及未来发展的方向进行回顾和分析，指导今后工作和实践活动的一种应用文体。

扫一扫

制作企业年终总结报告

3.6.1 实训目标

- 了解样式选择。
- 掌握目录设置。
- 掌握页眉和页脚的设置。

3.6.2 实训内容

(1) 启动Word 2019，建立新的文档，保存为“企业年终总结报告.docx”。

(2) 制作报告封面，按如下要求进行格式设置，效果如图3-84所示。

① 把“企业年终总结报告”设置为宋体，初号，加粗，居中。

② 输入日期，设置字体为隶书，字号为小二，加粗，居中。

(3) 输入正文内容，格式设置要求：字体为宋体，字号为小四，行距1.5倍。

(4) 标题格式要求。

① 一级标题字体的样式为黑体，字号为四号，居左对齐，段前、段后各0.5行。

② 二级标题字体的样式为黑体，字号为小四号，居左对齐，段前、段后各0.5行。

(5) 目录按两级标题，格式要求与正文一致，效果如图3-85所示。

①“目录”字体为黑体，字号为三号，居中。

② 一级标题字体为黑体，字号为四号。

③ 二级标题字体为黑体，字号为小四号。

(6) 页眉、页脚格式要求如图3-86～图3-90所示。

① 封面无页眉和页脚。

② 目录页眉为“目录”，居中，宋体，三号字。

③ 页脚设置页码，位于左下角。

④ 正文页眉显示该页所在的一级标题文字，页脚显示“第 × 页”的页码格式。

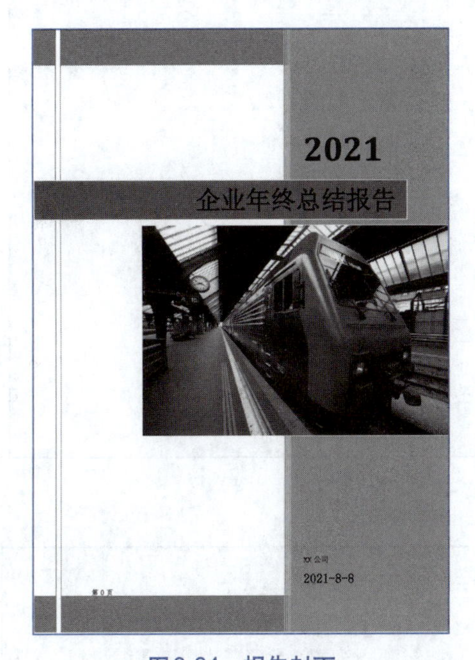

图3-84　报告封面

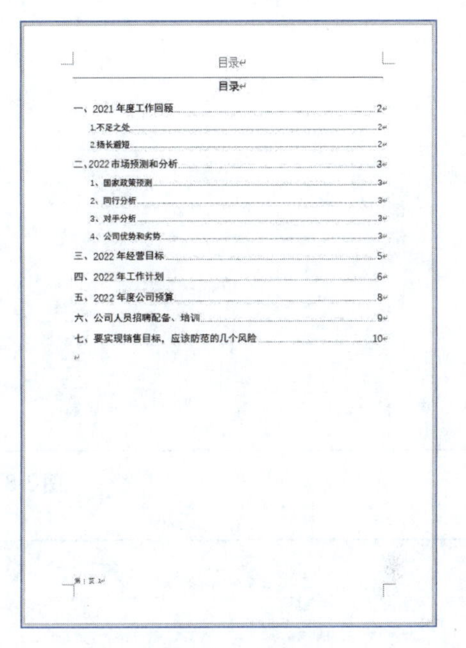

目录

目录

一、2021 年度工作回顾......2
1.不足之处......2
2.扬长避短......2
二、2022 市场预测和分析......3
1、国家政策预测......3
2、同行分析......3
3、对手分析......3
4、公司优势和劣势......3
三、2022 年经营目标......5
四、2022 年工作计划......6
五、2022 年度公司预算......8
六、公司人员招聘配备、培训......9
七、要实现销售目标，应该防范的几个风险......10

图3-85　目录

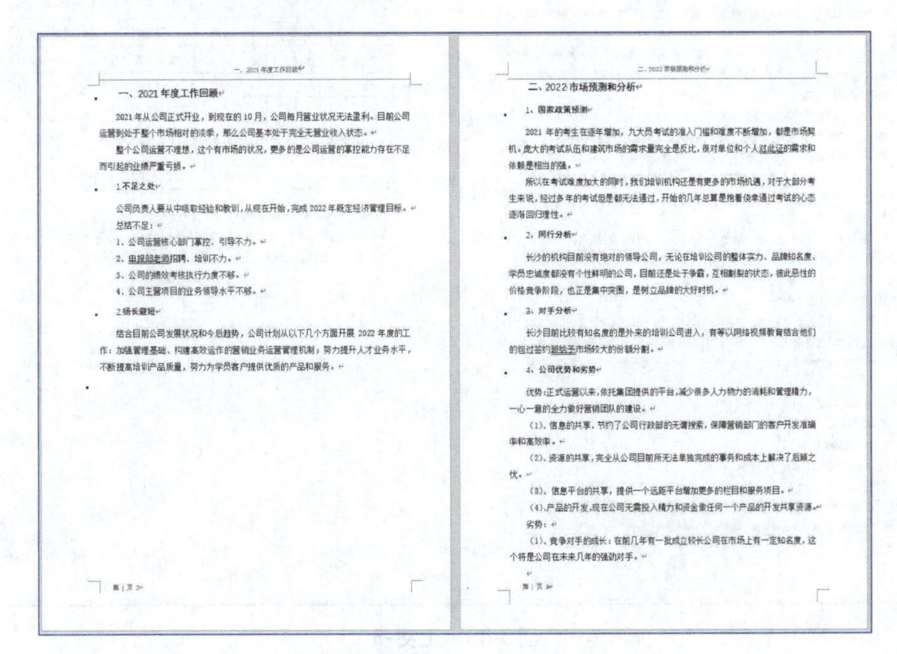

一、2021 年度工作回顾

一、2021 年度工作回顾

2021 年从公司正式开业，到现在的 10 月，公司每月营业状况无法盈利。目前公司运营到处于整个市场相对的淡季，那么公司基本处于完全无营业收入状态。

整个公司运营不理想，这个有市场的状况，更多的是公司运营的掌控能力存在不足而引起的业绩严重亏损。

1.不足之处

公司负责人要从中吸取经验和教训，从现在开始，完成 2022 年既定经济管理目标。

总结不足：

1、公司运营核心部门掌控、引导不力。

2、申报部老师招聘、培训不力。

3、公司的绩效考核执行力度不够。

4、公司主营项目的业务领导水平不够。

2.扬长避短

结合目前公司发展状况和今后趋势，公司计划从以下几个方面开展 2022 年度的工作：加强管理基础、构建高效运作的营销业务运营管理机制，努力提升人才业务水平，不断提高培训产品质量，努力为学员客户提供优质的产品和服务。

二、2022 市场预测和分析

二、2022 市场预测和分析

1、国家政策预测

2021 年的考生在逐年增加，九大员考试的准入门槛和难度不断增加，都是市场契机。庞大的考试队伍和建筑市场的需求量完全是反比，很对单位和个人对此证的需求和依赖是相当的强。

所以在考试难度加大的同时，我们培训机构还是有更多的市场机遇，对于大部分考生来说，经过多年的考试但是都无法通过，开始的几年总算是抱着侥幸通过考试的心态逐渐回归理性。

2、同行分析

长沙的机构目前没有绝对的领导公司，无论在培训公司的整体实力、品牌知名度、学员忠诚度都没有个性鲜明的公司，目前还是处于争霸，互相割裂的状态，彼此恶性的价格竞争阶段，也正是集中突围，是树立品牌的大好时机。

3、对手分析

长沙目前比较有知名度的是外来的培训公司进入，有等以网络视频教育结合他们的包过签约班给予市场较大的份额分割。

4、公司优势和劣势

优势：正式运营以来，依托集团提供的平台，减少很多人力物力的消耗和管理精力，一心一意的全力做好营销团队的建设。

(1)、信息的共享，节约了公司行政部的无谓搜索，保障营销部门的客户开发准确率和高效率。

(2)、资源的共享，完全从公司目前所无法单独完成的事务和成本上解决了后顾之忧。

(3)、信息平台的共享，提供一个远距平台增加更多的栏目和服务项目。

(4)、产品的开发，现在公司无需投入精力和资金做任何一个产品的开发共享资源。

劣势：

(1)、竞争对手的成长：在前几年有一批成立较长公司在市场上有一定知名度，这个将是公司在未来几年的强劲对手。

图3-86　正文-1

二、2022 市场预测和分析

（2）、公司自身问题：人力资源是困扰公司最大的瓶颈。积极探索、拓展销售新模式和渠道，打破销售瓶颈，努力为学员提供优质的教学平台，抓住市场扩大的契机壮大自己，开创公司营销的新局面。

第 | 页 4

三、2022 年经营目标

三、2022 年经营目标

1、推行目标管理，实现培训金额收入万元，利润万元。应收款率%。

2、重视人才队伍招聘、培养和建设。

3、开发新产品，提升公司产品市场竞争能力。

4、办公成本降低%，推广费用增加营业额的%。

第 | 页 5

图 3-87　正文 -2

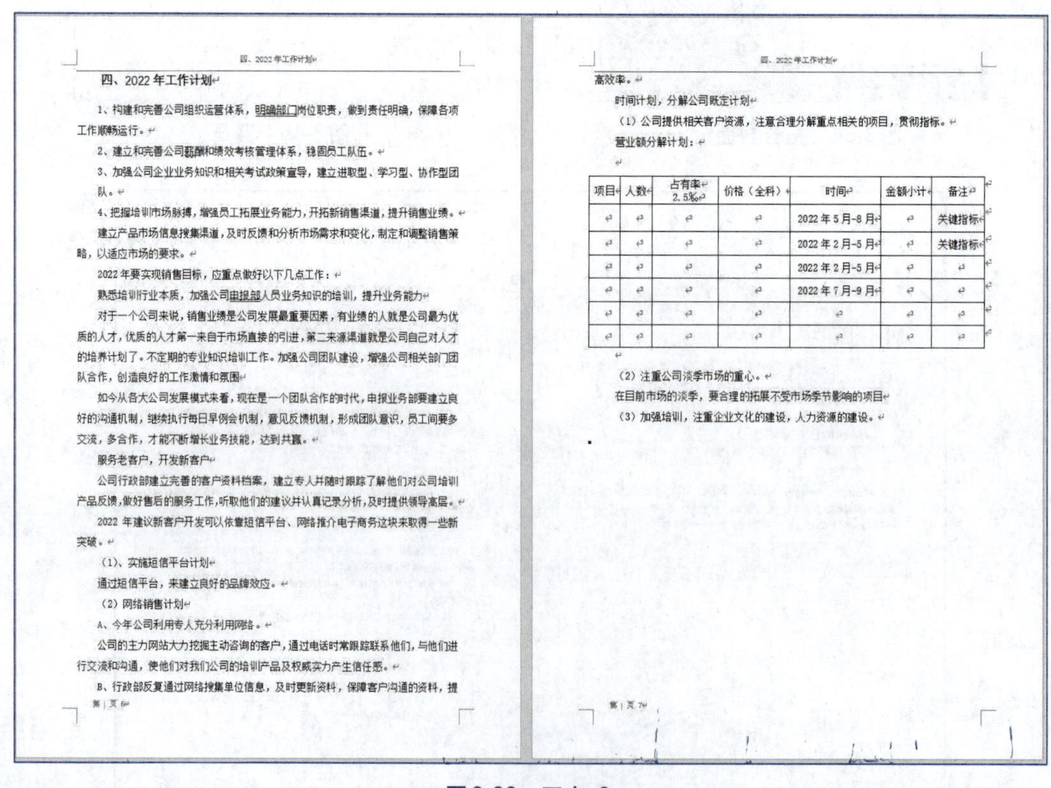
四、2022 年工作计划

四、2022 年工作计划

1、构建和完善公司组织运营体系，明确部门岗位职责，做到责任明确，保障各项工作顺畅运行。

2、建立和完善公司薪酬和绩效考核管理体系，稳固员工队伍。

3、加强公司企业业务知识和相关考试政策宣导，建立进取型、学习型、协作型团队。

4、把握培训市场脉搏，增强员工拓展业务能力，开拓新销售渠道，提升销售业绩。

建立产品市场信息搜集渠道，及时反馈和分析市场需求和变化，制定和调整销售策略，以适应市场的要求。

2022 年要实现销售目标，应重点做好以下几点工作：

熟悉培训行业本质，加强公司申报部人员业务知识的培训，提升业务能力

对于一个公司来说，销售业绩是公司发展最重要因素，有业绩的人就是公司最为优质的人才，优质的人才第一来自于市场直接的引进，第二来源渠道就是公司自己对人才的培养计划了。不定期的专业知识培训工作。加强公司团队建设，增强公司相关部门团队合作，创造良好的工作激情和氛围

如今从各大公司发展模式来看，现在是一个团队合作的时代，申报业务部要建立良好的沟通机制，继续执行每日早例会机制，意见反馈机制，形成团队意识，员工间要多交流，多合作，才能不断增长业务技能，达到共赢。

服务老客户，开发新客户

公司行政部建立完善的客户资料档案，建立专人并随时跟踪了解他们对公司培训产品反馈，做好售后的服务工作，听取他们的建议并认真记录分析，及时提供领导高层。

2022 年建议新客户开发可以依靠短信平台、网络推介电子商务这块来取得一些新突破。

（1）、实施短信平台计划

通过短信平台，来建立良好的品牌效应。

（2）网络销售计划

A、今年公司利用专人充分利用网络。

公司的主力网站大力挖掘主动咨询的客户，通过电话时常跟踪联系他们，与他们进行交流和沟通，使他们对我们公司的培训产品及权威实力产生信任感。

B、行政部反复通过网络搜集单位信息，及时更新资料，保障客户沟通的资料，提

第 | 页 6

四、2022 年工作计划

高效率。

时间计划，分解公司既定计划

（1）公司提供相关客户资源，注意合理分解重点相关的项目，贯彻指标。

营业额分解计划：

项目	人数	占有率 2.5‰	价格（全科）	时间	金额小计	备注
				2022 年 5 月-8 月		关键指标
				2022 年 2 月-5 月		关键指标
				2022 年 2 月-5 月		
				2022 年 7 月-9 月		

（2）注重公司淡季市场的重心。

在目前市场的淡季，要合理的拓展不受市场季节影响的项目

（3）加强培训，注重企业文化的建设，人力资源的建设。

第 | 页 7

图 3-88　正文 -3

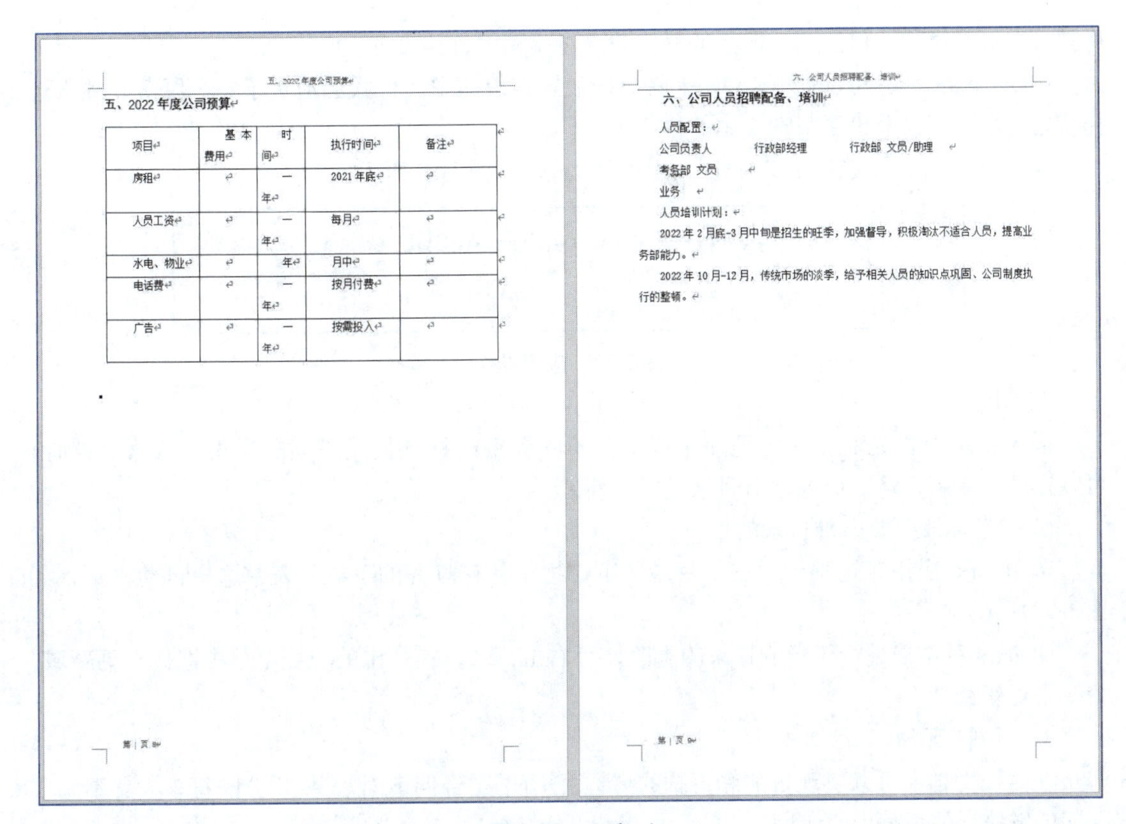

五、2022 年度公司预算

五、2022 年度公司预算

项目	基本费用	时间	执行时间	备注
房租		一年	2021 年底	
人员工资		一年	每月	
水电、物业		年	月中	
电话费		一年	按月付费	
广告		一年	按需投入	

第 | 页 9

六、公司人员招聘配备、培训

六、公司人员招聘配备、培训

人员配置：

公司负责人　　行政部经理　　行政部 文员/助理

考务部 文员

业务

人员培训计划：

2022 年 2 月底-3 月中旬是招生的旺季，加强督导，积极淘汰不适合人员，提高业务部能力。

2022 年 10 月-12 月，传统市场的淡季，给予相关人员的知识点巩固、公司制度执行的整顿。

第 | 页 9

图 3-89　正文-4

七、要实现销售目标，应该防范的几个风险

七、要实现销售目标，应该防范的几个风险

1、人员的招聘、培训、培养一定要及时到岗，加强日常管理、学习。

2、同行的恶性竞争，价格、欺诈手段等方式扰乱正常的培训市场。

2022 年证书刚性需求继续加大，市场还在继续扩张，是良好的机遇，但是介入进来的也会更多，是机会和挑战并存、剩者为王的时代。只有反省自我，实现自我超越我们才能赢得新发展机遇。

第 10 页

图 3-90　正文-5

3.6.3　实训知识点

1. 应用样式

样式是文档中一系列格式的组合，包括字符格式、段落格式及边框和底纹等。对新建的样式可以进行调整、修改，修改后的样式效果在文档中直接可见。

① 选择要设置格式的文本。如果将光标放置在段落中，样式会应用于整个段落。如果选择特定文本，则只会设置所选文本的格式。

② 单击“开始”选项卡“样式”组中的样式，如图3-91所示。

图3-91　应用样式

2. 目录

插入目录前首先对相应标题使用样式，不同级别的标题使用不同的样式；修改文档时，可以通过“更新目录”命令来对目录进行更新。

① 把光标放在要添加目录的地方。

② 单击“引用”选项卡中的“目录”下拉按钮，在打开的下拉列表中选择自动样式，如图3-92所示。

③ 如果对文档进行了影响目录的更改，可右击目录，在弹出的快捷菜单中选择“更新域”命令来更新目录。

3. 页眉/页脚

在同一文档中可以实现页眉和页脚的“首页不同”“奇偶不同”，使用分隔符来设置不同节之间的链接，使页眉内容不同。

① 单击“插入”选项卡中的“页眉”或“页脚”下拉按钮，打开下拉列表，如图3-93所示。

② 选择想要使用的标题样式。

③ 添加或更改页眉或页脚的文本。

④ 单击“关闭页眉和页脚”按钮或按【Esc】键退出，如图3-94所示。

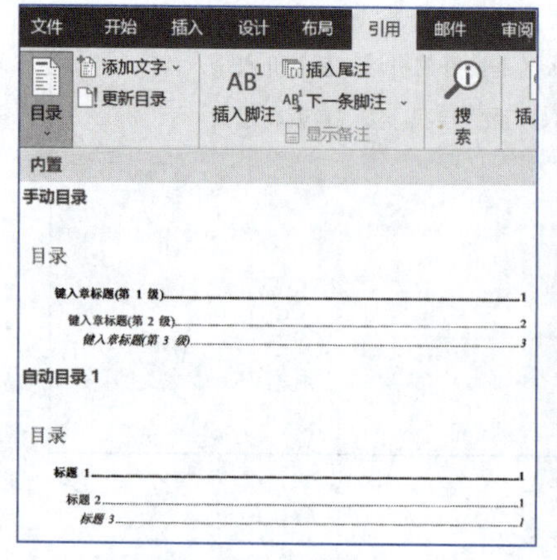

图3-92　插入目录

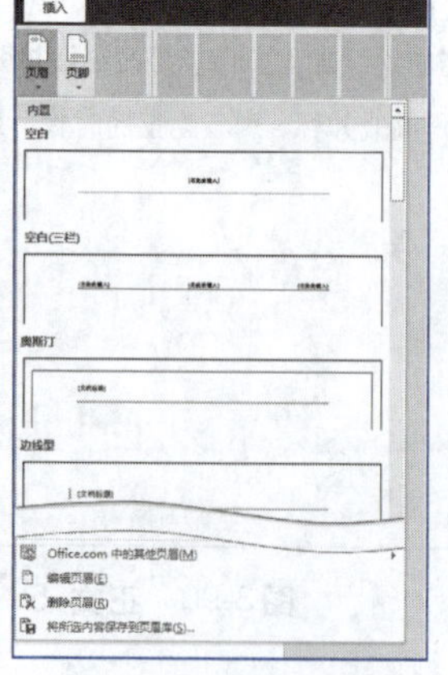

图3-93　插入目录

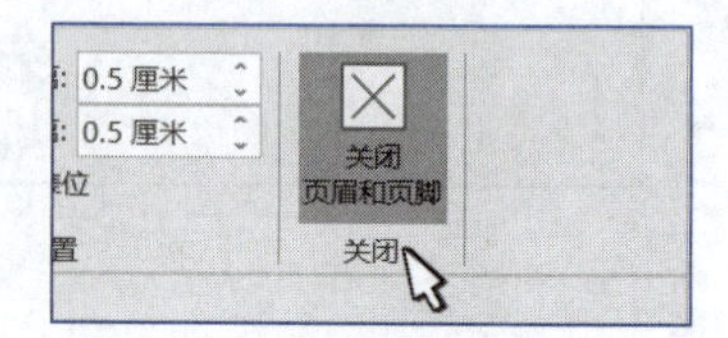

图3-94　关闭页眉和页脚

3.6.4　实训步骤

（1）启动Word 2019，建立新的文档，保存为“企业年终总结报告.docx”。

① 单击“布局”选项卡“页面设置”组中的“页边距”按钮，在打开的下拉列表中选择“自定义页边距”选项，在弹出的“页面设置”对话框的“页边距”选项卡中设置上边距为“2.5 厘米”，下边距为“2.5 厘米”，左边距为“3 厘米”，右边距为“2 厘米”，如图 3-95 所示。

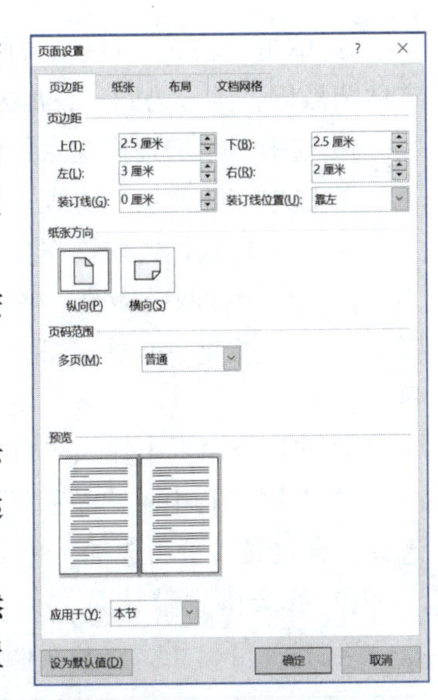

图 3-95 设置页边距

② 单击“布局”选项卡“页面设置”组中的“纸张大小”按钮，设置纸张为 A4，宽度为“21 厘米”，高度为“29.7 厘米”。

(2) 制作报告封面，按要求进行格式设置。

① 将光标定位在文档第一行，然后单击“插入”选项卡“页”组中的“封面”下拉按钮，在打开的下拉列表中选择“运动型”选项，如图 3-96 所示。

② 在相应的位置输入主题名称“企业年终总结报告”，然后选中所输入的内容，单击“开始”选项卡中的“字体”，设置为宋体、初号、加粗。

③ 在相应位置输入日期“2021-8-8”，设置字体为隶书，字号为小二，加粗，效果如图 3-84 所示。

(3) 输入正文内容，格式设置为字体为宋体，字号为小四，行距 1.5 倍。

(4) 标题格式设置。

① 单击“开始”选项卡中“样式”组右下角的下拉按钮，弹出“样式”任务窗格，如图 3-97 所示。

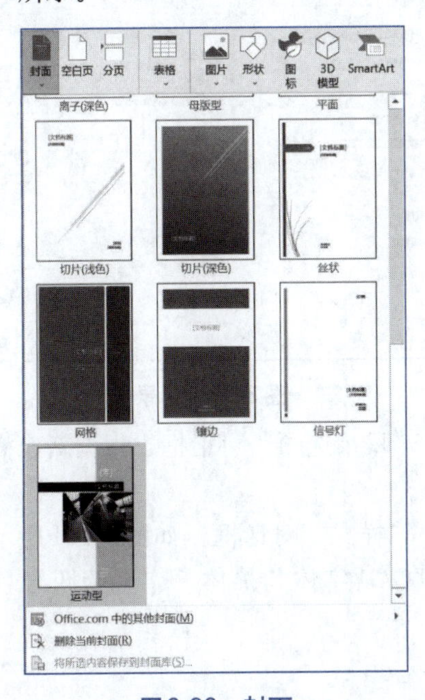

图 3-96 封面

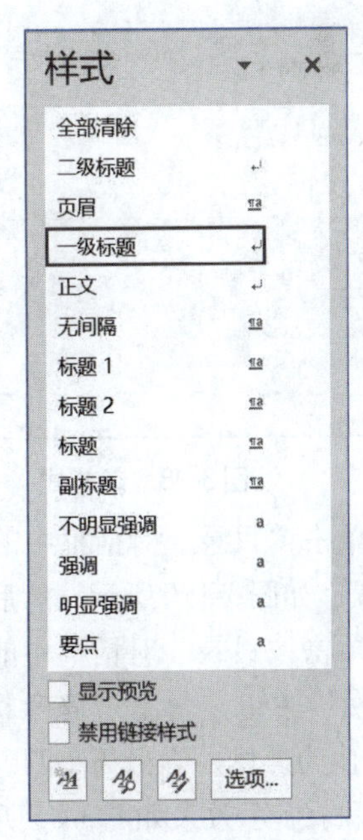

图 3-97 样式

② 单击“样式”任务窗格左下方“新建样式”按钮，弹出“根据格式化创建新样式”对话框。设置新建样式名称为“一级”，如图 3-98 所示。

③ 单击“格式”按钮，通过在打开的下拉列表中选择相应命令，在弹出的对话框中设置字体为黑体，字号为四号，居左对齐，段落设置段前、段后各0.5行。

④ 选中“添加到样式库”和“自动更新”复选框，然后单击“确定”按钮，保存新样式。

⑤ 选中需要使用“一级”样式的内容，然后再样式列表中选择“一级”即可。

⑥ 二级标题样式的操作步骤同上。

(5) 目录按两级标题，格式要求与正文一致。

① 在正文前，单击“插入”选项卡“页”组中的“分页”按钮，生成一个空白页来存放目录。

② 在该空白页中输入“目录”，设置为黑体，三号，居中。

③ 在第二行中单击“引用”选项卡“目录”组中的“目录”按钮，在打开的下拉列表中选择“自定义目录”选项，弹出“目录”对话框。

④ 目录格式默认是“来自模板”。要设置目录格式，可以选择“古典”“优雅”“流行”“现代”等。正文里只有两级标题，所以显示级别设置为2，如图3-99所示。

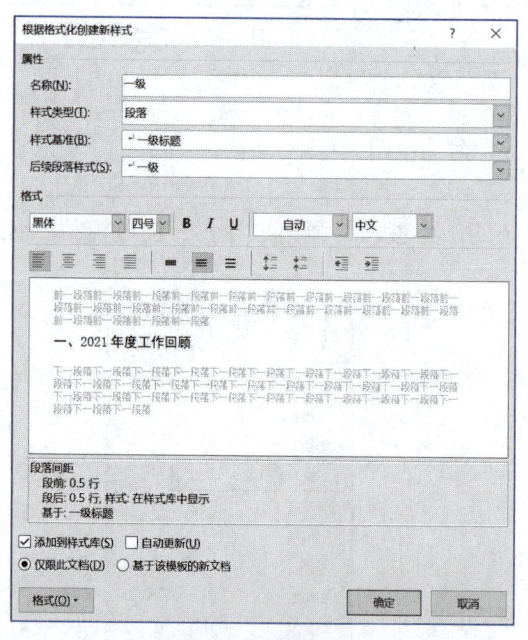

图3-98 新样式

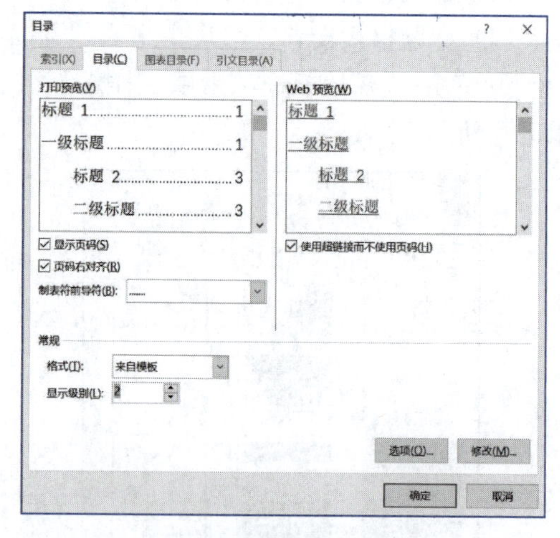

图3-99 目录

⑤ 单击“目录”对话框中的“选项”按钮，弹出“目录选项”对话框，根据新建样式名称来设置，如图3-100所示，然后单击“确定”按钮。

⑥ 单击“目录”对话框中的“修改”按钮，弹出“样式”对话框，如图3-101所示。单击“修改”按钮，弹出“修改样式”对话框，设置TOC1字体为黑体，字号为四号；设置TOC2字体为黑体，字号为小四。

⑦ 目录显示效果如图3-85所示。

(6) 设置页眉和页脚格式。

① 单击“插入”选项卡“页眉和页脚”组中的“页眉”按钮，进入页眉编辑状态。选择“页眉页脚工具-设计”选项卡，然后选中“选项”组中的“首页不同”复选框。

② 在目录和正文页面中插入“分节符”。单击“布局”选项卡“页面设置”组中的“分隔

符”按钮，选择“连续”分隔符。

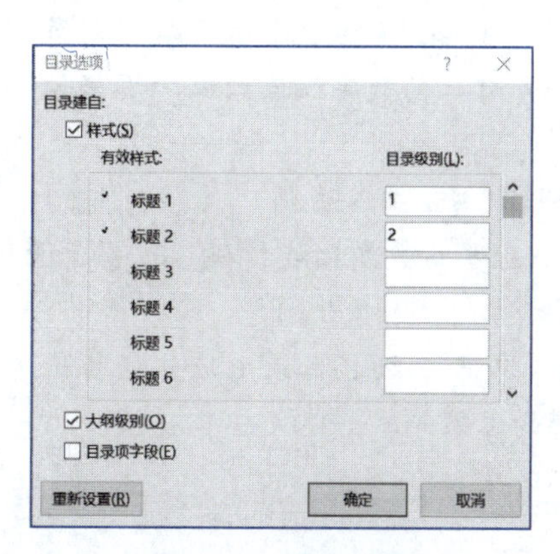

图3-100　目录选项

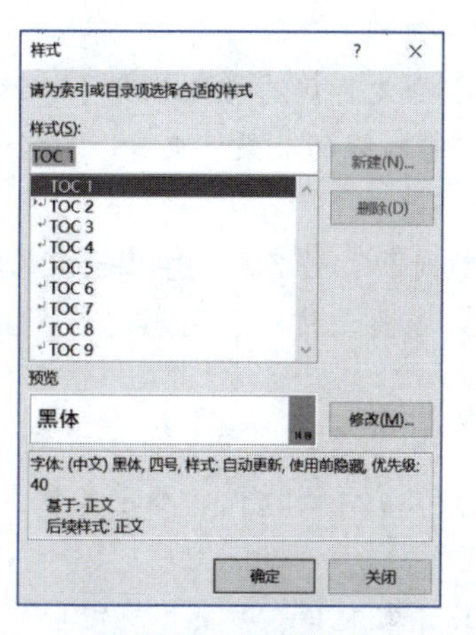

图3-101　目录样式

③ 进入页眉、页脚编辑状态，默认状态每节之间是链接起来的。如果每页的页眉内容不同，则应取消每节之间的链接，即将光标定位在需要取消的那一节中，然后单击“链接到前一节”按钮，取消两节之间的链接。

④ 在页眉中显示相应的标题。单击“插入”选项卡“链接”组中的“交叉引用”按钮，弹出“交叉引用”对话框。设置引用类型，选择“标题”，引用内容为“标题文字”，如图3-102所示。

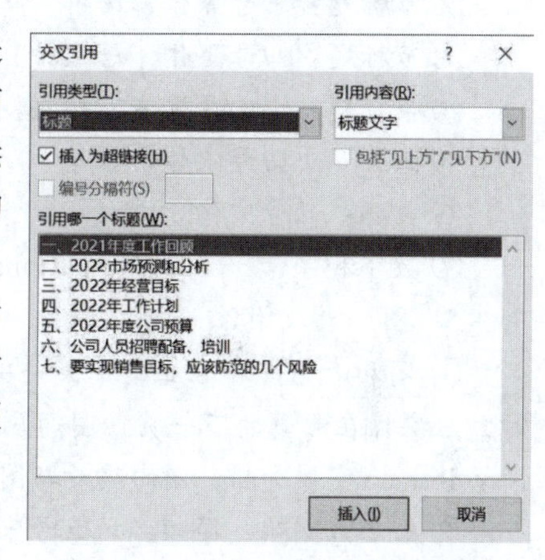

图3-102　“交叉引用”对话框

⑤ 单击“插入”选项卡“页眉和页脚”组中的“页码”按钮。在打开的下拉列表中选择页码在页面中的位置为“页面底端”；然后选择“第×页”中的“强调线3”，显示效果如图3-86所示。

综合练习

根据给出的一篇毕业设计论文，按如下要求编辑、排版。

1. 页边距及行距

学位论文的上边距：2.5厘米；下边距：2.5厘米；左边距：3厘米；右边距：2厘米。章、节、条三级标题为单倍行距，段前、段后各设为0.5行（即前、后各空0.5行）。正文为1.5倍行距，段前、段后无空行（即空0行）。

2. 页眉

页眉分奇、偶页标注，其中奇数页的页眉为“**学校学位论文”，偶数页的页眉为章序及章标题，例如，“第四章 我国企业培养竞争力的对策分析”。页眉都用小五号宋体字，页眉的上边距为1.5厘米；页脚的下边距为1.5厘米。页眉标注从论文主体部分开始（绪论或第一章)。

3. 页码

① 论文页码从“主体部分(绪论、正文、结论)”开始，直至“参考文献、附录、攻读学位期间取得的成果、致谢、作者简介”结束，用五号阿拉伯数字编连续码。页码位于页脚居中位置。

② 封面、题名页、学位论文的独创性声明和使用授权书不编入页码。

③ 摘要、目录、图表清单、主要符号表用五号小写罗马数字编连续码。页码位于页脚，居中。

④ 目录按章、节、条序号和标题编写，一般为二级或三级。目录中应包括绪论(或引言)、论文主体、结论、参考文献、攻读学位期间取得的成果等。

4. 字体和字号

① 论文题目：按具体规定。

② 章标题：三号黑体，居中。

③ 节标题：四号黑体，居左。

④ 条标题：小四号黑体，居左。

⑤ 正文：小四号宋体。

⑥ 页码：五号宋体。

⑦ 数字和字母：Times New Roman字体。

5. 图、表及附注

① 图和表应安排在正文中第一次提及该图、表的文字的下方。当图或表不能安排在该页时，应安排在该页的下一页。图题应明确、简短，用五号宋体加粗，数字和字母为五号Times New Roman字体加粗，图的编号与图题之间应空半角2字符。

② 表题应明确、简短，用五号宋体加粗，数字和字母为五号Times New Roman字体加粗。表的编号与表题之间应空半角2字符。表的编号与表题应置于表上方的居中位置。表内文字为五号宋体，数字和字母为五号Times New Roman字体。

③ 图、表中若有附注，附注各项的序号一律用“附注+阿拉伯数字+冒号”的形式，如“附注1：”。附注写在图、表的下方，一般采用五号宋体。

第4章

数据统计和分析 Excel 2019

Excel 2019是数据处理软件，它在Office办公软件中的功能是统计和分析数据信息。它是一个二维表格，由工作簿和工作表组成，能以快捷、方便的方式建立报表、图表和数据库。怎样才能利用Excel 2019做好数据的统计和分析呢？首先，要了解Excel 2019工作界面中各部分的使用功能，各选项卡的应用；其次，要根据数据分析的目标，设计好用于数据分析的二维表格的行与列的结构和数据类型，并熟悉快捷、准确输入各种数据信息的方法；最后，要十分熟练地使用Excel 2019的统计和分析工具处理表格中的数据。

在本章的学习中，学生应掌握如何快捷建立表格，运用函数和组统计和分析数据，掌握建立图表的技能以形象说明数据趋势。Excel是Office办公软件的组件，尽管它可以用于输入文本或处理数据库，但是不提倡用Excel进行文字处理，如做节目单、会议程序表等，也不提倡用Excel制作出差表、报销表等涉及数据库内容的表格，应当全心全意地学好二维表格的简单数据处理与分析。

4.1 实训1：制作政府采购申请表

在日常生活中经常会见到各种复杂的表格，例如，去银行就可以见到汇款表，应聘工作时会填写应聘申请表等。本实训以“政府采购申请表”为例，介绍复杂的表格排版。

扫一扫

制作政府采购申请表

4.1.1 实训目标

- 了解和掌握Excel 2019的基础知识与基本操作。
- 掌握工作表的建立、编辑以及格式化操作。
- 掌握数据的输入、填充等功能操作。

4.1.2 实训内容

制作图4-1所示的“政府采购申请表”。

政府采购申请表						
填表日期： 年 月 日						
单位名称			地址			
负责人		电话		邮编		
联系人		电话		传真		
序号	项目名称	品牌、规格型号、配置、说明	数量	预算单价	预算金额	采购期限
金额合计（元）：						
其他需要说明的情况： 申请单位：（章） 负责人（签章）： 制表人（签章）：						
主管部门意见： （章） 年 月 日	财政主管科室意见： 资金来源： □预算 □自筹 经办人： （章） 年 月 日		区政府采购办审核意见： （章） 年 月 日			
本表一式三份，经政府采购办审批后，一联留财政主管科室，一联留申请单位备查，一联留区政府采购办备案。 如资金来源为自筹，须先把资金汇入采购中心账户（或带支票）。						

图4-1 政府采购申请表

具体要求如下：

（1）将文档的页面方向设置为纵向，页边距上、下、左、右均为1厘米，水平方向和垂直方向都居中。

（2）录入图4-1所示样文中的文字内容，按照如下要求对表格进行修饰。

① 调整表格行的高度、列的宽度，合并单元格，使表格基本呈现图4-1所示的效果。

② 表的标题字体为楷体_GB2312，字号为18磅，加粗，居中。

③ 表格内文字字体为宋体，字号为10磅。

④ 在“预算”和“自筹”项之前插入方框符号。

⑤ 设置表格的边框线和填充颜色，效果如图4-1所示。

4.1.3 实训知识点

1. Excel 2019基本概念

Excel 2019是一个二维表格，由工作簿和工作表组成，每个工作簿最多由255个工作表组成。默认情况下，新建的工作簿包含三张工作表，每个工作表由16 348列1 048 576行组成。每个行与列的交叉点称为单元格，单元格所在位置称为单元格地址，如C列与第3行的交叉点的单元格地址是C3。每个单元格可以容纳32 767个字符数据。

1）Excel 2019的工作界面

启动Excel 2019后，其工作界面如图4-2所示。Excel的工作界面主要包括标题、选项卡、组、快速访问工具栏、名称框、编辑栏、工作区、工作表标签、行号、列号、状态栏、窗口控制按钮和滚动条等。

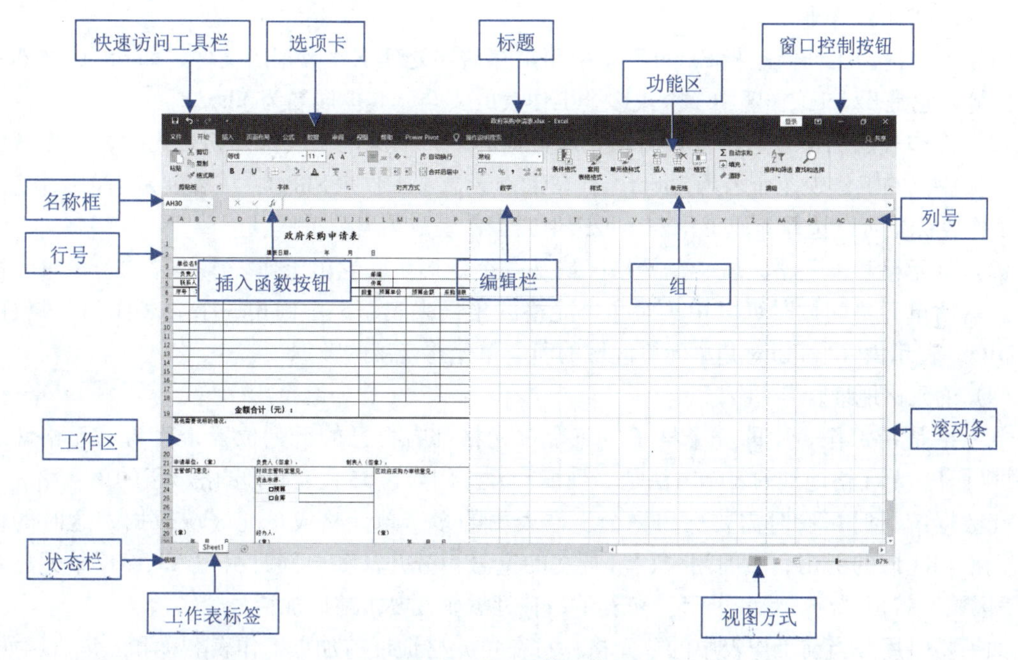

图4-2 Excel的工作界面

（1）标题。标题用于标识当前窗口程序或文档窗口所属程序或文档的名字，如Microsoft Excel-Book1，Book1是当前工作簿的名称。如果同时打开了另外一个新的工作簿，Excel将其命名为Book2，依次此推。需要保存工作簿时，用户可以为其另取一个更直观的名字。

（2）选项卡。选项卡包括“文件”“开始”“插入”“页面布局”“公式”“数据”“审阅”“视图”等。用户可以根据需要单击选项卡进行切换，不同的选项卡中包括不同的组。

（3）组。每个选项卡都对应一个组。组命令按逻辑组的形式组织，旨在帮助用户快速找到完成某一任务所需的命令。为了使屏幕更整洁，可以使用功能区最右侧的∧按钮折叠功能区各组。

（4）快速访问工具栏。Excel 2019窗口中的快速访问工具栏用于放置最常使用的按钮，用户可以将组中的按钮和文件菜单中的命令添加到快速访问工具栏中。

（5）名称框。用于显示活动单元格或区域的地址（或名称）。单击名称框旁边的下拉按钮可打开一个下拉列表，列出所有已定义的名称。

（6）编辑栏。编辑栏用于显示当前活动单元格中的数据或公式，可在编辑栏中输入、删除或修改单元格的内容。编辑栏中显示的内容与当前活动单元格的内容相同。

（7）工作区。在编辑栏下面是Excel的工作区。在工作区中，列号和行号分别标在窗口的上方和左边。列号用英文字母A～Z、AA～AZ、BA～BZ、…、XFD命名，共16 348列；行号用数字1～1 048 576标识，共1 048 576行。行号和列号的交叉处就是一个表格单元（简称单元格）。单元格用它的列号和行号来识别，即该单元格的地址。整个工作表包括16 348×1 048 576

个单元格。光标所在的单元格称为当前单元格，用户只能在当前单元格内输入数据。借助光标移动键和鼠标，可以把光标移动到表格中的任一单元格，使之成为当前单元格。

（8）工作表标签。工作表的名称（或标题）出现在屏幕底部的工作表标签上。默认情况下，名称是Sheet等。用户可以通过双击该标签，为工作表重新命名。

2）Excel 2019专业术语

（1）工作簿。工作簿是指Excel环境中用来存储并处理工作数据的文件，即Excel文档就是工作簿，它是Excel工作区中一个或多个工作表的集合，其扩展名为.xlsx。

（2）工作表。工作表是用于存储和处理数据的一个二维电子表格。初始化时，工作簿中包含一张独立的工作表，命名为Sheet，且在工作区显示工作表Sheet，该表就是当前工作表。单击工作表标签可以选择其他工作表，被选中的工作表成为当前工作表。

（3）单元格和单元格区域。单元格区域是一个矩形块，它由工作表中相邻的若干单元格组成。引用单元格区域时可以用其对角单元格的坐标来表示，中间用一个冒号作为分隔符，如A2:E5，表示由A2～E5对角单元格区域的所有单元格范围的数据。

（4）单元格地址。

单元格是指工作表中的一个格子。每个单元格都有自己的行列位置，称为单元格地址（或称坐标）。单元格地址的表示方法是：列标行号。例如，B3代表B列的第3行的单元格。

在数据统计时，有时需要引用一个工作表中的多个单元格或单元区域数据，这时的多个单元格和区域的引用，中间用“,”（英文的逗号）分开。如要同时引用A3、B2单元格及C3:F5区域，就用“A3, B2, C3:F5”来表示；有时需要按要求前后加括号“( )”。

如果要引用非当前工作表中的单元格，可在单元格地址前加上工作表名称和“!”。例如，“Sheet1！C12”表示工作表Sheet1的C12单元格，“Sheet3!A5”表示工作表Sheet3中的A5单元格。多个工作表单元格的表示用于几个工作表之间的数据相互调用。

（5）单元格引用。

通常，单元格坐标有三种表示方法：

① 相对坐标（或称相对地址）：以列号和行号组成，如A1、B5、F6等。

② 绝对坐标（或称绝对地址）：以列号和行号前全加上符号“$”构成，如$A$1、$B$5、$F$6等。

③ 混合坐标（或称混合地址）：以列号或行号中的一个前加上符号“$”构成，如A$1、$B5等。

2. Excel 2019基本操作

1）工作簿的操作

工作簿的建立、打开、保存、关闭等操作与Word类似，不再叙述。在此仅对用模板建立工作表进行简单介绍。

默认情况下，建立的工作簿都是基于空白的模板。除此之外，Excel还提供了大量的、固定的、专业性很强的表格模板，例如规划工具、会议议程、库存控制等。这些模板对数字、字体、边框、图案等做了固定的搭配。用户使用模板可以轻松设计出引人注目的、具有专业功能和外观的表格，操作步骤为：选择“文件”→“新建”命令，在打开的窗口可看到有“空白工作簿”和“搜索联机模板”两大部分，如图4-3所示。“搜索联机模板”是放在指定服务器上的资源，用户必须联网才能使用该功能。

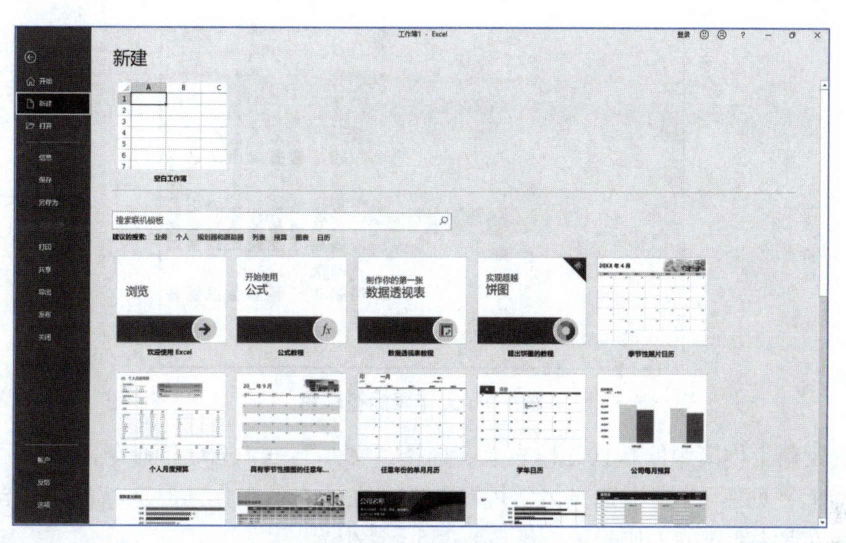

图4-3　Excel模板

2）工作表的操作

每张工作表以名字唯一确定。单击工作表标签，可以在不同的工作表之间切换。默认情况下有一张工作表：Sheet，可以根据需要选择插入或删除工作表。

（1）新建工作表。新建工作表最快捷的方法是在现有工作表的末尾单击屏幕底部的“新工作表”按钮 ⊕ 。

（2）移动或复制工作表。

移动工作表最快捷的方式是：选中要移动的工作表，然后将其拖动到想要的位置。

复制工作表的操作步骤为：右击需要复制的一个或多个工作表，在弹出的快捷菜单中选择“移动或复制工作表”命令，弹出图4-4所示的对话框，再按图中所示操作。

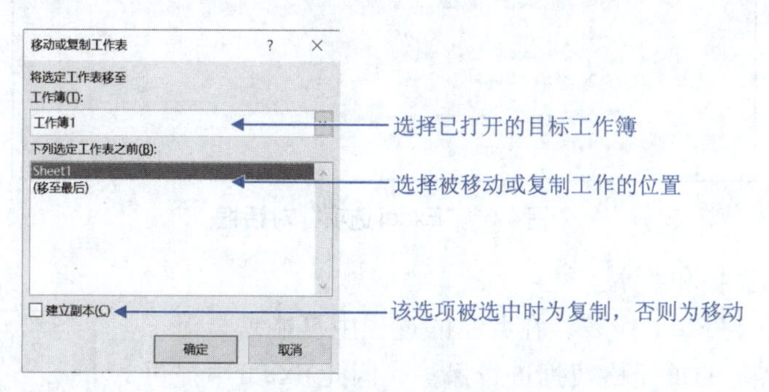

图4-4　移动或复制工作表

（3）删除工作表。选中要删除的一个或多个工作表，右击，在弹出的快捷菜单中选择“删除”命令。

（4）重命名工作表。选中要重命名的工作表，右击，在弹出的快捷菜单中选择“重命名”命令；或者双击工作表标签，均可对工作表重命名。

（5）改变工作表标签颜色。选中要改变标签颜色的工作表，右击，在弹出的快捷菜单中选择“工作表标签颜色”命令，然后选择颜色，如图4-5所示。

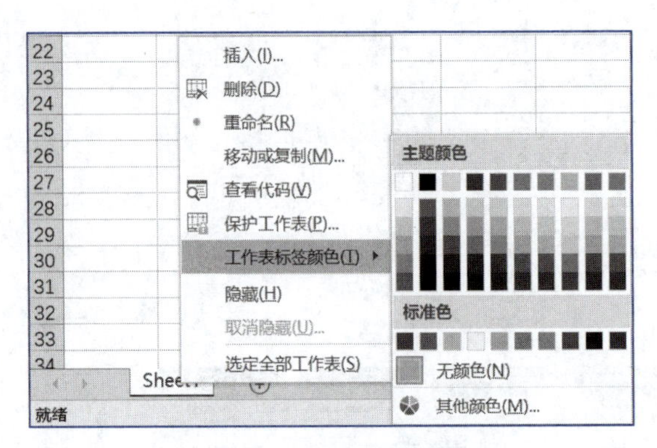

图4-5　工作表标签颜色

（6）更改新工作簿中的默认工作表数。选择“文件”→“选项”命令，在弹出的“Excel选项”对话框（见图4-6）中选择“常规”类别，在“新建工作簿时”下的“包含的工作表数”框中修改默认新建的工作表数，最多为255，最少为1。

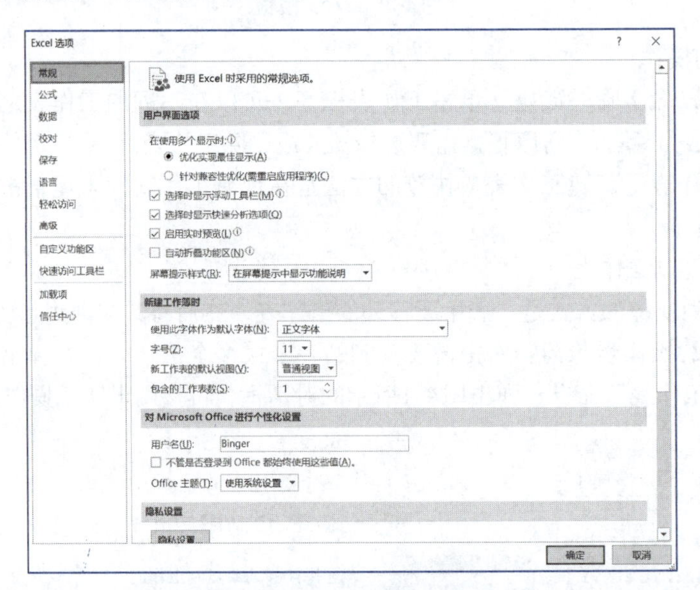

图4-6　“Excel选项”对话框

（7）工作表的保护和共享。

在Excel中可以共享工作表，在共享的过程中可能需要对工作簿或工作表中特定的单元格数据进行保护，因此Excel中提供了工作表的共享和保护。其操作步骤为：单击“审阅”选项卡，在“保护”组单击不同的按钮完成相关操作，如图4-7所示。

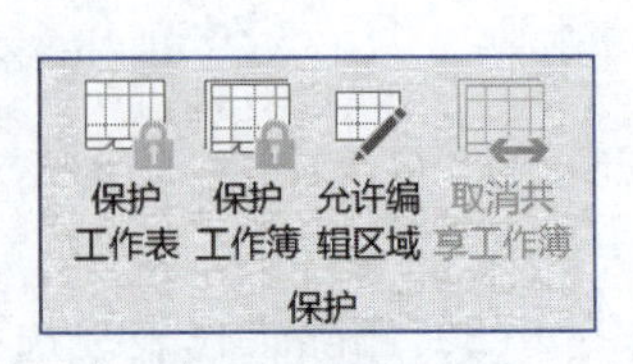

图4-7　“保护”组

① 工作簿的共享。Excel 2019新建表格后即使没有设置共享，依然会在“审阅”选项卡发现默认“取消共享工作簿”为灰色，导致无法共享工作簿。因此需要添加共享工作簿功能，从而提供工作簿的共享，允许多人同时处理一个工作簿，其操作步骤为：

a. 选择“文件”→“选项”命令，在打开的“Excel选项”对话框中选择“自定义功能区”，在右侧的列表框中选择“审阅”。

b. 单击“新建组”按钮，然后单击“重命名”按钮，这里将其命名“共享工作簿”，如图4-8所示。

c. 在左侧下拉列表框中选择“所有命令”，找到“共享工作簿(旧版)”选项，单击添加到新建的组中，单击“确定”按钮即可正常使用共享功能，如图4-9所示。

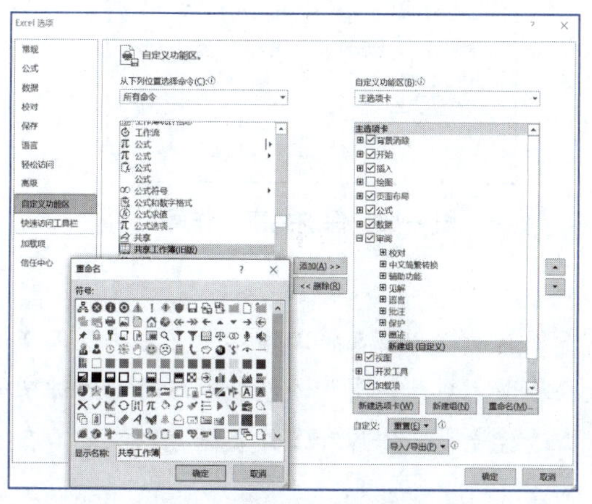

图4-8 “新建组”选项卡

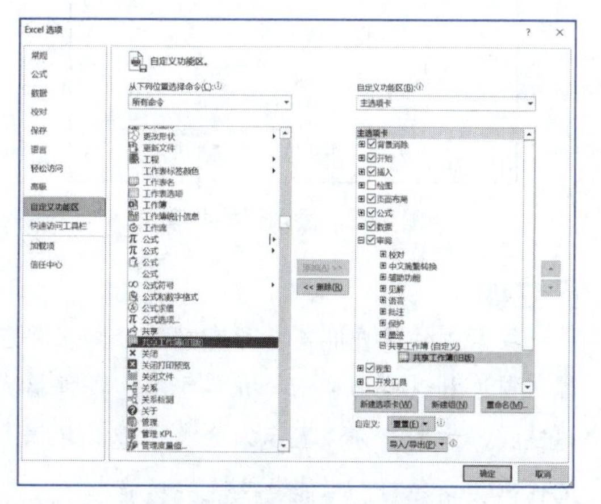

图4-9 添加共享工作簿

选中新增的“共享工作簿”组中的“共享工作簿(旧版)”，在弹出的对话框中选择“编辑”选项卡，再选择“使用旧的共享工作簿功能，而不是新的共同创作体验”复选框，如图4-10所示。在“高级”选项卡中，选择要用于跟踪和更新变化的选项，然后单击“确定”按钮，如图4-11所示。最后，保存此工作簿。注意：工作簿的保存位置应该是网络文件夹，而不是Web服务器。

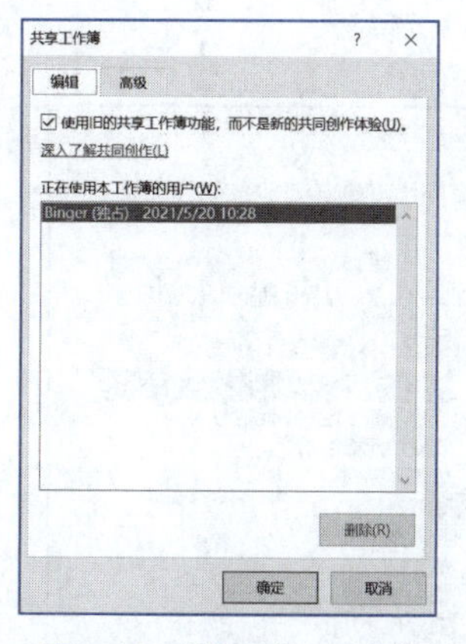

图4-10 “编辑”选项卡

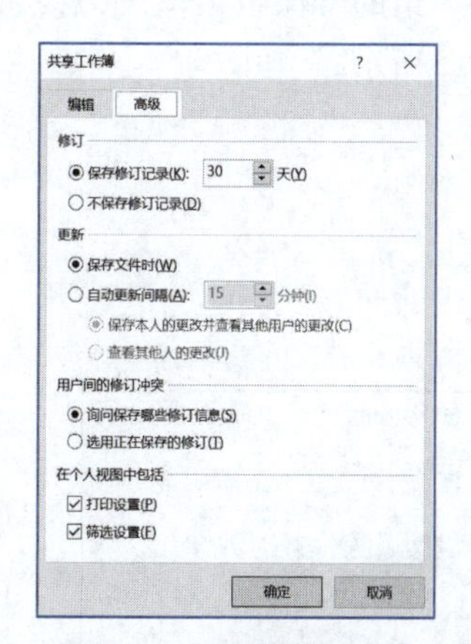

图4-11 “高级”选项卡

具有网络共享访问权限的所有用户都具有共享工作簿的完全访问权限，除非锁定单元格并保护工作表来限制访问。Excel 2019在“审阅”选项卡中也默认没有提供“保护并共享工作簿”功能，其添加方式与同上述添加“共享工作簿(旧版)”的操作类似，需要手动添加“保护并共享工作簿(旧版)”到新建的共享工作簿组，如图4-12所示。此时要保护共享的工作簿，可单击“审阅”选项卡“保护工作簿”组中的“保护并共享工作簿(旧版)”按钮，当保护共享工作簿时，可以设置一个密码，所有用户必须输入此密码才能打开工作簿，如图4-13所示。

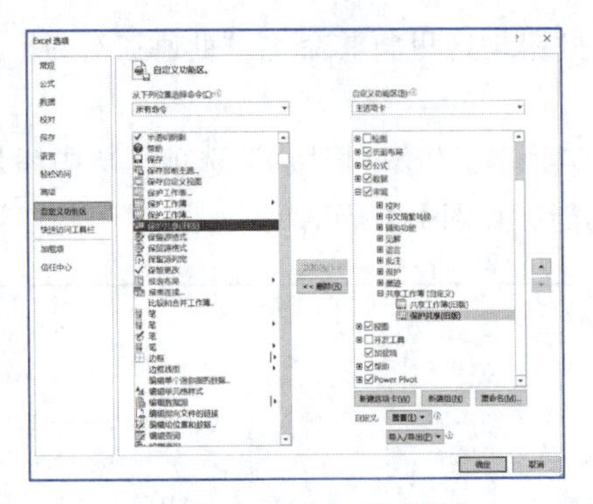

图4-12 添加保护共享

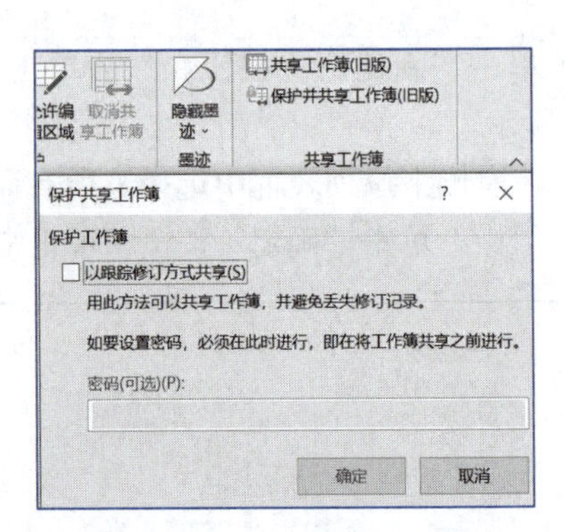

图4-13 保护共享工作簿

注意：

共享工作簿并非支持所有功能，如果要包括以下任何功能，应在将工作簿保存为共享工作簿之前添加这些功能：合并单元格、条件格式、数据验证、图表、图片、包含图形对象的对象超链接、方案、分级显示、分类汇总、数据表、数据透视表、工作簿和工作表保护以及宏。在工作簿共享之后，不能更改这些功能。

② 保护工作簿的结构和窗口。用户可以根据自己的要求锁定工作簿的结构，以禁止用户添加、删除或显示隐藏工作表；还可以禁止用户更改工作表窗口的大小或位置。其操作步骤为：单击“保护”组的“保护工作簿”按钮，在弹出的对话框中选择要保护的工作簿结构或窗口，并设置密码，如图4-14所示。

③ 保护工作表。Excel允许用户根据需要保护工作表和锁定单元格内容，其操作步骤为：单击“保护”组的“保护工作表”按钮，在弹出的对话框中选择要保护的工作表，并设置密码，如图4-15所示。

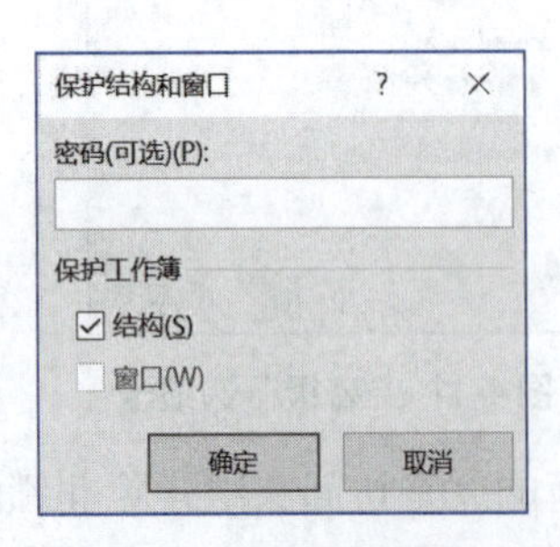

图4-14 保护工作簿

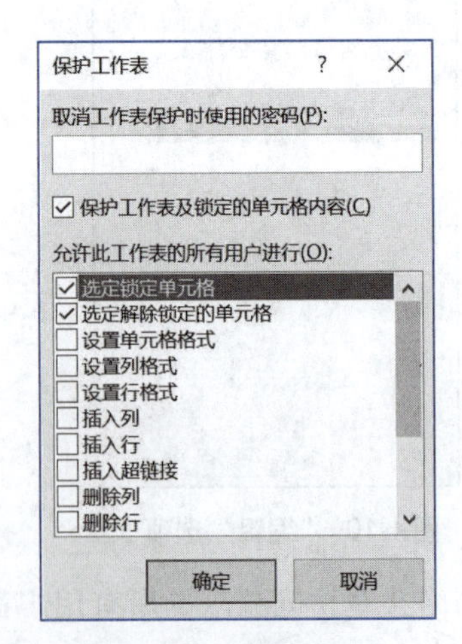

图4-15 保护工作表

④ 允许用户编辑区域。默认情况下，保护工作表时，该工作表中的所有单元格都会被锁定和隐藏，用户不能对锁定的单元格进行任何更改。但很多时候，用户希望在指定的区域被允许操作，因此可设定允许用户编辑区域，其操作步骤为：单击“保护”组的“允许用户编辑区域”按钮，在弹出的对话框中选择“新建”按钮，设置允许编辑的区域，如图4-16

所示。

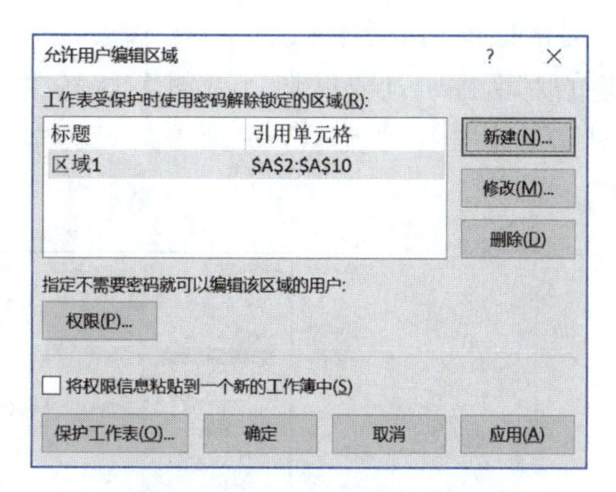

图 4-16　允许用户编辑区域

3. 工作表的数据输入和格式化

输入文本及工作表的格式设置涉及工作表数据输入和格式化设置操作。下面简单介绍数据输入的技巧和格式设置步骤。

1）工作表的数据输入

（1）文本输入。

对于任何输入到单元格内的字符集，只要不被系统识别成数字、公式、日期、时间、逻辑值，Excel一律将其视为文本。在Excel中输入文本时，默认对齐方式是左对齐。

对于全部由数字组成的字符串，如身份证号码，为了避免输入时被认为是数值型数据，Excel提供了在这些输入项前添加英文单引号“'”的方法。如要在单元格中输入非数值的“093122114”，可在输入框中输入“'093122114”。

（2）数字输入。

在Excel 2019中，当建立新的工作表时，所有单元格都采用默认的通用数字格式。通用格式一般采用整数（无千位分隔符）、小数（2位，如7.89）格式、负数格式；当数字的长度超过单元格的宽度时，Excel将自动使用科学记数法来表示输入的数字。

在Excel中，输入单元格中的数字按常量处理。在输入数字时，自动将其沿单元格右对齐。有效数字包含0～9、+、–、()、/、$、%、.、E、e等字符。输入数据时可参照以下规则：

- 可以在数字中包括逗号，以分隔千分位。
- 输入负数时，在数字前加一个负号（–），或者将数字置于括号内。例如，输入“–20”和“（20）”都可在单元格中得到–20。
- Excel忽略数字前面的正号（+）。
- 输入分数（如2/3）时，应先输入“0”及一个空格，然后输入“2/3”。如果不输入“0”，Excel会把该数据作为日期处理，认为输入的是“2月3日”。
- 当输入一个较长的数字时，在单元格中显示为科学记数法（如2.56E+09），意味着该单元格的列宽大小不能全部显示该数字，但实际数字仍然存在。

①通过“开始”选项卡中“数字”组按钮快速设置数字的格式。

“数字”组提供了五个快速设置数字格式的按钮：“货币样式”“百分比样式”“千位分隔样式”“增加小数位数”“减少小数位数”，如图4-17所示。根据所需，单击相应的按钮设置数字格式。改变数字格式

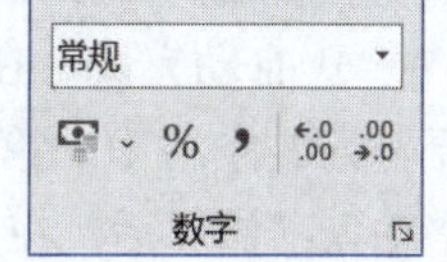

图 4-17　“数字”组

并不影响计算中使用的实际单元格数值。

② 使用“单元格格式”对话框设置数字格式。

单击“数字”组右下角的对话框启动器按钮（见图4-18），打开“设置单元格格式”对话框，如图4-19所示。在对话框中选择“数字”选项卡，对数字进行格式化。表4-1列出了Excel的数字格式分类及说明。

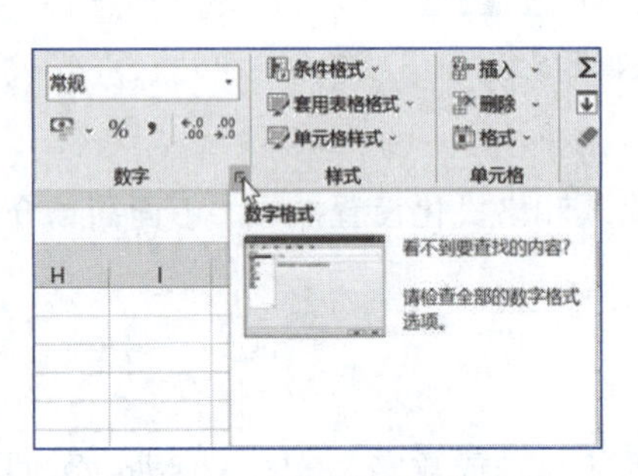

图4-18 设置单元格格式

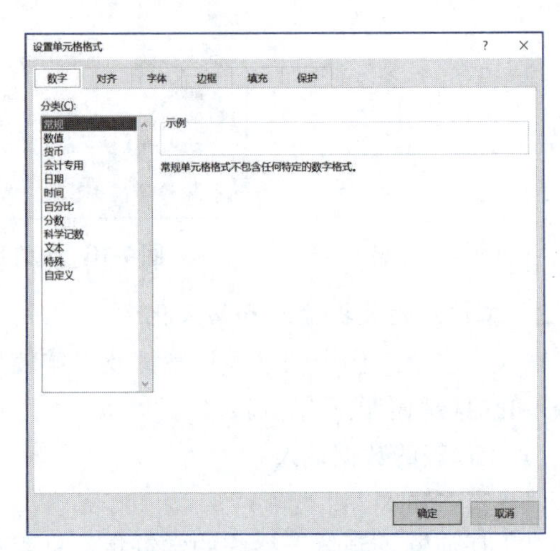

图4-19 “设置单元格格式”对话框

表4-1 Excel的数字格式分类及说明

分类	说明
常规	不包含特定的数字格式
数值	可用于一般数字的表示，包括千位分隔符、小数位数，还可以指定负数的显示方式
货币	可用于一般货币值的表示，包括使用货币符号￥、小数位数，还可以指定负数的显示方式
会计专用	与货币一样，只是小数或货币符号是对齐的
日期	把日期和时间序列数值显示为日期值
时间	把日期和时间序列数值显示为时间值
百分比	将单元格值乘以100并添加百分号，还可以设置小数点位置
分数	以分数显示数值中的小数，还可以设置分母的位数
科学计数	以科学计数法显示数字，还可以设置小数点位置
文本	在文本单元格格式中，数字作为文本处理
特殊	用来在列表或数据中显示邮政编码、电话号码、中文大写数字、中文小写数字
自定义	用于创建自定义的数字格式

（3）提高数据输入效率的方法。

① 自动完成。在同一列中，对于上面单元格曾经输入过的字符段，在紧接的单元格中只要输入其字符中的第一个字符，Excel将自动填入其后的字符。如图4-20所示，当在C4单元格输入“销”后，在“销”后Excel能自动填入“售部”，并以反白显示，按【Enter】键即可；或者无须理会，继续输入其他字符。

	A	B	C	D	E	F	G	H	I
1	员工薪资记录表								
2	员工编号	员工姓名	所属部门	基础工资	奖金提成	总工资	银行账号		
3		李海	销售部	2000	1800	3800	0000-1234-5678-9123-001		
4		苏杨	销售部		2000	4000	0000-1234-5678-9123-002		
5		程霞		2000	1800	3800	0000-1234-5678-9123-003		
6		吴平		2000	1800	3800	0000-1234-5678-9123-004		
7		牛小烦		2000	2000	4000	0000-1234-5678-9123-005		
8		袁慧		1500	1400	2900	0000-1234-5678-9123-006		
9		王劲		1500	1400	2900	0000-1234-5678-9123-007		
10		杨华		1500	1400	2900	0000-1234-5678-9123-008		
11		丁可		1500	1400	2900	0000-1234-5678-9123-009		
12		陈静		1500	1400	2900	0000-1234-5678-9123-010		
13		梁建华		1000	1000	2000	0000-1234-5678-9123-011		
14		李满		1000	1000	2000	0000-1234-5678-9123-012		
15		廖佳		1000	1000	2000	0000-1234-5678-9123-013		
16		周畅		1000	1000	2000	0000-1234-5678-9123-014		
17		吴缭		1000	1000	2000	0000-1234-5678-9123-015		
18		隋琳		1200	1100	2300	0000-1234-5678-9123-016		
19		高媛媛		1200	1100	2300	0000-1234-5678-9123-017		

图4-20　自动完成输入功能

② 选择列表。若在同一列中要重复输入相同的几个字段，如要重复输入“人事部”和“销售部”，可以在输入“人事部”和“销售部”以后，在待输入的新单元格右击，然后在弹出的快捷菜单中选择“从下拉列表中选择”命令，单元格下方出现下拉列表框。该列表框中记录了该列出现过的所有数据，包括“人事部”和“销售部”，如图4-21所示，只要从中选择即可完成输入。

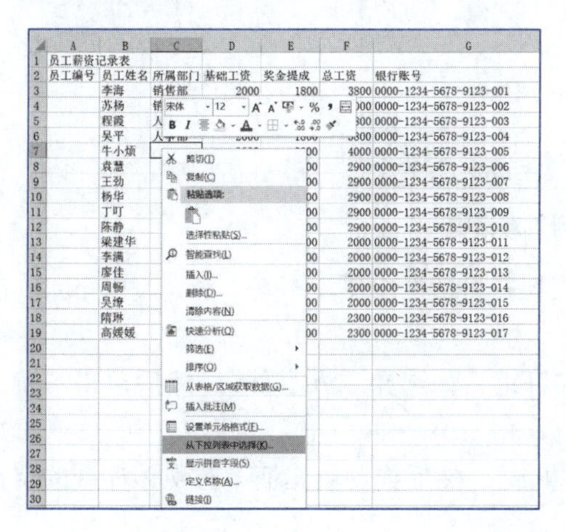

	A	B	C	D	E	F	G
1	员工薪资记录表						
2	员工编号	员工姓名	所属部门	基础工资	奖金提成	总工资	银行账号
3		李海	销售部	2000	1800	3800	0000-1234-5678-9123-001
4		苏杨	销售部	2000	2000	4000	0000-1234-5678-9123-002
5		程霞	人事部	2000	1800	3800	0000-1234-5678-9123-003
6		吴平	人事部	2000	1800	3800	0000-1234-5678-9123-004
7		牛小烦		2000	2000	4000	0000-1234-5678-9123-005
8		袁慧	人事部	1500	1400	2900	0000-1234-5678-9123-006
9		王劲	所属部门	1500	1400	2900	0000-1234-5678-9123-007
10		杨华	销售部	1500	1400	2900	0000-1234-5678-9123-008
11		丁可		1500	1400	2900	0000-1234-5678-9123-009
12		陈静		1500	1400	2900	0000-1234-5678-9123-010
13		梁建华		1000	1000	2000	0000-1234-5678-9123-011
14		李满		1000	1000	2000	0000-1234-5678-9123-012
15		廖佳		1000	1000	2000	0000-1234-5678-9123-013
16		周畅		1000	1000	2000	0000-1234-5678-9123-014
17		吴缭		1000	1000	2000	0000-1234-5678-9123-015
18		隋琳		1200	1100	2300	0000-1234-5678-9123-016
19		高媛媛		1200	1100	2300	0000-1234-5678-9123-017

图4-21　选择列表功能

③ 利用“自定义序列”自动填充数据。对于需要经常使用的特殊数据系列，例如一组多次重复使用的字符或中文序列号，可以将其定义为一个序列，在输入表格数据时，使用“自动填充”功能，将数据自动输入到工作表中。

使用自动填充功能之前，必须利用“自定义序列”增加本次要输入的数据系列，操作步骤如下：

步骤1：直接在“自定义序列”中建立序列。

a. 选择“开始”→“选项”命令，弹出“Excel选项”对话框。选择“高级”选项，然后单击“编辑自定义列表”按钮，如图4-22所示。

b. 在弹出的“自定义序列”对话框中，在“输入序列”文本框中输入“人事部”，然后按【Enter】键；输入“销售部”，再次按【Enter】键；重复该过程，直到输入所有的数据，如图4-23所示。

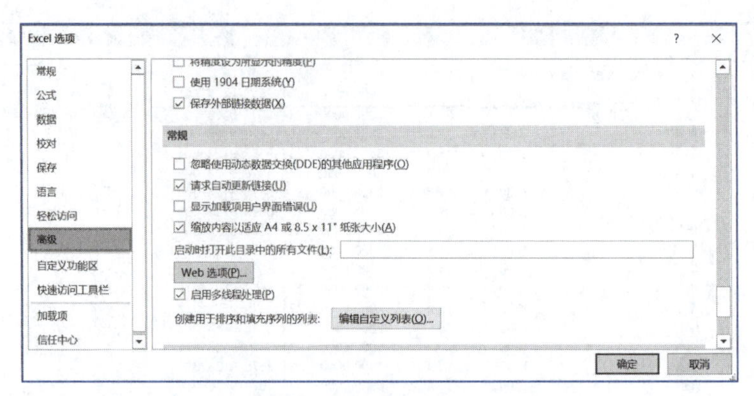

图4-22 “Excel选项”对话框

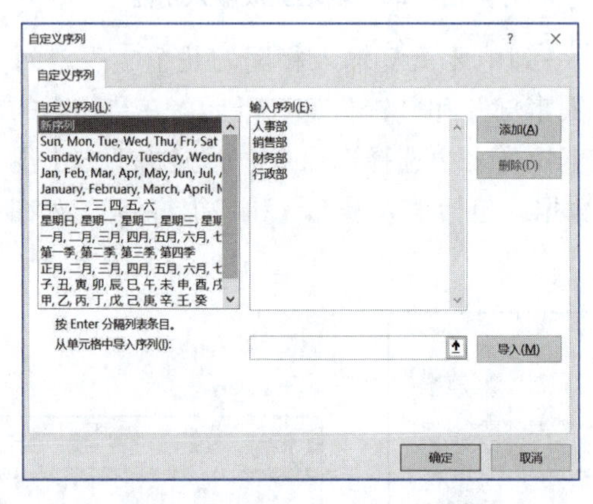

图4-23 “自定义序列”对话框

c. 单击“添加”按钮，可以看到，定义的序列出现在对话框中了。

步骤2：将定义的序列在工作表中输入。

a. 在“自定义序列”选项卡中选择要输入的字符组，如选择“人事部”，然后单击“确定”按钮。

b. 在需要输入序列的第一个单元格中输入“人事部”，然后拖动填充柄，实现该序列的字符全部自动填充。

④ 字符的自动填充。字符自动填充功能可以把单元格的内容复制到同行或同列的相邻单元格，也可以根据单元格的数据自动产生递增或递减序列。例如，在图4-24中，把光标移至A7单元格右下角的填充柄（此时鼠标指针变成黑色“十”字形状），然后拖动至A8单元格，那么A7单元格的内容就被复制到A8，编号自动加1，如图4-24所示。

可以自动充填的数据如下：

- 初始值（输入的第一个字符）是纯字符或数字。
- 初始值是字符，后面是数字。自动填充时，字符不变，数字自动加1。
- 已在“自定义序列”选项卡中有的序列，也可以按表中预设的序列自动填充。
- 有规律的等差或等比序列的自动填充。如在A1、A2分别输入数字001、003；再将两个单元格同时选中，然后向下拖动填充柄，以下单元格分别出现005，007，…。

	A	B	C	D	E	F	G
1	员工薪资记录表						
2	员工编号	员工姓名	所属部门	基础工资	奖金提成	总工资	银行账号
3	001	李海	销售部	2000	1800	3800	0000-1234-5678-9123-001
4	002	苏杨	销售部	2000	2000	4000	0000-1234-5678-9123-002
5	003	程霞	人事部	2000	1800	3800	0000-1234-5678-9123-003
6	004	吴平	人事部	2000	1800	3800	0000-1234-5678-9123-004
7	005	[illegible]小烦	销售部	2000	2000	4000	0000-1234-5678-9123-005
8		[illegible] 006	财务部	1500	1400	2900	0000-1234-5678-9123-006
9		[illegible]	行政部	1500	1400	2900	0000-1234-5678-9123-007
10		杨华	人事部	1500	1400	2900	0000-1234-5678-9123-008
11		丁叮	销售部	1500	1400	2900	0000-1234-5678-9123-009
12		陈静	财务部	1500	1400	2900	0000-1234-5678-9123-010
13		梁建华	行政部	1000	1000	2000	0000-1234-5678-9123-011
14		李满	人事部	1000	1000	2000	0000-1234-5678-9123-012
15		廖佳	销售部	1000	1000	2000	0000-1234-5678-9123-013
16		周畅	财务部	1000	1000	2000	0000-1234-5678-9123-014
17		吴缭	行政部	1000	1000	2000	0000-1234-5678-9123-015
18		隋琳	人事部	1200	1100	2300	0000-1234-5678-9123-016
19		高媛媛	销售部	1200	1100	2300	0000-1234-5678-9123-017

4-24 自动填充

⑤序列填充。上述自动填充功能一般是以列为填充对象，有些特殊的序列要求完成比较复杂的等差数列或等比数列序列号的自动填充，需要单击“开始”选项卡“编辑”组中的“填充”下拉按钮，在打开的下拉列表中选择“系列”选项来完成，操作步骤如下：

a. 选择初始单元格A1，填入第一个序列号，如输入“001”，然后按【Enter】键，“001”还作为选择框。

b. 单击“开始”选项卡“编辑”组中的“填充”下拉按钮，在打开的下拉列表中选择“系列”选项，弹出图4-25所示的对话框。在“序列产生在”选项区域中选中“列”单选按钮，之后在“类型”选项区域中选中“等差序列”单选按钮；再在“步长值”文本框中输入3，“终止值”文本框中输入30。单击“确定”按钮，就能得到图4-26所示的序列。

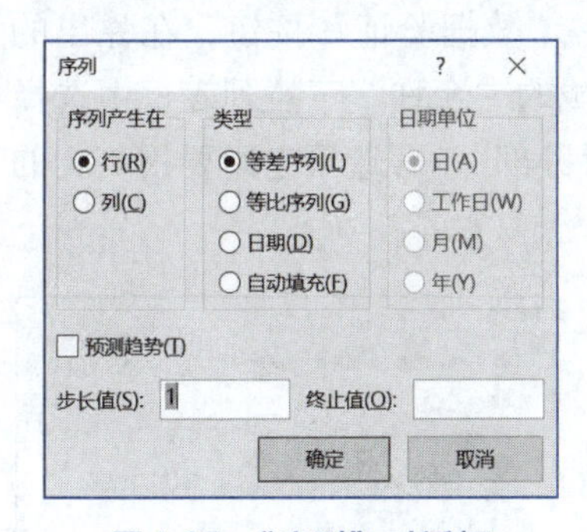

图4-25 “序列”对话框

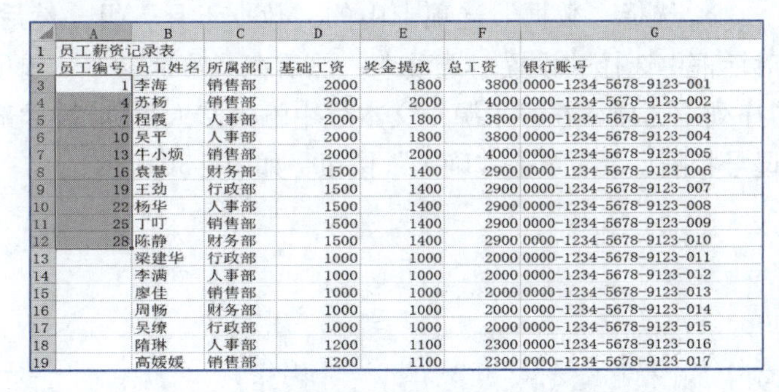

	A	B	C	D	E	F	G
1	员工薪资记录表						
2	员工编号	员工姓名	所属部门	基础工资	奖金提成	总工资	银行账号
3	1	李海	销售部	2000	1800	3800	0000-1234-5678-9123-001
4	4	苏杨	销售部	2000	2000	4000	0000-1234-5678-9123-002
5	7	程霞	人事部	2000	1800	3800	0000-1234-5678-9123-003
6	10	吴平	人事部	2000	1800	3800	0000-1234-5678-9123-004
7	13	牛小烦	销售部	2000	2000	4000	0000-1234-5678-9123-005
8	16	袁慧	财务部	1500	1400	2900	0000-1234-5678-9123-006
9	19	王劲	行政部	1500	1400	2900	0000-1234-5678-9123-007
10	22	杨华	人事部	1500	1400	2900	0000-1234-5678-9123-008
11	25	丁叮	销售部	1500	1400	2900	0000-1234-5678-9123-009
12	28	陈静	财务部	1500	1400	2900	0000-1234-5678-9123-010
13		梁建华	行政部	1000	1000	2000	0000-1234-5678-9123-011
14		李满	人事部	1000	1000	2000	0000-1234-5678-9123-012
15		廖佳	销售部	1000	1000	2000	0000-1234-5678-9123-013
16		周畅	财务部	1000	1000	2000	0000-1234-5678-9123-014
17		吴缭	行政部	1000	1000	2000	0000-1234-5678-9123-015
18		隋琳	人事部	1200	1100	2300	0000-1234-5678-9123-016
19		高媛媛	销售部	1200	1100	2300	0000-1234-5678-9123-017

图4-26 序列结果

（4）数据验证输入。

在Excel 2019中，具有对输入数据增加提示信息与数据验证检验的功能。该功能使用户可以指定在单元格中允许输入数据的类型，如文本、数字或日期等，以及数据的有效范围。

①数据验证的设置。有效性数据的输入提示信息和出错提示信息功能是指利用数据验证功能，在用户选定的限定区域的单元格或在单元格中输入了无效数据时，显示自定义的提示信息或出错提示信息。

数据验证设置操作步骤如下：

a. 单击“数据”选项卡“数据工具”组中的“数据验证”按钮，在弹出的对话框中选择“设置”选项卡，然后在“验证条件”选项区域的“允许”下拉列表框中选择要设置的选项，如图4-27所示。

b. 选择“输入信息”选项卡，在“标题”文本框中输入“信息提示”，在“输入信息”文本框中输入提示文本信息，所输提示信息内容如图4-28所示。

c. 选择“出错警告”选项卡，选择“样式”，然后在“标题”文本框中输入“错误”，在“错误信息”文本框输入错误提示信息。

d. 单击“确定”按钮。

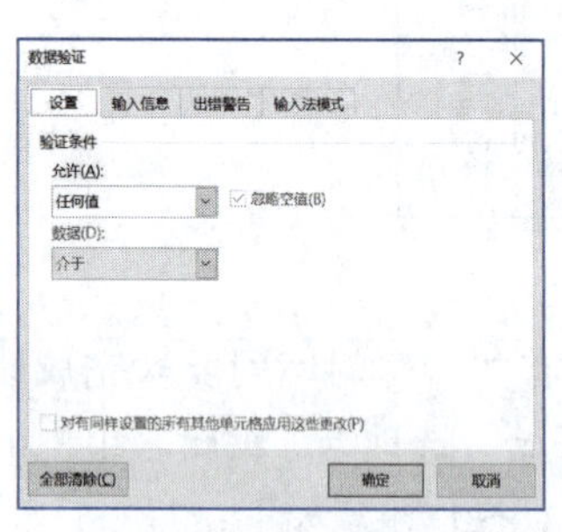

图4-27　设置数据验证

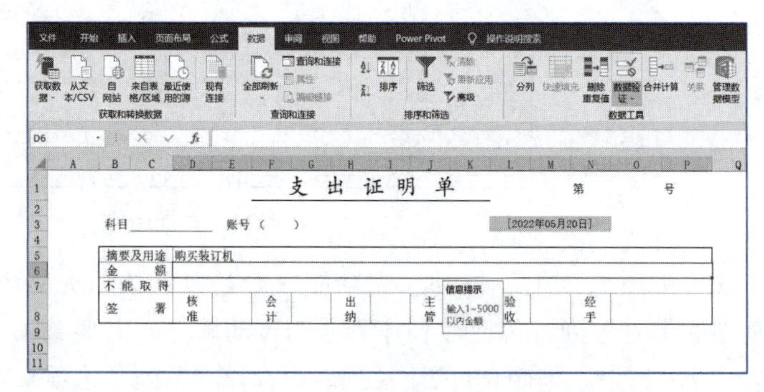

图4-28　输入数据时的提示信息

② 特定数据序列。利用数据验证功能，可以设置特定的数据系列。例如，在图4-28所示的支出证明单中，当鼠标指针指向C3单元格时，显示下拉列表框，提供“人事部”“技术部”“财务部”三个数据供选择，如图4-29所示。

设置特定数据序列的操作步骤如下：

a. 选择单元格区域C3。

b. 选择“数据”选项卡中的“数据工具”组，然后单击“数据验证”按钮，在弹出的对话框中选择“设置”选项卡，然后在“验证条件”选项区域的“允许”下拉列表框中选择“序列”选项，在“来源”文本框中输入“人事部,技术部,财务部”，各选项之间要用英文的逗号相隔，最后单击“确定”按钮，如图4-30所示。

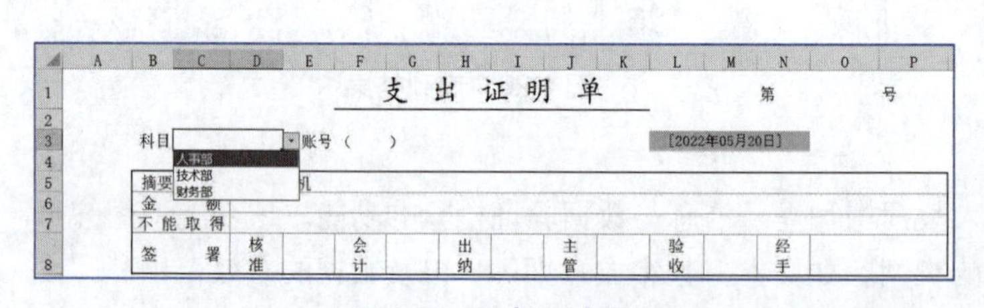

图4-29　下拉列表框

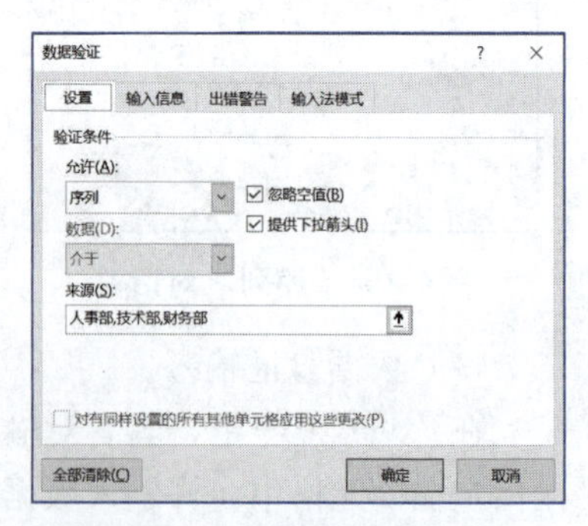

图4-30　设置特定的数据系列

（5）数据复制操作。

Excel中的复制操作与Word中的有些不同，原因是Excel表格中除了字符和数字、图片数据外，还有公式或函数式，其复制操作有其特殊性。Excel的一般复制操作同样可用粘贴或格式刷，也可用“格式”中的“样式”定义复制，这些操作在Word中已经介绍过，这里不再赘述。本章重点介绍“选择性粘贴”。

Excel的一个单元格中的信息包括内容、格式和批注三种。内容是指单元格中的值或公式，格式是指该内容的属性。例如，在单元格A1中输入文字数据“公式复制”，那么文字“公式复制”本身是A1的内容，文字“公式复制”的属性（如粗体、黑体、字体大小、对齐方式等）是A1的格式信息。批注是指文字批注和声音批注。

可以把源单元格式区域中的内容剪切（复制）到目的位置，但事实上，剪切和复制的是源单元格或区域中的全部信息，包括内容、格式和批注三种。

对复制后的粘贴操作，可以进行有选择地复制，即只复制其中的内容、格式、批注或其组合。

选择性复制的步骤与一般复制相同，只是在粘贴时要单击“开始”选项卡“剪贴板”组中的“粘贴”下拉按钮，在打开的下拉列表中选择“选择性粘贴”选项，根据粘贴的目标，从弹出的“选择性粘贴”对话框中设置所需选项，然后单击“确定”按钮，如图4-31所示。

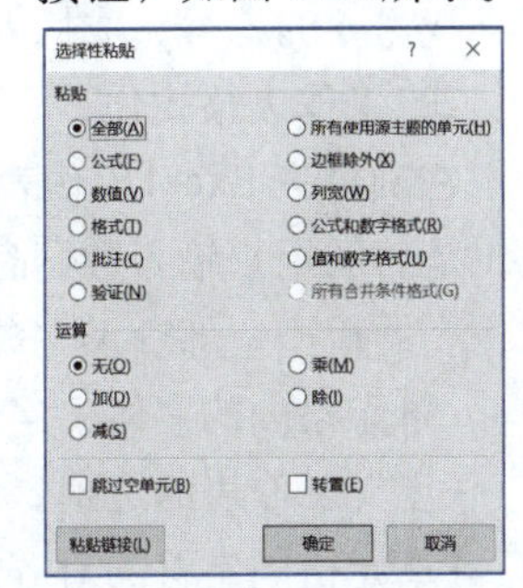

图4-31 “选择性粘贴”对话框

利用选择性粘贴功能还可以实现工作表行与列之间的转置，操作步骤如下：

a. 选定要转置的区域。

b. 单击“开始”选项卡“剪贴板”组的“复制”按钮 复制 。

c. 选定目的单元格或目的左上角区域的单元格。

d. 单击“开始”选项卡“剪贴板”组中的“粘贴”下拉按钮，在打开的下拉列表中选择“选择性粘贴”选项，然后在弹出的对话框中选择“转置”复选框，再单击“确定”按钮。

表4-2是“选择性粘贴”对话框中常用功能的说明。

表4-2 选择性粘贴常用功能说明

选　项	说　明
全部	粘贴所有单元格内容和格式
公式	只粘贴在单元格中输入的公式
数值	只在单元格中显示公式运算后的值
格式	仅粘贴单元格格式，不粘贴单元格的实际内容
批注	仅粘贴附加到单元格的批注
验证	将复制单元格的数据验证规则粘贴到粘贴区域
边框除外	粘贴应用到被复制单元格的所有内容和格式，边框除外
公式和数字格式	仅从选中的单元格粘贴公式和所有数字格式选项
值和数字格式	仅从选中的单元格粘贴值和所有数字格式选项
无	复制单元格的数据，不经计算，完全粘贴（取代）到目标区域
加	复制单元格的数据，加上粘贴单元格数据，再粘贴到目标区域
减	复制单元格的数据，减去粘贴单元格数据后，再粘贴到目标区域
乘	复制单元格的数据，乘以粘贴单元格数据后，再粘贴到目标区域
除	复制单元格的数据，除以粘贴单元格数据后，再粘贴到目标区域
跳过空单元	当复制区域中有空单元格时，避免替换粘贴区域中的值
转置	将被复制数据的列变成行，将行变成列

技巧：

特定区域内一组数字的快速输入步骤如下：

a. 鼠标在需要输入的起始单元格处开始拖动，直到结束单元格。这个区域将变成蓝色，只有起始单元格是白色。

b. 在白色单元格输入数据后按【Tab】键，白色区域右移；输入数据后，再次按【Tab】键，依此类推，直至全部输入完成。

（6）插入符号和特殊符号。在Excel中插入符号和特殊符号的方式和Word是一样的。符号的插入是在“插入”选项卡的“符号”组，单击“符号”按钮，将弹出“符号”对话框，可查找需要的符号完成插入，如图4-32所示。

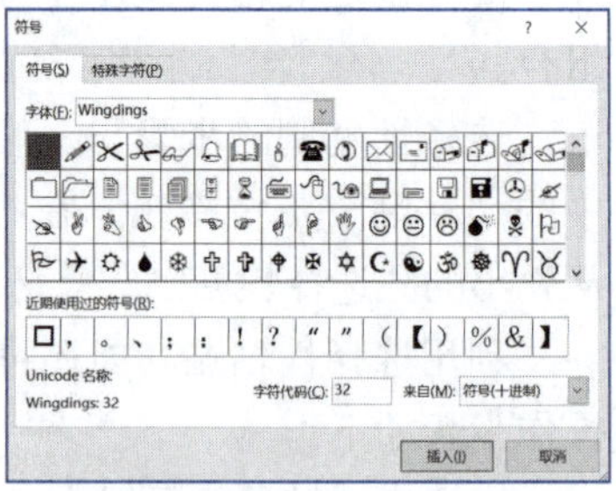

图4-32 “符号”对话框

2）工作表格式化

在刚打开Excel工作表时，用户看到的表格线是一条条虚线，是帮助用户输入数据时定位的，不能打印出来。所以，对工作表的数据全部输入完成以后，有必要格式化工作表。工作表格式化的内容有：

- 单元格内的字体、字形、字号和颜色。
- 定义工作表的边框。
- 单元格内字符的对齐方式。
- 表格边框线和线型设置。
- 表格底纹和图案设置。
- 表格的列宽和行高的设置。

单击“开始”选项卡“单元格”组中的“格式”下拉按钮，在打开的下拉列表中选择相应的选项完成格式设置，如图4-33所示。

在格式化工作表格时，需要设置单元格格式时，单击“开始”选项卡“单元格”组中的“格式”下拉按钮，在弹出的下拉列表中选择“设置单元格格式”选项，再在弹出的对话框中设置文本对齐方式、字体格式、边框及填充等，如图4-34所示。

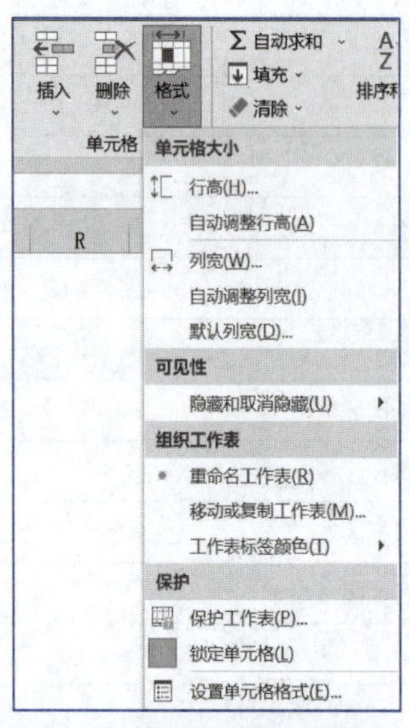

图4-33 单元格格式设置

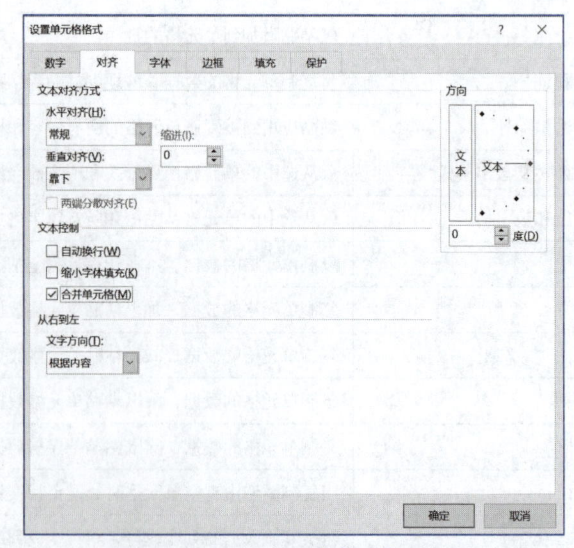

图4-34 “设置单元格格式”对话框

4.1.4 实训步骤

（1）启动Excel 2019，建立新文档。

（2）选择“页面布局”选项卡，在“页面设置”组中将文档的“纸张方向”设置为“纵向”，页边距上、下、左、右均为1厘米，水平方向和垂直方向都居中，如图4-35所示。

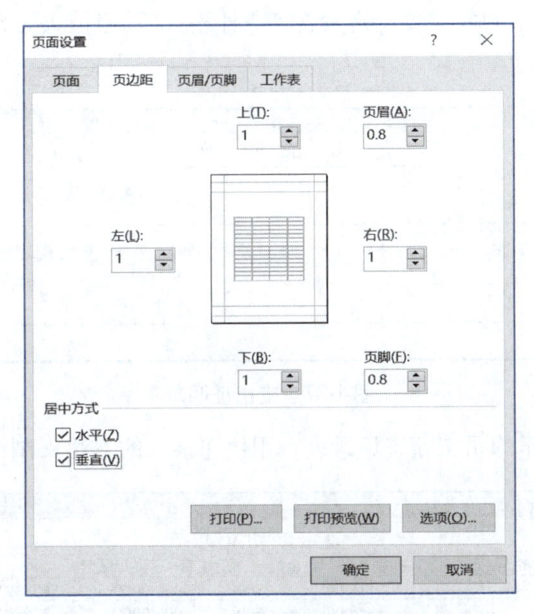

图4-35 “页面设置”对话框

（3）录入图4-1所示样文中的文字内容，按照要求对表格进行修饰，效果如图4-1所示。

① 右击要调整行高的行，在弹出的快捷菜单中选择“行高”命令，在弹出的对话框中设置行高，数值自定义；右击要调整列宽的列，在弹出的快捷菜单中选择“列宽”命令，在弹出的对话框中设置列宽，数值自定义。对需要合并的单元格，选择所要合并的所有单元格，选择“开始”选项卡中的“单元格”组，单击“格式”下拉按钮，在打开的下拉列表中选择“设置单元格格式”选项，在弹出的“设置单元格格式”对话框的“对齐”选项卡中选中“合并单元格”复选框，使表格基本呈现图4-1所示的效果。

② 在“开始”选项卡“字体”组设置表的标题字体为楷体_GB2312，字号为18磅，加粗，居中。

③ 在“开始”选项卡“字体”组设置表格内文字字体为宋体，字号为10磅。

④ 在“预算”和“自筹”项之前插入方框符号，步骤为：单击“插入”选项卡“插图”组中的“形状”按钮，绘制一个正方形的形状图。

⑤ 设置表格的边框线和填充颜色，步骤为：选择要设置框线的单元格，单击“开始”选项卡“字体”组中的“边框”下拉按钮，在打开的下拉列表中选择需要设置的框线和填充颜色，如图4-36所示，并最终做出图4-1所示的效果。

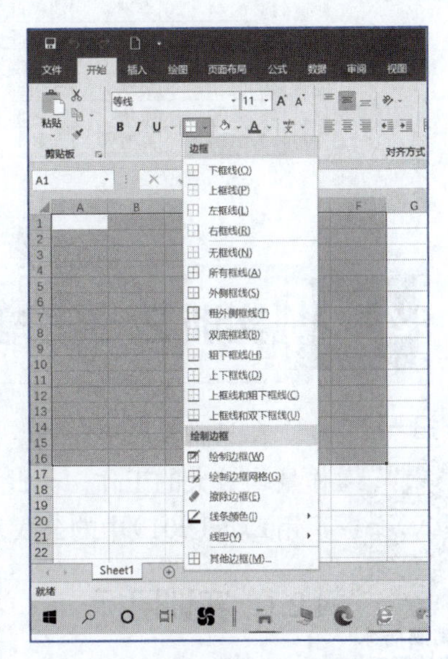

图4-36 边框下拉列表

4.1.5 课后作业

（1）制作图4-37所示的支出证明单，要求如下：

① 设计出图4-37所示的效果。

② 在“科目”后面的单元格中设置下拉列表：销售部、技术部、行政部和人事部。

③ 在“金额”一项中的底纹单元格设置“条件格式”：当值大于5000时为红色加粗字体；否则为蓝色加粗斜体。

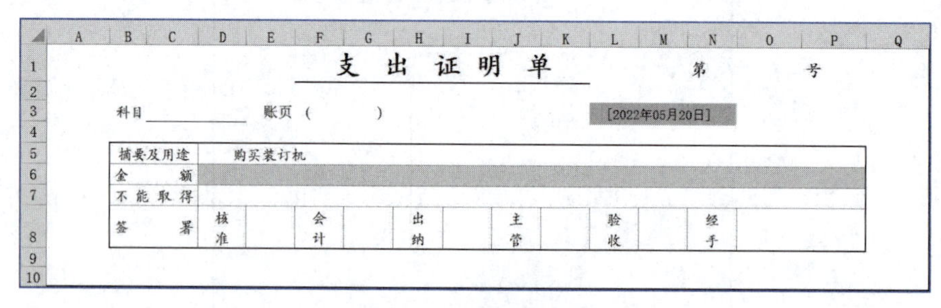

图4-37 支出证明单

（2）制作图4-38所示的员工薪资记录表，用快速录入的方法来制作，并分析数据的特性。

	A	B	C	D	E	F	G
1	员工薪资记录表						
2	员工编号	员工姓名	所属部门	基础工资	奖金提成	总工资	银行账号
3	0100	李海	人事部	2000	1800	3800	0000-1234-5678-9123-001
4	0104	苏杨	财务部	2000	2000	4000	0000-1234-5678-9123-002
5	0108	程霞	行政部	2000	1800	3800	0000-1234-5678-9123-003
6	0112	吴平	销售部	2000	1800	3800	0000-1234-5678-9123-004
7	0116	牛小烦	人事部	2000	2000	4000	0000-1234-5678-9123-005
8	0120	袁慧	财务部	1500	1400	2900	0000-1234-5678-9123-006
9	0124	王劲	行政部	1500	1400	2900	0000-1234-5678-9123-007
10	0128	杨华	销售部	1500	1400	2900	0000-1234-5678-9123-008
11	0132	丁叮	人事部	1500	1400	2900	0000-1234-5678-9123-009
12	0136	陈静	财务部	1500	1400	2900	0000-1234-5678-9123-010
13	0140	梁建华	行政部	1000	1000	2000	0000-1234-5678-9123-011
14	0144	李满	销售部	1000	1000	2000	0000-1234-5678-9123-012
15	0148	廖佳	人事部	1000	1000	2000	0000-1234-5678-9123-013
16	0152	周畅	财务部	1000	1000	2000	0000-1234-5678-9123-014
17	0156	吴缭	行政部	1000	1000	2000	0000-1234-5678-9123-015
18	0160	隋琳	销售部	1200	1100	2300	0000-1234-5678-9123-016
19	0164	高媛媛	人事部	1200	1100	2300	0000-1234-5678-9123-017

图4-38 员工薪资记录表

4.2 实训2：制作某酒店水费收费计算表

扫一扫

制作某酒店水费收费计算表

在日常生活中，水、电等的月收费数据管理中的数据统计计算是一项数据量和工作量均较大的工作。为此，提出用电子表格实现水费月收费数据统计自动化。本实训运用Excel 2019中的公式和函数，计算用户应缴纳的费用等知识。

4.2.1 实训目标

- 掌握单元格的地址引用。

- 掌握公式的编辑和应用。
- 掌握数学三角函数的应用。

4.2.2　实训内容

（1）打开某酒店水费表，制作图4-39所示效果的表格。

（2）用公式统计该酒店各房号的实际用水量和水费金额，金额保留2位小数。

（3）用函数统计该酒店上月及本月实际用水总量和水费总金额，并将水费总金额复制到H1单元格。

	A	B	C	D	E	F	G	H
1	单元	水　费					水费发票总金额	
2	房号	上月	本月	实用	金额		水费单价：（元/立方）	1.60
3	101	32	43					
4	102	43	70					
5	103	22	36					
6	201	45	58					
7	202	32	47					
8	203	52	68					
9	301	65	79					
10	302	63	78					
11	303	33	45					
12	合计字数:							

图4-39　某酒店水费表

4.2.3　实训知识点

1. 单元格的地址引用

在Excel工作表中，单元格的引用实际是将在单元格中定义好的公式或函数复制到其他单元格的操作，使得在其他行、列或区域的单元格用相同的公式或函数进行运算，并将结果存放于该单元格中。单元格地址引用简化了输入或运算操作。

Excel允许在公式或函数中引用工作表中的单元格地址，即用单元格地址或区域引用代替单元格中的数据。这样不仅可以简化烦琐的数据输入，还可以标识工作表上的单元格或单元格区域，即指明公式所使用数据的位置。引用的目的是将在一个单元格完成的公式或函数操作，复制到要完成同类操作的行或列。更重要的是，使用引用单元格数据之后，若初始单元格数据被修改，只需要改动起始单元格的公式或数据，其他经引用的单元格的数据随之变化，不用逐个修改。

引用分为相对引用、绝对引用和混合引用。

1）相对引用

在输入公式的过程中，除非用户特别指明，Excel一般是使用相对地址来引用单元格的位置。所谓相对地址，是指将含有单元地址的公式复制到另一个单元格时，公式中各单元格的地址将会随行、列的移动做出相应的改变，以保证公式对表格中其他元素的运算正确性。

例如，将图4-40所示的D3单元格复制到D4:D11，把光标移至D4单元格，公式将变为“=C4-B4”。因为从D3到D4，列的偏移量没有变，而行偏移一行，所以公式中涉及列的数值不变，行的数值自动加1。其他各单元格也相应做出了改变。

D3	=C3-B3						
	A	B	C	D	E	F	G	H

	A	B	C	D	E	F	G	H
1	单元	水费					水费发票总金额	
2	房号	上月	本月	实用	金额		水费单价：（元/立方）	1.60
3	101	32	43	11				
4	102	43	70	27				
5	103	22	36	14				
6	201	45	58	13				
7	202	32	47	15				
8	203	52	68	16				
9	301	65	79	14				
10	302	63	78	15				
11	303	33	45	12				
12	合计字数:							

图4-40 相对引用

2）绝对引用

如果在公式运算中需要某个指定单元格的数值是固定的，此时必须使用绝对地址引用。所谓绝对地址引用，是指对于已定义为绝对引用的公式，无论把公式复制到什么位置，总是引用起始单元格内的“固定”地址。

在Excel中，通过对起始单元格的地址在列号和行号前添加美元符“$”，如$A$1，来表示绝对引用。

例如，计算每个房间的用水金额时，由于水费单价是不变的，并且所在单元格不变，为了在复制公式时地址不变化，输入时水费单价所在地址要改为绝对地址，如图4-41所示。E3的公式为=“D3*$H$2”将E3复制到E4:E11，出现图4-41所示的结果，可快速求出各个房号的水费金额。

E3 =D3*$H$2

	A	B	C	D	E	F	G	H
1	单元	水费					水费发票总金额	
2	房号	上月	本月	实用	金额		水费单价：（元/立方）	1.60
3	101	32	43	11	17.60			
4	102	43	70	27	43.20			
5	103	22	36	14	22.40			
6	201	45	58	13	20.80			
7	202	32	47	15	24.00			
8	203	52	68	16	25.60			
9	301	65	79	14	22.40			
10	302	63	78	15	24.00			
11	303	33	45	12	19.20			
12	合计字数:							

图4-41 绝对引用

3）混合引用

单元格的混合引用是指公式中参数的行采用相对引用，列采用绝对引用；或列采用绝对引用，行采用相对引用，如$A1、A$1。当含有公式的单元格因插入、复制等引起行、列引用的变化，公式中相对引用部分随公式位置的变化而变化，绝对引用部分不随公式位置的变化而变化。

例如，制作简易的乘法九九表，操作步骤如下：

① 在B2单元格输入“=B$1*$A2”。将B2复制到B3:B10。

② 将B2:B10复制到C2:J10，即完成乘法九九表的制作，如图4-42所示。

B2 =B$1*$A2

	A	B	C	D	E	F	G	H	I	J
1		1	2	3	4	5	6	7	8	9
2	1	1	2	3	4	5	6	7	8	9
3	2	2	4	6	8	10	12	14	16	18
4	3	3	6	9	12	15	18	21	24	27
5	4	4	8	12	16	20	24	28	32	36
6	5	5	10	15	20	25	30	35	40	45
7	6	6	12	18	24	30	36	42	48	54
8	7	7	14	21	28	35	42	49	56	63
9	8	8	16	24	32	40	48	56	64	72
10	9	9	18	27	36	45	54	63	72	81

图4-42 混合地址引用

2. 公式的应用

公式是Excel为完成表格中相关数据的运算而在某个单元格按运算要求写出的数学表达式。

输入的公式类似于数学中的表达式，它表示本单元格的这个数学表达式（公式）运行的结果存放于该单元格中。也就是说，公式只有在编辑时出现在编辑栏中，单元格中只显示公式运行的结果。在Excel工作表的单元格输入公式时，必须以一个等号（=）作为开头，等号后面的“公式”中可以包含各种运算符号、常量、变量、函数以及单元格引用等，如“=C4-B4”。公式可以引用同一工作表的单元格，或同一工作簿不同工作表中的单元格，或者其他工作簿的工作表中的单元格。

1）公式中的运算符

运算符用于对公式中的元素进行特定类型的运算。在Excel中有四类运算符：算术运算符、文本运算符、比较运算符和引用运算符。

运算符的优先级别与数学运算符相同。

① 算术运算符。算术运算符可以完成基本的数学运算，如加、减、乘、除等，还可以连接数字并产生数字结果。算术运算符包括加号（+）、减号（-）、乘号（*）、除号（/）、百分号（%）以及乘幂（^）。

② 文本运算符其在Excel中不仅可以进行数学运算，还可以完成文本操作的运算。利用文本运算符（&）可以将文本连接起来。在公式中使用文本运算符时，以等号开头输入文本的第一段（文本或单元格引用），然后加入文本运算符（&），再输入下一段（文本或单元格引用）。例如，用户在单元格A1中输入“水费”，在A2中输入“金额”，在C3单元格中输入“= A1 & "总" & A2”，会在C3单元格显示“水费总金额”。

如果要在公式中直接加入文本，需用英文的引号将文本括起来，这样就可以在公式中加上必要的空格或标点符号。

另外，文本运算符可以连接数字。例如，输入公式“=12 & 34”，其结果为“1234”。

用文本运算符来连接数字时，数字两边的引号可以省略。

③ 比较运算符。比较运算符用于比较两个数值并产生逻辑值：TRUE或FALSE。比较运算符包括=（等于）、<（小于）、>（大于）、<>（不等于）、<=（小于或等于）、>=（大于或等于）。

例如，用户在单元格A1中输入数字“6”，在A2中输入“= A1＜4”，由于单元格A1中的数值为6大于4，因此运算结果为“假”，在单元格A2中显示“FALSE”。如果此时单元格A1的值为2，则将显示“TRUE”。

④ 引用运算符。一个引用位置代表工作表上的一个或者一组单元格，引用位置告诉Excel在哪些单元格中查找公式中要用的数值。通过使用引用位置，用户可以在一个公式中使用工作表上不同部分的数据，也可以在几个公式中使用同一个单元格中的数据。

在对单元格位置的引用中，有三个引用运算符：（冒号）、（逗号）以及（空格）。引用运算符如表4-3所示。

表 4-3　引用运算符

引用运算符	含　义	示　例
:（冒号）	区域运算符，对两个引用之间，包括两个引用在内的所有单元格进行引用	SUM(C2:E2)
,（逗号）	联合运算符，将多个引用合并为一个引用	SUM(A1:A3,D1:D3)
␣（空格）	交叉运算符，产生同时属于两个引用的单元格	SUM(B2:D3 C1:C4)（在这两个单元区域中，引用单元格区域的公共单元格为C2和C3）

2）公式的修改和编辑

在Excel 2019编辑公式时，被该公式所引用的所有单元格及单元格区域的引用都将以彩色显示在公式单元格中，并在相应单元格及单元格区域的周围显示具有相同颜色的边框。当用户发现某个公式中有错时，要单击选中需修改公式的单元格。按【F2】键使单元格进入编辑状态，或直接在编辑栏中对公式进行修改。此时，被公式所引用的所有单元格都以对应的彩色显示在公式单元格中，使用户很容易发现哪个单元格引用错了。编辑完毕后，按【Enter】键确定。

3. 数学与三角函数的应用

函数是Excel内部预先定义的特殊公式，它可以对一个或多个数值进行数据操作，并返回一个或多个数值。函数的作用是简化了公式操作，把固定用途的公式表达式用“函数”的格式固定下来，以方便调用。

函数包含函数名、参数和圆括号三部分。在工作表中利用函数进行运算，可以提高数据输入和运算的速度，还可以实现判断功能。所以要进行复杂的统计或运算时，尽量使用Excel提供的12类共400多个函数，常用的有二三十个。Excel提供了12大类的函数，包括数学和三角函数、统计函数、数据库函数、财务函数、日期和时间函数、逻辑函数、文本函数、工程函数、多维数据集函数、兼容性函数、查找与引用函数。

在本实训的学习中，首先应掌握数学与三角函数中常用的5个函数，如表4-4所示。

表 4-4　常用的数学与三角函数

函数名称	函数功能	示　例
SUM(number1,[number2]，...)	计算数值的总和	=SUM(A1:A6,C1:C6)
SUMIF(range,criteria,[sum_range])	对参数中符合指定条件的值求和	=SUMIF(B2:B25，">5")
ROUND(number,num_digits)	将某个数字四舍五入为指定的位数	=ROUND(A1,2)（A1的值保留2位小数）
ABS(number)	返回数字的绝对值	=ABS(-2)（绝对值为2）
MOD(number,divisor)	返回两数相除的余数	=MOD(3,2)（余数为1）

【例4-1】统计该酒店上月及本月实际用水总量和总金额。

步骤1：根据工作目标，找到最合适目标要求的函数，如要求出水费表中上月、本月的实际用水总量和总金额，所以要用求和函数SUM，结果如图4-43所示。

单击“公式”选项卡“函数库”组中的“数学和三角函数”下拉按钮，在打开的下拉列表中选择SUM函数，如图4-44所示。

SUM函数语法为：

SUM(number1,[number2],...)；其中各参数（参数是指为操作、事件、方法、属性、函数或过程提供信息的值）说明如下：

number1：必需。想要相加的第一个数值参数。

number2, ...：可选。想要相加的2～255个数值参数。

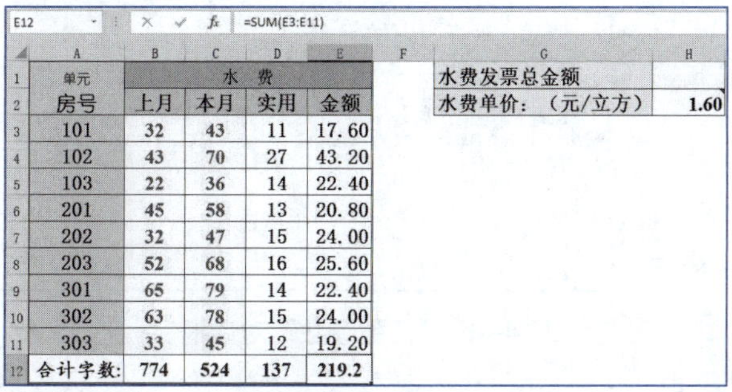

E12　=SUM(E3:E11)

单元	水　费			
房号	上月	本月	实用	金额
101	32	43	11	17.60
102	43	70	27	43.20
103	22	36	14	22.40
201	45	58	13	20.80
202	32	47	15	24.00
203	52	68	16	25.60
301	65	79	14	22.40
302	63	78	15	24.00
303	33	45	12	19.20
合计字数:	774	524	137	219.2

水费发票总金额	
水费单价：（元/立方）	1.60

图4-43　水费表

单元	水　费			
房号	上月	本月	实用	金额
101	32	43	11	17.60
102	43	70	27	43.20
103	22	36	14	22.40
201	45	58	13	20.80
202	32	47	15	24.00
203	52	68	16	25.60
301	65	79	14	22.40
302	63	78	15	24.00
303	33	45	12	19.20
合计字数:	387	524	137	219.2

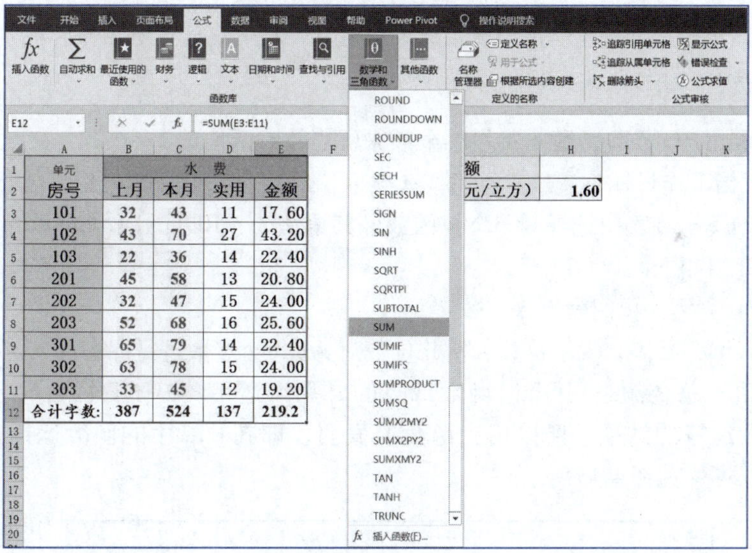

图4-44　数学和三角函数

步骤2：将合适的数据“填入”函数的括号，完成或求出函数操作的结果。

1）函数中的参数类型

① 直接填写数值（数字），如SUM(32,43)。

② 填写一个单元格区域。需要运算的数值以单元格区域表示出来，如上月的用水总量所求的区域是SUM(B3:B11)。

③ 不带参数，即不用直接写参数，而是用了函数默认的参数作为参数，如TODAY。

2）使用函数的对话框填入参数

在图4-45中，在SUM函数的“函数参数”对话框中可以看到，函数括号内有几个参数，对话框里就会有对应数量的输入框。例如，本实训的SUM函数，它是求一个或多个数值的和，所以会有一个或多个输入框。

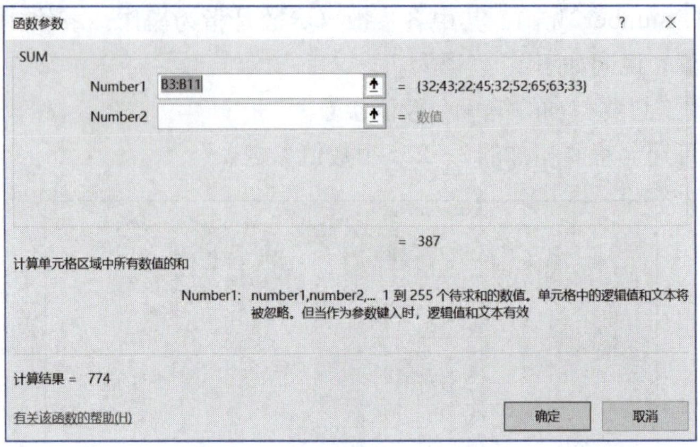

函数参数 ? ×

SUM

Number1 B3:B11 = {32;43;22;45;32;52;65;63;33}

Number2 = 数值

= 387

计算单元格区域中所有数值的和

Number1: number1,number2,... 1 到 255 个待求和的数值。单元格中的逻辑值和文本将被忽略。但当作为参数键入时，逻辑值和文本有效

计算结果 = 774

有关该函数的帮助(H) 确定 取消

图4-45 “函数参数”对话框

注意:

在“函数参数”对话框中，输入框右边的文字显示出要求在输入参数的类型。若SUM函数输入框右边显示的是“数值”，那么在输入框内写入数值或数值所在的区域即可。如果输入正确，这个数值也将出现在输入框的右边。

【例4-2】利用ROUND函数为实用总金额保留小数点两位数。

步骤1：根据工作目标，单击“公式”选项卡“函数库”组中的“数学与三角函数”下拉按钮，在打开的下拉列表中选择ROUND函数，其语法为：ROUND(number,num_digits)，其中，两个参数介绍如下：

① number：必需。要四舍五入的数字。

② num_digits：必需，表示位数。按此位数对number参数进行四舍五入。

步骤2：由于总金额是用SUM函数计算的，那么运用ROUND函数时，number的值就是SUM函数运算的结果，所以用到函数的嵌套，即在E12中的函数运用为“=ROUND(SUM(E3:E11),2)”，如图4-46所示。

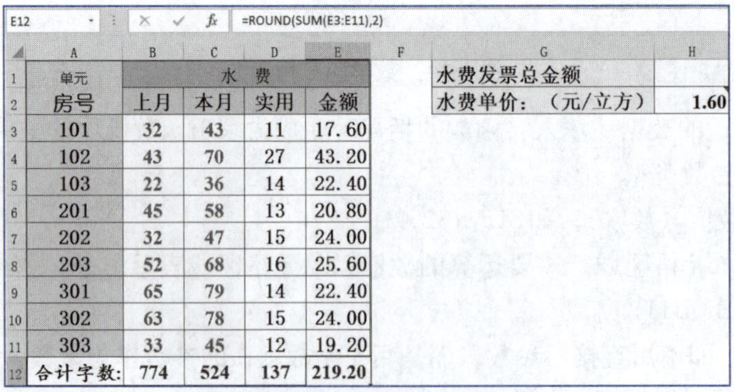

E12 =ROUND(SUM(E3:E11),2)

	A	B	C	D	E	F	G	H
1	单元	水费					水费发票总金额	
2	房号	上月	本月	实用	金额		水费单价：（元/立方）	1.60
3	101	32	43	11	17.60			
4	102	43	70	27	43.20			
5	103	22	36	14	22.40			
6	201	45	58	13	20.80			
7	202	32	47	15	24.00			
8	203	52	68	16	25.60			
9	301	65	79	14	22.40			
10	302	63	78	15	24.00			
11	303	33	45	12	19.20			
12	合计字数:	774	524	137	219.20			

图4-46 ROUND函数嵌套

4.2.4 实训步骤

（1）用Excel 2019打开某酒店水费收费计算表，然后利用“开始”选项卡“字体”组中

的按钮设置字体颜色、字形、字号等，将B1:C1合并单元格，使用“开始”选项卡“字体”组的“边框”按钮设置边框，用“填充颜色”按钮设置各单元格的填充颜色，效果如图4-39所示。

（2）可利用公式计算该酒店对应房号的实际用水量：

本月实际用水量=本月水表读数–上月水表读数

在D3单元格输入“=C3-B3”，在D4:D11可用填充方式进行公式复制计算。

可利用公式和绝对地址引用计算对应房号的实际用水金额：

本月用水金额=本月用水量*水费单价

在E3单元格输入“=D3*$H$2”，在E4:E11可用填充方式进行公式复制计算。

（3）单击“公式”选项卡“函数库”组中的“数学和三角函数”下拉按钮，在打开的下拉列表中选择SUM函数，统计上月的本月的实用总用水量和实用总金额，如图4-44所示。

复制E12单元格，选择H1单元格，右击，在弹出的快捷菜单中选择“选择性粘贴”→“粘贴数值”→“值”命令，将实用总金额复制到“水费发票总金额”的H1单元格。

4.2.5 课后作业

（1）打开员工佣金计算表，根据级别计算员工的佣金。其中，销售级别为1的，佣金为销售额的8%；销售级别为2的，佣金为销售额的6%；销售级别为3的，佣金为销售额的3%，如图4-47所示。

	A	B	C	D	E	F
1	员工佣金计算表					
2						
3				发展经销商能力指标		
4	员工	销售指标		弱	中	强
5		级别	销售额	3%	6%	8%
6	张红	1	8000.00			
7	李星	2	5000.00			
8	姚月	3	3000.00			

图4-47 员工佣金计算表

（2）打开“年度考核表”，计算各员工的年度考核总分以及各季度考核成绩（四舍五入，没有小数位），如图4-48所示。

	A	B	C	D	E	F	G	H	I	J	K
1	员工编号	员工姓名	第一季度考核成绩	第二季度考核成绩	第三季度考核成绩	第四季度考核成绩	年度考核总分	各季度考核成绩四舍五入，没有小数位			
2	0001	方峻	94.5	97.5	92	96					
3	0002	谈鹏程	100	98	99	100					
4	0003	王毅	95	90	95	90					
5	0004	龚海东	90	88	96	87.4					
6	0005	高圆圆	85.6	85.8	97	85					
7	0006	离春	84	85	95.8	84.1					
8	0007	管兆昶	83	82	94.6	83.6					
9	0008	李栋	83	90	93.4	84.6					

图4-48 年度考核表

4.3 实训 3：制作学生成绩统计分析表

在本实训中，利用学生成绩表进行成绩统计分析，涉及统计函数、逻辑函数、文本函数、日期和时间函数，以及查找和引用函数的知识应用。

扫一扫

制作学生成绩统计分析表

4.3.1 实训目标

- 掌握统计函数的应用。
- 掌握文本函数和逻辑函数的应用。
- 掌握日期和时间函数的应用。
- 掌握查找和引用函数的应用。

4.3.2 实训内容

打开学生成绩表，如图4-49所示。操作要求如下：

（1）统计学生参加所有测验的总分和平均分（其中，空白表示没有参加）。

（2）统计学生每次测验的最高分和最低分。

（3）新建一张工作表，将“小班成绩登记表”复制到新建表中，然后统计学生平均分的排名，以及每次测验的成绩分布频率。

（4）根据统计的每位学生的平均分，判定学生的级别：85分以上为优秀，70分≤平均分＜85分为良好，60分≤平均分＜70分为合格，60分以下为不合格。

（5）统计学生是否参加了所有的测验。如果是，则在“是否全勤”一列对应显示“全勤”；否则显示“否”。

（6）根据身份证号最后一位数的奇偶性，判定该学生的性别，奇数为男，偶数为女。

（7）根据出生日期统计学生的年龄。

（8）根据学生的姓名查询其平均成绩和评定等级。

（9）根据学生的身份证号在Sheet 2表中查询学生计算机一级水平考试是否通过，在F4:F11中显示相关信息。

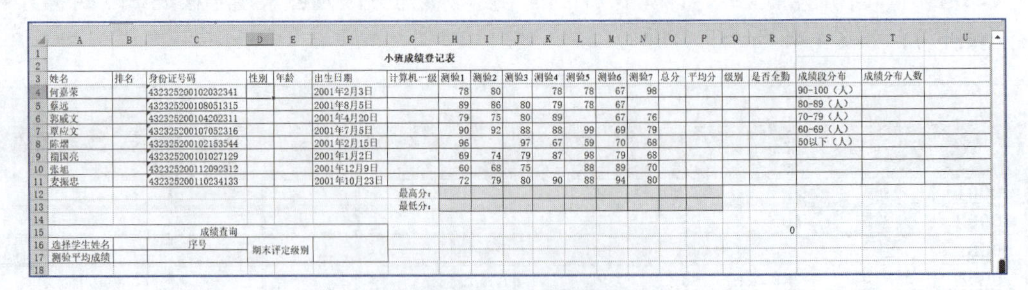

小班成绩登记表

姓名	排名	身份证号码	性别	年龄	出生日期	计算机一级	测验1	测验2	测验3	测验4	测验5	测验6	测验7	总分	平均分	级别	是否全勤	成绩段分布	成绩分布人数
何嘉荣		432325200102032341			2001年2月3日		78	80		78	78	67	98					90-100（人）	
蔡远		432325200108051315			2001年8月5日		89	86	80	79	78	67						80-89（人）	
郭威文		432325200104202311			2001年4月20日		79	75	80	89		67	76					70-79（人）	
覃应文		432325200107052316			2001年7月5日		90	92	88	88	99	69	79					60-69（人）	
陈增		432325200102153544			2001年2月15日		96		97	67	59	70	68					50以下（人）	
谢国亮		432325200101027129			2001年1月2日		69	74	79	87	98	79	68						
张旭		432325200112092312			2001年12月9日		60	68	75		88	89	70						
麦振忠		432325200110234133			2001年10月23日		72	79	80	90	88	94	80						
						最高分：													
						最低分：													

成绩查询				
选择学生姓名		序号	期末评定级别	
测验平均成绩				

0

图4-49 学生成绩表

4.3.3 实训知识点

1. *统计函数的应用*

在Excel 2019中，统计函数有很多种，分为描述统计函数、概率分布函数、假设检验函数和回归函数等。根据计算机一级水平考试和简单的实际应用需要，要求学生掌握表4-5所示几个统计函数的应用；其他函数如果需要用到，可查看Excel帮助，了解其语法和应用。

表4-5 部分统计函数

函数名称	函数功能	示例
AVERAGE(number1,[number2],...)	返回其参数的平均值	= AVERAGE (G4:M4)
COUNT(value1,[value2],...)	计算参数列表中数字的个数	= COUNT (G4:M4)
COUNTA(value1,[value2],...)	计算参数列表中值的个数	= COUNTA (G4:M4)
COUNTIF(range,criteria)	计算区域内符合给定条件的单元格的数量	= COUNTIF (O4:O11, ">80")
FREQUENCY(data_array,bins_array)	以垂直数组的形式返回频率分布	=FREQUENCY(H4:H11,U4:U8)
MAX(number1,[number2],...)	返回参数列表中的最大值	=MAX(G4:G11)
MIN(number1,[number2],...)	返回参数列表中的最小值	=MIN(G4:G11)
RANK(number,ref,[order])	返回一列数字的数字排位	=RANK(P4,$P$4:$P$11,0)

导入统计函数的步骤是：单击“公式”选项卡“函数库”组中的“其他函数”下拉按钮，在打开的下拉列表中选择“统计”选项，然后选择具体的函数，如图4-50所示。如果在下拉列表中找不到所需的统计函数，可以选择“插入函数”选项，然后在弹出的对话框中寻找所需的函数，如图4-51所示。

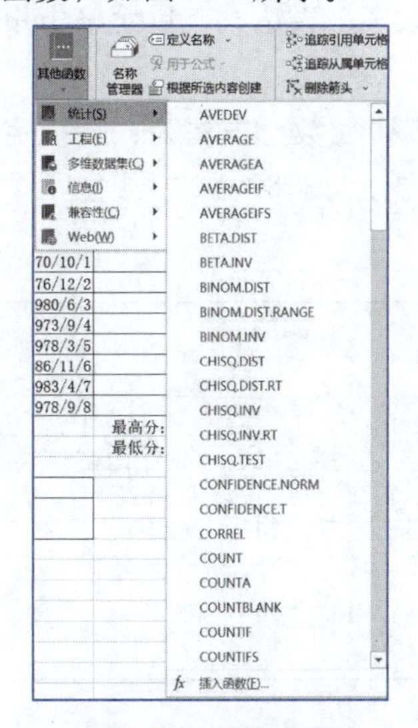

图4-50 统计函数

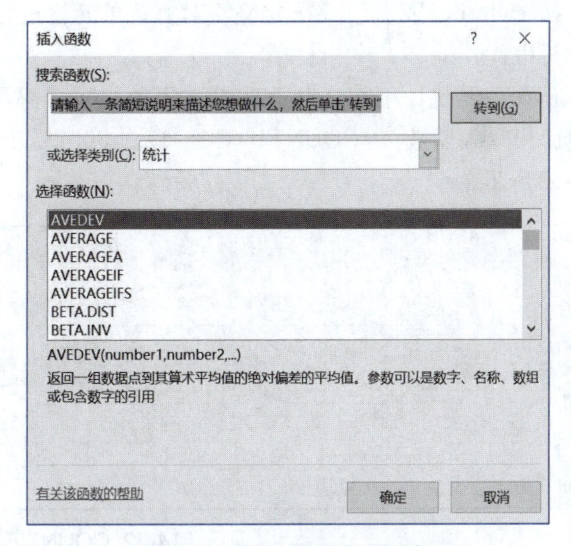

图4-51 “插入函数”对话框

1）AVERAGE（平均）函数

AVERAGE返回参数的平均值（算术平均值），其语法为：

```
AVERAGE(number1,number2,...)
```

其中：

① number1：必需。要计算平均值的第一个数字、单元格引用或单元格区域。

② number2,...：可选。要计算平均值的其他数字、单元格引用或单元格区域，最多255个。

2）COUNT 函数和 COUNTA 函数

COUNT 函数计算包含数字的单元格以及参数列表中数字的个数，COUNTA 函数计算单元格或参数列表中不为空的单元格的个数，其语法为：

```
COUNT(value1,[value2],...)
```

或

```
COUNTA(value1,[value2],...)
```

其中：

① value1：必需，要计算其中数字的个数的第一个项、单元格引用或区域。

② value2,...：可选，要计算其中数字的个数的其他项、单元格引用或区域，最多255个。

例如，要统计学生参与测验的次数，由于测验次数以分数来区别，而COUNT函数能够统计包含数字的单元格的个数，所以采用COUNT函数。函数应用结果为“=COUNT(G4:M4)”。由于没有参加测验的同学分数为空，因此同样可用COUNTA函数统计，用法和COUNT函数相同。

3）COUNTIF 函数

COUNTIF 函数对区域中满足单个指定条件的单元格进行计数，其语法为：

```
COUNTIF(range,criteria)
```

其中：

① range：必需。要对其进行计数的一个或多个单元格，包括数字或名称、数组或包含数字的引用。空值和文本值将被忽略。

② criteria：必需。用于定义将对哪些单元格进行计数的数字、表达式、单元格引用或文本字符串。

例如，要统计平均分大于80分的人数，可以采用COUNTIF函数，方法为：在指定单元格Q16中输入函数“=COUNTIF(O4:O11,">80")”，统计出平均分大于80分的人数有2个，如图4-52所示。

R15 =COUNTIF(P4:P11,">80")

	A	B	C	D	E	F	G	H	I	J	K	L	M	N	O	P	Q	R	S	T	U
1																					
2							小班成绩登记表														
3	姓名	排名	身份证号码	性别	年龄	出生日期	计算机一级	测验1	测验2	测验3	测验4	测验5	测验6	测验7	总分	平均分	级别	是否全勤	成绩段分布	成绩分布人数	
4	何嘉荣		432325200102032341			2001年2月3日		78	80		78	78	67	98	479	68.429			90-100（人）		
5	蔡远		432325200108051315			2001年8月5日		89	86	80	79	78	67		479	68.429			80-89（人）		
6	郭威文		432325200104202311			2001年4月20日		79	75	80	89		67	76	466	66.571			70-79（人）		
7	覃应文		432325200107052316			2001年7月5日		90	92	88	88	99	69	79	605	86.429			60-69（人）		
8	陈熠		432325200102153544			2001年2月15日		96		97	67	59	70	68	457	65.286			50以下（人）		
9	禤国亮		432325200101027129			2001年1月2日		69	74	79	87	98	79	68	554	79.143					
10	张旭		432325200112092312			2001年12月9日		60	68	75		88	89	70	450	64.286					
11	麦振忠		432325200110234133			2001年10月23日		72	79	80	90	88	94	80	583	83.286					
12							最高分：														
13							最低分：														
14																					
15			成绩查询												平均分大于80分的人数			2			
16	选择学生姓名		序号	期末评定级别																	
17	测验平均成绩																				
18																					

图4-52 COUNTIF函数

4）MAX 函数

MAX 函数返回一组值中的最大值，其语法为：

```
MAX(number1,[number2],...)
```

其中，number1是必需的；number2,…是可选的，是要从中找出最大值的1~255个数字参数。

5）MIN 函数

MIN函数返回一组值中的最小值，其语法为：

```
MIN(number1,[number2],...)
```

其中，number1 是必需的，number2, …是可选的，是要从中找出最小值的 1 ～255 个数字参数。

6）RANK 函数

返回一个数字在数字列表中的排位，其语法为：

```
RANK(number,ref,[order])
```

其中，

① number：必需，需要找到排位的数字。

② ref：必需，数字列表数组或对数字列表的引用。ref 中的非数值型值将被忽略。

③ order：可选，指明数字排位的方式。

如果 order 为 0（零）或省略，Microsoft Excel 对数字的排位是基于 ref 降序排列的列表。如果 order 不为零，Microsoft Excel 对数字的排位是基于 ref 升序排列的列表。

7）FREQUENCY 函数

FREQUENCY 函数计算数值在某个区域内的出现频率，然后返回一个垂直数组，其语法为：

```
FREQUENCY(data_array,bins_array)
```

其中：

① data_array：必需。一个值数组或对一组数值的引用，要为它计算频率。如果 data_array 中不包含任何数值，函数 FREQUENCY 将返回一个零数组。

② bins_array：必需。一个区间数组或对区间的引用，该区间用于对 data_array 中的数值进行分组。如果 bins_array 中不包含任何数值，函数 FREQUENCY 返回的值与 data_array 中的元素个数相等。

FREQUENCY 函数的应用与其他函数不同，必须以数组公式输入，再按【Ctrl+Shift+Enter】组合键。如果公式未以数组的形式输入，则只有一个结果。

2. 逻辑函数的应用

导入逻辑函数的步骤为：打开“学生成绩表”，然后单击“公式”选项卡“函数库”组中的“逻辑”下拉按钮，在打开的下拉列表中选择具体函数，如图 4-53 所示。

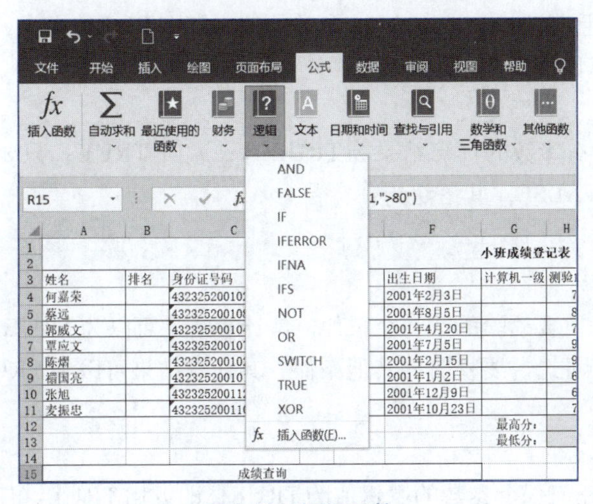

图 4-53　逻辑函数

常用逻辑函数如表4-6所示。

表 4-6　常用逻辑函数

函数名称	函数功能	示　例
AND(logical1,[logical2],...)	如果所有参数均为"TRUE"，则返回"TRUE"	= AND(A1<80,A1>70)
OR(logical1,[logical2],...)	如果任一参数为"TRUE"，则返回"TRUE"	= OR(A1<80,C1<70)
IF(logical_test,[value_if_true],[value_if_false])	指定要执行的逻辑检测	= IF(A1>90, "优秀","及格")

1）IF函数

IF函数是根据指定条件的计算结果进行判断。如果结果为TRUE，IF函数将返回某个值；如果该条件的计算结果为FALSE，则返回另一个值。例如，如果A1大于10，公式"=IF(A1>10, "大于10","不大于10")"将返回"大于10"；如果A1小于等于10，则返回"不大于10"。其语法为：

```
IF(logical_test,[value_if_true],[value_if_false])
```

其中：

① logical_test：必需。计算结果可能为TRUE或FALSE的任意值或表达式。例如，A10=100就是一个逻辑表达式。如果单元格A10中的值等于100，表达式的计算结果为TRUE；否则为FALSE。此参数可使用任何比较运算符。

② value_if_true：可选。logical_test参数的计算结果为TRUE时所要返回的值。例如，如果此参数的值为文本字符串"预算内"，并且logical_test参数的计算结果为"TRUE"，则IF函数返回文本"预算内"。如果logical_test的计算结果为TRUE，并且省略value_if_true参数（即logical_test参数后仅跟一个逗号），则IF函数将返回0（零）。若要显示单词TRUE，则应对value_if_true参数使用逻辑值TRUE。

③ value_if_false：可选。logical_test参数的计算结果为FALSE时所要返回的值。例如，如果此参数的值为文本字符串"超出预算"，并且logical_test参数的计算结果为FALSE，则IF函数返回文本"超出预算"。如果logical_test的计算结果为FALSE，并且省略value_if_false参数（即value_if_true参数后没有逗号），则IF函数返回逻辑值FALSE。如果logical_test的计算结果为FALSE，并且省略value_if_false参数的值（即在IF函数中，value_if_true参数后没有逗号），则IF函数返回值0（零）。

2）AND函数

AND函数是指所有参数的计算结果为TRUE时，返回TRUE；只要有一个参数的计算结果为FALSE，即返回FALSE，其语法为：

```
AND(logical1,[logical2],...);
```

其中：

① logical1：必需。要检验的第一个条件，其计算结果可以为TRUE或FALSE。

② logical2, ...：可选。要检验的其他条件，其计算结果可以为TRUE或FALSE，最多包含255个条件。

3）OR函数

在其参数组中，任何一个参数的逻辑值为TRUE，即返回TRUE；任何一个参数的逻辑值为FALSE，即返回FALSE，其语法为：

```
OR(logical1,[logical2],...)；
```

其中：

logical1 是必需的；logical2, ... 的逻辑值是可选的，是1～255个需要测试的条件。测试结果可以为TRUE或FALSE。

3. 文本函数

导入文本函数的步骤为：单击“公式”选项卡“函数库”组中的“文本”下拉按钮，在打开的下拉列表中选择具体函数，如图4-54所示。

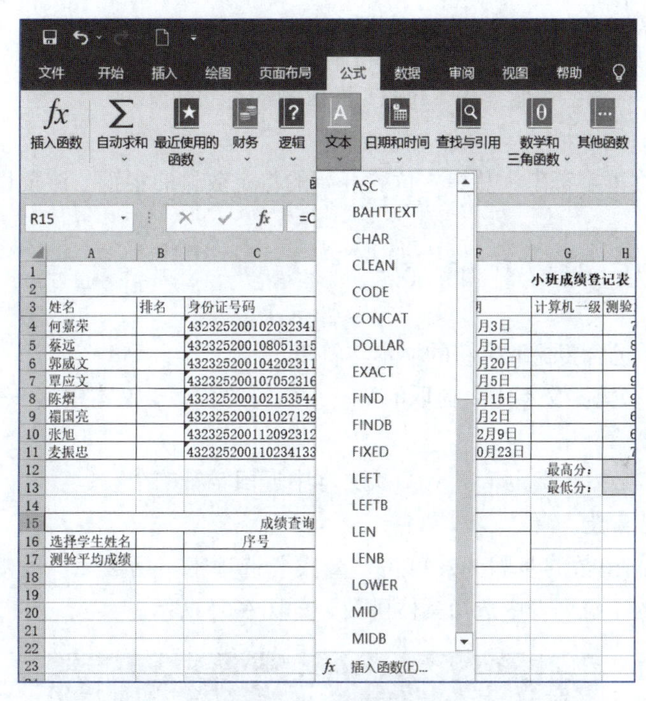

图4-54　文本函数

常用文本函数如表4-7所示。

表 4-7　常用文本函数

函 数 名 称	函 数 功 能	示　例
LEFT(text,[num_chars])	返回文本值中最左边的字符	= LEFT(A1,3)
RIGHT(text,[num_chars])	返回文本值中最右边的字符	= RIGHT(A1,3)
MID(text，start_num,num_chars)	从文本字符串中的指定位置起返回特定个数的字符	= MID(A1,3,2)

1）LEFT函数

根据所指定的字符数，LEFT 返回文本字符串中第一个字符或前几个字符，其语法为：

```
LEFT(text,[num_chars])
```

其中：

① text：必需。包含要提取的字符的文本字符串。

② num_chars：可选。指定要由LEFT提取的字符的数量。num_chars必须大于或等于零。如果num_chars大于文本长度，则LEFT返回全部文本。

注意：

无论默认语言设置如何，函数LEFT始终将每个字符（不管是单字节还是双字节）按1计数。

2）RIGHT函数

RIGHT函数根据所指定的字符数返回文本字符串中最后一个或多个字符，其语法为：

```
RIGHT(text,[num_chars])
```

其中：

① text：必需。包含要提取字符的文本字符串。

② num_chars：可选。指定要由RIGHT提取的字符的数量。

3）MID函数

MID函数返回文本字符串中从指定位置开始的特定数目的字符。该数目由用户指定。其语法为：

```
MID(text,start_num,num_chars)
```

其中：

① text：必需。包含要提取字符的文本字符串。

② start_num：必需。文本中要提取的第一个字符的位置。文本中第一个字符的start_num为1，依此类推。

③ num_chars：必需。指定希望MID从文本中返回字符的个数。

4. 日期和时间函数

导入日期和时间函数的步骤为：单击“公式”选项卡“函数库”组中的“日期和时间”下拉按钮，在打开的下拉列表中选择具体函数，如图4-55所示。

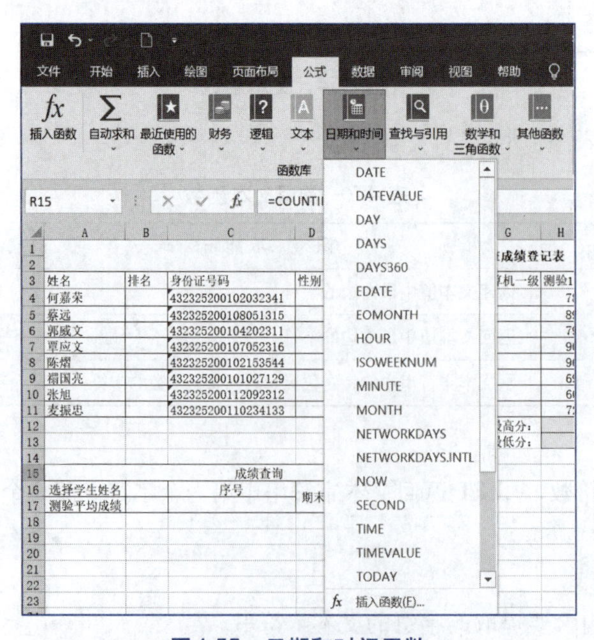

图4-55 日期和时间函数

表4-8所示是常用日期和时间函数。日期和时间参数的设置比较简单，在此不详细介绍。

表4-8　常用日期和时间函数

函数名称	函数功能
DATE(year,month,day)	返回特定日期的序列号
DAY(serial_number)	将序列号转换为日期
MONTH(serial_number)	将序列号转换为月
YEAR(serial_number)	将序列号转换为年
TIME(hour,minute,second)	返回特定时间的序列号
NOW( )	返回当前日期和时间的序列号
TODAY( )	返回今天日期的序列号

5. 查找与引用函数

导入查找与引用函数的步骤为：单击“公式”选项卡“函数库”组中的“查找与引用”下拉按钮，在打开的下拉列表中选择具体函数，如图4-56所示。

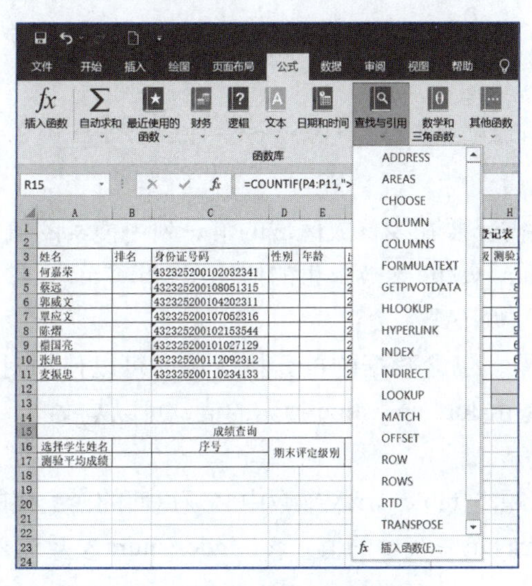

图4-56　查找与引用函数

表4-9中列出了两个常用的查找与引用函数，如果要用到其他函数，可利用Excel的帮助来了解。

表4-9　常用查找与引用函数

函数名称	函数功能
CHOOSE(index_num,value1,[value2],...)	从值的列表中选择值
VLOOKUP(lookup_value,table_array,col_index_num,[range_lookup])	在数组第一列中查找，然后在行之间移动，以返回单元格的值

1）CHOOSE函数

CHOOSE函数使用index_num返回数值参数列表中的值。使用CHOOSE函数，可以根据索引号从最多254个数值中选择一个。例如，如果value1～value7表示一周的7天，当将1～7之间的数字用作index_num时，CHOOSE返回其中的某一天。其语法为：

```
CHOOSE(index_num,value1,[value2],...)
```

其中：

① index_num：必需。指定所选定的值参数。index_num必须为1～254之间的数字，或者为公式，或对包含1～254某个数字的单元格的引用。

如果index_num为1，则函数CHOOSE返回value1；如果为2，则函数CHOOSE返回value2，依此类推。

如果index_num小于1或大于列表中最后一个值的序号，则函数CHOOSE 返回错误值“#VALUE!”。

如果index_num为小数，则在使用前将被截尾取整。

② value1,value2,... ：value1是必需的，后续值是可选的。这些值参数的个数为1～254，函数CHOOSE基于index_num从这些值参数中选择一个数值或一项要执行的操作。参数可以为数字、单元格引用、已定义名称、公式、函数或文本。

2）VLOOKUP函数

VLOOKUP 函数搜索某个单元格区域的第一列，然后返回该区域相同行上任何单元格中的值，其语法为：

```
VLOOKUP(lookup_value,table_array,col_index_num,[range_lookup])
```

其中：

① lookup_value：必需。要在表格或区域的第一列中搜索的值。lookup_value 参数可以是值或引用。如果为lookup_value参数提供的值小于table_array参数第一列中的最小值，则VLOOKUP 将返回错误值“#N/A”。

② table_array：必需。包含数据的单元格区域，可以使用对区域或区域名称的引用。table_array第一列中的值是由 lookup_value 搜索的值，可以是文本、数字或逻辑值。文本不区分大小写。

③ col_index_num：必需。table_array参数中必须返回的匹配值的列号。col_index_num参数为1时，则返回table_array第一列中的值；col_index_num参数为2时，则返回table_array第二列中的值，依此类推。

如果col_index_num参数小于1，则VLOOKUP返回错误值“#VALUE!”；大于table_array的列数，则VLOOKUP返回错误值“#REF!”。

④ range_lookup：可选。一个逻辑值，指定希望 VLOOKUP 查找精确匹配值还是近似匹配值。如果 range_lookup 为TRUE或被省略，则返回精确匹配值或近似匹配值。如果找不到精确匹配值，则返回小于 lookup_value 的最大值。如果 range_lookup 为TRUE或被省略，则必须按升序排列 table_array 第一列中的值；否则，VLOOKUP 可能无法返回正确的值。如果range_lookup 为FALSE，则不需要对 table_array 第一列中的值进行排序。如果 range_lookup 参数为FALSE，VLOOKUP 将只查找精确匹配值。如果 table_array 的第一列中有两个或更多值与 lookup_value 匹配，则使用第一个找到的值。如果找不到精确匹配值，则返回错误值“#N/A”。

4.3.4 实训步骤

（1）用Excel 2019打开学生成绩表，利用SUM函数和AVERAGE函数统计学生所有测验的总分和平均分。

利用AVERAGE函数统计学生所有测验的平均分，操作步骤为：

将光标放在O4单元格中，然后单击“公式”选项卡“函数库”组中的“其他函数”下拉按钮，在打开的下拉列表中选择“统计函数”→“AVERAGE函数”选项。设置参数，则函数为“=AVERAGE(G4:M4)”，如图4-57所示。

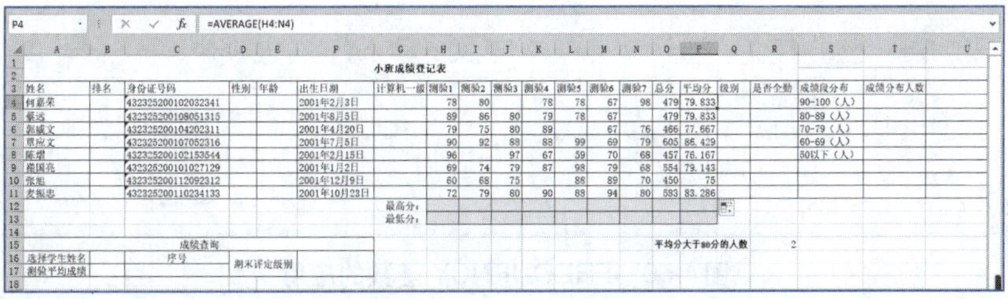

图4-57 AVERAGE函数的应用

（2）统计学生每次测验的最高分和最低分。

要统计每次测验的最高分和最低分，可以用MAX函数和MIN函数来计算，步骤为：在指定单元格G12中输入函数“=MAX(H4:H11)”，统计出每次测验的最高分，如图4-58所示；相同地，要计算最低分，可在指定位置输入函数“=MIN(H4:H11)”。

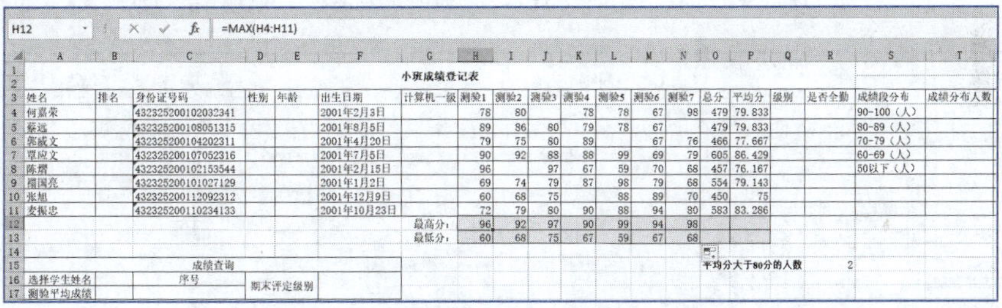

图4-58 MAX函数

（3）利用RANK函数统计学生平均分的排名，FREQUENCY函数每次测验的成绩分布频率。

① 根据学生的平均分统计排名，可利用RANK.EQ函数。由于ref比较的区域是固定不变的，只是number参数的值不同，因此必须要用绝对地址引用来表示；同时，排名是按平均分的高低来排前后次序，因此采用降序的排列方式。在“姓名”列后插入一列“排名”，则输入的函数为“=RANK.EQ(P4,$P$4:$P$11,0)”，如图4-59所示。

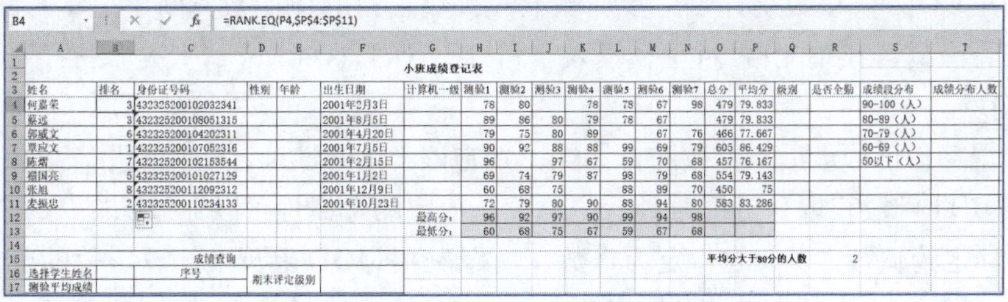

图4-59 RANK函数的应用

② 要统计学生每次测验的成绩分布频率，以测验1为例，采用FREQUENCY 函数，首先要设置频率分布的区间。例如，90～100分、80～89分、70～79分、60～69分、60分以下为统计的区间，那么设置区间的分割点为100、89、79、69、59，该区间设置的区域为U4:U8；同时选择显示统计频率结果的区域。data_array设置要统计的数据区域，如测验1的成绩区域为H4:H11，因此输入函数“=FREQUENCY(H4:H11,U4:U8)”，再按【Ctrl+Shift+Enter】组合键，如图4-60所示。如果直接按【Enter】键，则只有一个结果，单元格T4显示2，其他不显示。

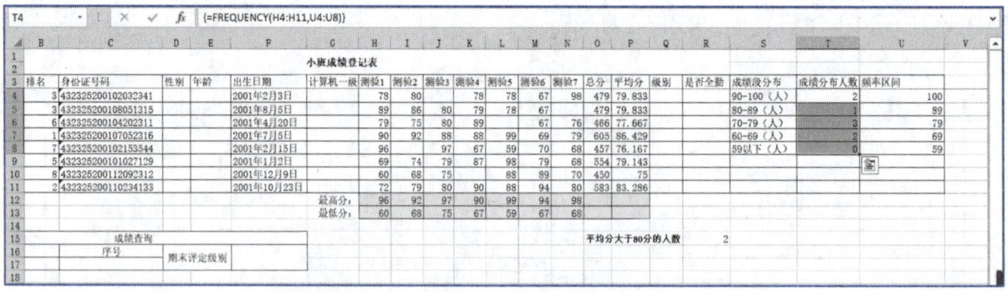

图4-60　FREQUENCY 函数的应用

（4）根据每位学生的平均分，判定学生的级别：85分以上为优秀，70≤平均分＜85分为良好，60分≤平均分＜70分为合格，60分以下为不合格。

用IF函数来判断输出的结果。由于本实训总共有四个条件的判断，每个IF函数只能判断满足一个条件的输出，所以必须用IF函数的嵌套。函数的嵌套通过在对应的位置单击名称框打开下拉列表，从中选择所需嵌套的函数，然后设置其参数来实现，如图4-61所示，其公式为“=IF(P4>=85,"优秀",IF(P4>=70,"良好",IF(P4>=60,"合格","不合格")))”。

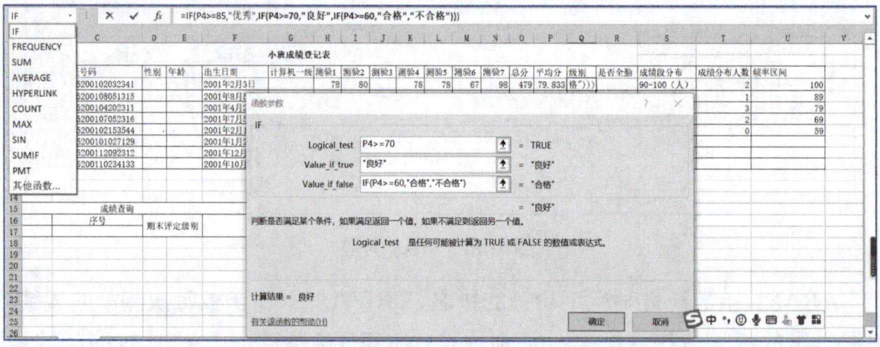

图4-61　IF函数嵌套

（5）统计学生是否参加了所有的测验。如果是，则在“是否全勤”一列对应显示“全勤”；否则显示“否”。

可以利用COUNT函数统计学生参加测验的次数。利用IF函数判断学生参与测验的次数，以此判断是否全勤。在单元格Q4中，输入“=IF(COUNT(G4:M4)=7,"是","否")”，并将函数应用于Q5:Q11。

（6）根据身份证号最后一位数的奇偶性，判定该学生的性别，奇数为男，偶数为女。

利用RIGHT函数获取身份证号最后一位数。数字的奇偶性可以通过除以2的余数来判断，余数为0的肯定为偶数，为1的肯定为奇数，所以利用MOD函数来计算该数的余数，然后通过IF函数来判断余数，以确定性别。在D4单元格中输入“=IF(MOD(RIGHT(B4),2)=1,"男",

"女")"，并将函数应用于D5:D11。

（7）根据出生日期统计学生的年龄。

利用TODAY函数获取当前系统的时间，然后利用YEAR函数获取当前年份和出生年份，再用公式将当前年份减去出生年份，即得年龄。

打开“学生成绩表”，要计算学生的年龄，从公式上来说可以用当前年份减去出生年份。在Excel 2019中要获得当前年份，先用NOW或TODAY函数获取当前系统的日期，然后用YEAR函数获取当前系统的年份和学生出生的年份，两者相减即得学生年龄，具体公式为“=YEAR(TODAY())-YEAR(F4)”，如图4-62所示。

E4 =YEAR(TODAY())-YEAR(F4)

	B	C	D	E	F	G
1						小班成绩登
2						
3	排名	身份证号码	性别	年龄	出生日期	计算机一级
4	3	432325200102032341		20	2001年2月3日	
5	3	432325200108051315		20	2001年8月5日	
6	6	432325200104202311		20	2001年4月20日	
7	1	432325200107052316		20	2001年7月5日	
8	7	432325200102153544		20	2001年2月15日	
9	5	432325200101027129		20	2001年1月2日	
10	8	432325200112092312		20	2001年12月9日	
11	2	432325200110234133		20	2001年10月23日	
12						最高分：

图4-62 日期和时间函数的应用

（8）根据学生的姓名查询其平均成绩和评定等级。

利用CHOOSE函数获取学生的姓名，查询其平均成绩和评定等级。

打开“学生成绩表”，可看到图4-63所示的成绩查询单元格，要求选择学生姓名，在单元格B17获得测验平均成绩，在F16中获得评定的级别。要使用户能够选择学生的姓名并列在成绩表中，可用数据验证中的序列进行设置，操作步骤参考本章实训1的实训提示。选择姓名后，要获得测验平均成绩，可用CHOOSE函数来引用，但是CHOOSE函数必须设置要索引的值，因此要增加序号。利用MATCH 函数获得姓名值在姓名区域的位置，得到引用的索引值，公式为“=MATCH(B16,A4:A11,0)”；然后利用CHOOSE函数根据该索引值显示学生的测验平均成绩，由于平均成绩存放在P4:P11区域，因此公式为“=CHOOSE(C17,P4,P5,P6,P7,P8,P9,P10,P11)”。同样，可利用CHOOSE函数获得评定级别，结果如图4-64所示。

15	成绩查询				
16	选择学生姓名		序号	期末评定级别	
17	测验平均成绩				

图4-63 成绩查询

15	成绩查询				
16	选择学生姓名	栩国亮	序号	期末评定级别	
17	测验平均成绩	79.14285714	6		良好

图4-64 成绩查询结果

（9）根据学生的身份证号在Sheet2表中查询和获得该学生计算机一级水平考试是否通过的信息。

利用VLOOKUP函数，以学生的身份证号查找在Sheet2表中对应的姓名和是否通过考试的标志，然后将标志复制到Sheet1中指定的位置显示。

如图4-65所示，查询Sheet中“计算机一级”所在的位置，获得Sheet2中对应等级的评价结果，如图4-66所示，可以用VLOOKUP函数来完成。首先要设置lookup_value参数。根据实训要求，以身份证号进行查找，所以lookup_value参数设置为要查找的身份证号，查找的表的区域为Sheet2表中的数据，而且查找的区域第一列必须是身份证号，区域为“Sheet2!$C$2:$F$15”，结果为所选区域的第四列，因此函数为“=VLOOKUP

(C4:C11,Sheet2！ $C$2:$F$15,4,0)”，结果如图4-67所示。

小班成绩登记表

姓名	排名	身份证号码	性别	年龄	出生日期	计算机一级	测验1	测验2	测验3	测验4	测验5	测验6	测验7	总分	平均分	级别	是否全勤	成绩段分布	成绩分布人数	频率区间
何嘉荣		432325200102032341			2001年2月3日		78	80		78	78	67	98					90-100（人）		
蔡远		432325200108051315			2001年8月5日		89	86	80	79	78	67						80-89（人）		
郭威文		432325200104202311			2001年4月20日		79	75	80	89		67	76					70-79（人）		
覃应文		432325200107052316			2001年7月5日		90	92	88	88	99	69	79					60-69（人）		
陈熠		432325200102153544			2001年2月15日		96		97	67	59	70	68					59以下（人）		
褶国亮		432325200101027129			2001年1月2日		69	74	79	87	98	79	68							
张旭		432325200112092312			2001年12月9日		60	68	75		88	89	70							
麦振忠		432325200110234133			2001年10月23日		72	79	80	90	88	94	80							
						最高分：														
						最低分：														

成绩查询			
选择学生姓名	序号	期末评定级别	
测验平均成绩			

平均分大于80分的人数

图4-65　Sheet成绩表

序号	姓名	身份证	证书编号	申报等级	评价结果
1	魏雄华	432325200102153544	2009002030010363	一级	通过
2	朱洁如	432325200110234133	2009002030010364	一级	通过
3	叶燕青	432325200101027129	2009002030010365	一级	通过
4	郭潮吟	432325200108051315		一级	不通过
5	陈淑如	432325200108051315	2009002030010367	一级	通过
6	潘小莹	432325200104202311		一级	不通过
7	何嘉荣	432325200104202311	2009002030010369	一级	通过
8	蔡远	432325200108051315		一级	不通过
9	郭威文	432325200104202311	2009002030010371	一级	通过
10	覃应文	432325200107052316	2009002030010372	一级	通过
11	陈熠	432325200108051315		一级	不通过
12	褶国亮	432325200101027129	2009002030010374	一级	通过
13	张旭	432325200112092312	2009002030010375	一级	通过
14	麦振忠	432325200104202311		一级	不通过

图4-66　Sheet2计算机水平考试成绩表

G4　=VLOOKUP(C4,Sheet2!$C$2:$F$15,4,1)

小班成绩登记表

姓名	排名	身份证号码	性别	年龄	出生日期	计算机一级	测验1	测验2	测验3	测验4	测验5	测验6	测验7	总分	平均分	级别	是否全勤	成绩段分布	成绩分布人数	频率区间
何嘉荣	3	432325200102032341		20	2001年2月3日	通过	78	80		78	78	67	98	479	79.833	良好		90-100（人）	2	
蔡远	3	432325200108051315		20	2001年8月5日	不通过	89	86	80	79	78	67		479	79.833	良好		80-89（人）	1	
郭威文	6	432325200104202311		20	2001年4月20日	通过	79	75	80	89		67	76	466	77.667	良好		70-79（人）	3	
覃应文	1	432325200107052316		20	2001年7月5日	通过	90	92	88	88	99	69	79	605	86.429	优秀		60-69（人）	2	
陈熠	7	432325200102153544		20	2001年2月15日	通过	96		97	67	59	70	68	457	76.167	良好		59以下（人）	0	
褶国亮	5	432325200101027129		20	2001年1月2日	通过	69	74	79	87	98	79	68	554	79.143	良好				
张旭	8	432325200112092312		20	2001年12月9日	通过	60	68	75		88	89	70	450	75	良好				
麦振忠	2	432325200110234133		20	2001年10月23日	通过	72	79	80	90	88	94	80	583	83.286	良好				
						最高分：	96	92	97	90	99	94	98							
						最低分：	60	68	75	67	59	67	68							

成绩查询			
选择学生姓名	序号	期末评定级别	
测验平均成绩			

平均分大于80分的人数　2

图4-67　VLOOKUP函数的应用

4.3.5　课后作业

打开某公司员工登记表，根据下列要求进行计算：

(1) 在“性别”列中根据每个人的身份证号确定性别：身份证号的最后一位为奇数表示“男”，偶数表示“女”。(提示：用IF函数、MOD函数、RIGHT函数组合)

(2) 在Sheet的“出生日期”列中根据每个人的身份证号确定出生日期：身份证号的第7~10位表示出生的年份，11、12位表示出生的月份，第13、14位表示出生日期。显示格式为“年-月-日”。(提示：用DATE函数、MID函数，以及数值格式设置。)

(3) 统计该公司高级工程师的人数。

(4) 制作一个查询表，当选择员工姓名时，可获得该员工的工资情况。

4.4 实训 4：销售记录表的统计和分析

扫一扫

销售记录表的统计和分析

在本实训中，根据某公司的销售记录表，对销售数据进行统计分析，使学生掌握数据库函数的应用，数据排序、筛选和分类汇总等知识。

4.4.1 实训目标

- 掌握数据库函数的应用。
- 掌握排序、筛选和分类汇总等知识。

4.4.2 实训内容

打开销售记录表，如图4-68所示。操作要求如下：

1	编号	日期	姓名	产品	地区	颜色	销售额
2	1	2019年4月1日	Ivy	背包	北部	蓝色	￥ 1,500.00
3	2	2020年4月1日	Ivy	背包	北部	黑色	￥ 2,827.00
4	3	2021年4月1日	Ivy	背包	北部	黄色	￥ 6,235.00
5	4	2019年8月1日	Ivy	登山服	北部	红色	￥ 5,807.00
6	5	2020年8月1日	Ivy	登山服	北部	绿色	￥ 9,042.00
7	6	2019年12月1日	Ivy	帽子	北部	白色	￥ 6,365.00
8	7	2020年12月1日	Ivy	帽子	北部	紫色	￥ 961.00
9	8	2019年1月1日	Ivy	背包	东部	红色	￥ 5,712.00
10	9	2020年1月1日	Ivy	背包	东部	绿色	￥ 8,765.00
11	10	2021年1月1日	Ivy	背包	东部	蓝色	￥ 3,698.00
12	11	2019年5月1日	Ivy	登山服	东部	白色	￥ 3,265.00
13	12	2020年5月1日	Ivy	登山服	东部	紫色	￥ 7,952.00
14	13	2021年5月1日	Ivy	登山服	东部	红色	￥ 8,036.00
15	14	2019年9月1日	Ivy	帽子	东部	黑色	￥ 6,922.00
16	15	2020年9月1日	Ivy	帽子	东部	黄色	￥ 5,267.00
17	16	2019年10月1日	Ivy	背包	南部	紫色	￥ 6,485.00
18	17	2020年10月1日	Ivy	背包	南部	红色	￥ 603.00
19	18	2019年2月1日	Ivy	登山服	南部	黑色	￥ 6,879.00
20	19	2020年2月1日	Ivy	登山服	南部	黄色	￥ 9,486.00
21	20	2021年2月1日	Ivy	登山服	南部	白色	￥ 5,797.00

图4-68 销售记录表

（1）求出南部背包的销售总额。

（2）将销售数据以产品“背包、登山服、帽子”的次序进行排序。

（3）筛选出北部红色登山服销售记录，筛选的结果记录在以J1为左上角的位置。

（4）将产品分类，汇总各种产品的销售总额。

4.4.3 实训知识点

1. 数据库函数的应用

数据库函数是统计带多个条件的数据函数，和统计函数COUNTIF不同的是可以设置多个条件。要导入数据库函数，可单击“公式”选项卡“函数库”组中的“插入函数”按钮，然后在“或选择类别”中选择数据库函数。可根据需求选择对应的数据库函数。表4-10所示是要求掌握的常用数据库函数。

表 4-10　常用数据库函数

函数名称	函数功能
DAVERAGE(database,field,criteria)	返回所选数据库条目的平均值
DCOUNT(database,field,criteria)	计算数据库中包含数字的单元格的数量
DCOUNTA(database,field,criteria)	计算数据库中非空单元格的数量
DGET(database,field,criteria)	从数据库提取符合指定条件的单个记录
DMAX(database,field,criteria)	返回所选数据库条目的最大值
DMIN(database,field,criteria)	返回所选数据库条目的最小值
DSUM(database,field,criteria)	对数据库中符合条件的记录的字段列中的数字求和

使用数据库函数之前必须设置三个参数，分别是database、field和 criteria。要掌握数据库函数，首先要了解数据清单、字段名、字段、记录等概念，如图4-69所示。其中，参数database是选择要统计的数据清单，必须包括字段名；field参数表示指定函数所使用的列，即要统计的数据所在的字段名；criteria设置条件所在的区域。条件的设置方法有两种：一种是用条件区域设置；一种是用条件公式设置。

编号	日期	姓名	产品	地区	颜色	销售额
1	2019年4月1日	Ivy	背包	北部	蓝色	￥ 1,500.00
2	2020年4月1日	Ivy	背包	北部	黑色	￥ 2,827.00
3	2021年4月1日	Ivy	背包	北部	黄色	￥ 6,235.00
4	2019年8月1日	Ivy	登山服	北部	红色	￥ 5,807.00
5	2020年8月1日	Ivy	登山服	北部	绿色	￥ 9,042.00
6	2019年12月1日	Ivy	帽子	北部	白色	￥ 6,365.00
7	2020年12月1日	Ivy	帽子	北部	紫色	￥ 961.00
8	2019年1月1日	Ivy	背包	东部	红色	￥ 5,712.00
9	2020年1月1日	Ivy	背包	东部	绿色	￥ 8,765.00
10	2021年1月1日	Ivy	背包	东部	蓝色	￥ 3,698.00
11	2019年5月1日	Ivy	登山服	东部	白色	￥ 3,265.00
12	2020年5月1日	Ivy	登山服	东部	紫色	￥ 7,952.00
13	2021年5月1日	Ivy	登山服	东部	红色	￥ 8,036.00
14	2019年9月1日	Ivy	帽子	东部	黑色	￥ 6,922.00
15	2020年9月1日	Ivy	帽子	东部	黄色	￥ 5,267.00
16	2019年10月1日	Ivy	背包	南部	紫色	￥ 6,485.00
17	2020年10月1日	Ivy	背包	南部	红色	￥ 603.00
18	2019年2月1日	Ivy	登山服	南部	黑色	￥ 6,879.00
19	2020年2月1日	Ivy	登山服	南部	黄色	￥ 9,486.00
20	2021年2月1日	Ivy	登山服	南部	白色	￥ 5,797.00

图4-69　数据库的概念

例如，求出南部背包的销售总额。根据销售记录表统计销售总额，但需要满足两个条件，一个是产品必须是背包，一个是地区必须是南部，因此采用数据库函数的DSUM函数。

首先设置条件区域，有两种方式。第一种是区域条件设置。在指定区域，第一行为标题行，必须复制数据清单中对应的字段名，并粘贴在标题行。注意：不要手工输入，因为区域条件设置时标题行必须和字段名一致，包括数据和格式。下一行设置条件，所有的条件放在同一行，表示条件为“与”运算，即“并且”的意思，如图4-70所示。如果条件放在不同行，则为“或”运算，如图4-71所示。注意：中间不能有空行。

产品	地区
背包	南部

图4-70　条件“与”运算

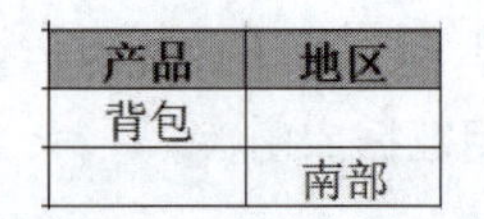

产品	地区
背包	
	南部

图4-71　条件“或”运算

第二种为条件公式设置。条件区域的第一行为条件标题，标题必须是除字段名外的字符；第二行为表示条件的逻辑表达式，上述条件可以如图4-72所示来设置，效果相同。

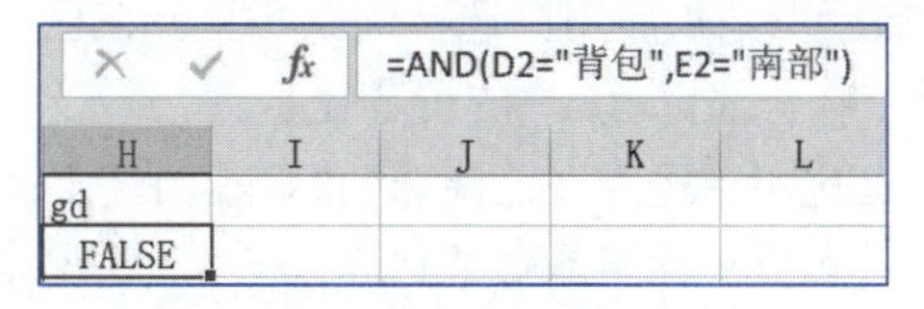

图4-72　条件公式设置

因此，criteria条件所在的区域为H14:H15，是条件公式所设位置；database为销售数据表的整张数据清单，要统计的是销售总额；field参数设定为G1销售额所在的字段名。所以，输入数据库函数为“=DSUM(Database,G1,H14:H15)”。

有关其他数据库函数的应用请参考Excel帮助。

2. 排序

排序是指依照某个要求对整个有数据的表区域以某个字段名按“大小”进行“升序”或“降序”排列的操作，以某个字段名为依据，从大到小或从小到大显示排序结果。排序是对整个有数据的表区域而言的，所以在操作前要选择数据区域的整个“工作表”作为操作区域。数据要按一定的次序行排列，可单击“数据”选项卡“排序和筛选”组中的“排序”按钮，如图4-73所示，弹出“排序”对话框。一般情况下根据主要关键字进行排序，如果主要关键字的数据相同，可设置次要关键字，如图4-74所示。

图4-73　排序

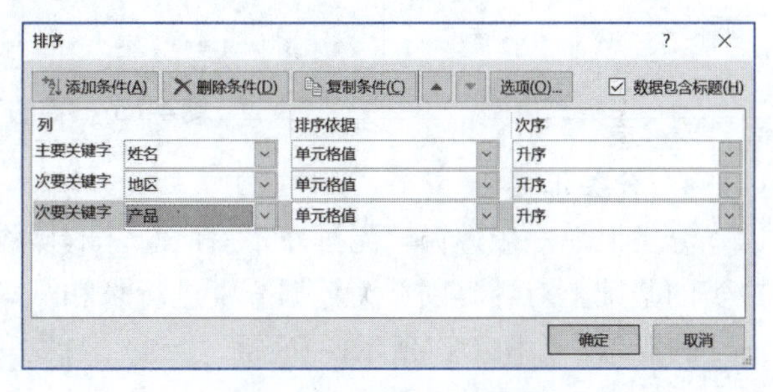

图4-74　“排序”对话框

3. 筛选

1）自动筛选

筛选过的数据仅显示满足指定条件的行，隐藏不希望显示的行。筛选数据之后，对于筛选过的数据的子集，不需要重新排列或移动就可以复制、查找、编辑、设置格式、制作图表和打印。

还可以按多个列进行筛选。筛选器是累加的，意味着每个追加的筛选器都基于当前筛选器，减少了显示数据的子集。

（1）自动筛选的三种筛选类型。

使用自动筛选可以创建三种筛选类型：按值列表、按格式或按条件。对于每个单元格区域或列表来说，这三种筛选类型是互斥的。例如，不能既按单元格颜色又按数字列表进行筛选，只能在两者中任选其一；不能既按图标又按自定义筛选进行筛选，只能在两者中任选其一。

（2）重新应用筛选。

要确定是否应用了筛选，请注意列标题中的图标。

① 下拉按钮表示已启用但是未应用筛选。当鼠标指针在已启用但是未应用筛选的列的标题上悬停时，会显示一个“（全部显示）”的屏幕提示。

②“筛选”按钮表示已应用筛选。在已筛选列的标题上悬停时，会显示一个关于应用于该列的筛选的屏幕提示，如“等于单元格颜色红色”或“大于150”。

重新应用筛选时，会由于以下原因而显示不同的结果：

① 已在单元格区域或表列中添加、删除或修改数据。

② 动态的日期和时间筛选，如“今天”、“本周”或“本年度截至现在”。

公式返回的值已改变，已重新计算工作表。

2）高级筛选

如果要筛选的数据需要复杂条件，可以使用“高级筛选”对话框，操作步骤为：单击“数据”选项卡“排序和筛选”组中的“高级”按钮，如图4-75所示。在“高级筛选”对话框中设置“列表区域”“条件区域”，以及设置“将筛选结果复制到其他位置”等，如图4-76所示。条件区域所设置条件的方法和数据库函数中条件区域设置方法一样。

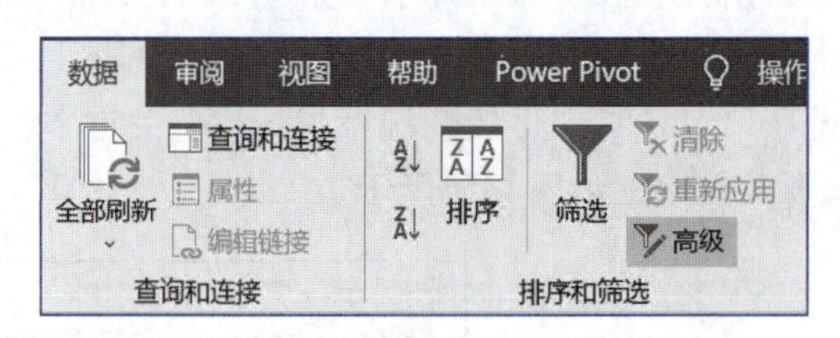

图4-75 “高级”命令

4. 分类汇总

分类汇总一般遵循“先排序，后汇总”的操作过程，先按照某一标准进行分类，然后在分类的基础上对各类别相关数据分别进行求和、求平均数、求个数、求最大值、求最小值等方法的汇总，如图4-77所示。

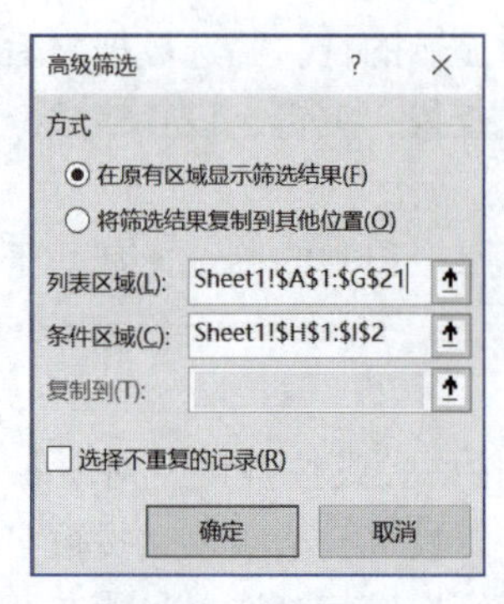

图4-76 高级筛选

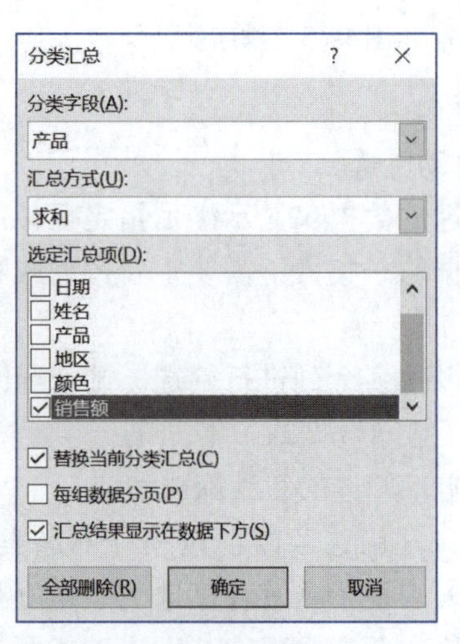

图4-77 分类汇总

4.4.4　实训步骤

（1）求出南部背包的销售总额。

用Excel 2019打开销售记录表，根据销售记录表统计销售总额，但需要满足两个条件：一个是产品必须是背包；一个是地区必须是南部，因此采用数据库函数的DSUM函数。

首先设置条件区域，有两种方式。第一种是区域条件设置。在指定区域，第一行为标题行，必须把数据清单中对应的字段名复制、粘贴在标题行。注意：不要手工输入，因为区域条件设置时标题行必须和字段名一致，包括数据和格式。下一行设置条件，所有的条件放在同一行，表示条件为“与”运算，即“并且”的意思，如图4-78所示。如果条件放在不同行，则为“或”运算，如图4-79所示。注意：中间不能有空行。

产品	地区
背包	南部

图4-78　条件“与”运算

产品	地区
背包	
	南部

图4-79　条件“或”运算

第二种为条件公式设置。条件区域的第一行为条件标题，标题必须是除字段名外的字符；第二行为表示条件的逻辑表达式，上述条件可以参图4-80所示来设置，效果相同。

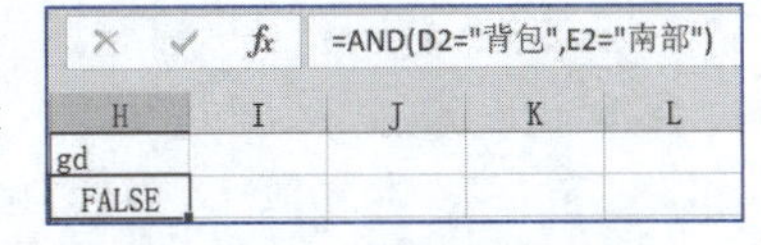

图4-80　条件公式设置

因此，criteria条件所在的区域为H14:H15，是条件公式所设位置；database为销售数据表的整张数据清单，要统计的是销售总额；field参数设置为G1销售额所在的字段名。所以，输入数据库函数“=DSUM(Database,G1,H14:H15)”。

（2）将销售数据以产品中“背包,登山服,帽子”的次序进行排序。

在排序中，主要关键字选为“产品”，排序的次序选择为“自定义序列”。在自定义序列中添加“背包，登山服，帽子”。

先选定要排序的数据清单。本实训要求以产品来排序，所以主要关键字设置为“产品”，排序依据“单元格值”。由于是根据序列“背包，登山服，帽子”进行排列，所以必须在“次序”中选择“自定义序列”命令，如图4-81所示。在弹出的“自定义序列”对话框中设置“背包，登山服，帽子”序列，如图4-82所示，然后单击“添加”按钮。

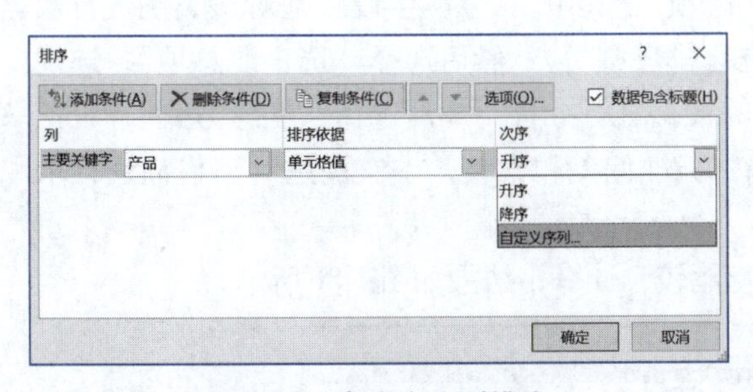

图4-81　自定义序列排序

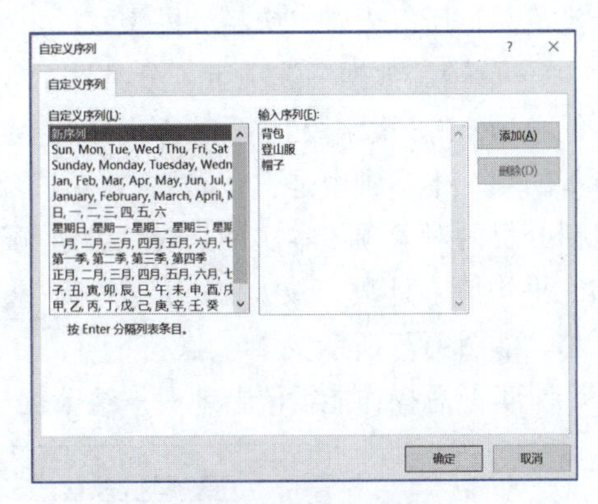

图4-82　定义序列

在“排序”对话框中，“次序”选择设置好的“背包，登山服，帽子”，然后单击“确定”按钮，如图4-83所示，就可以根据要求排序了。

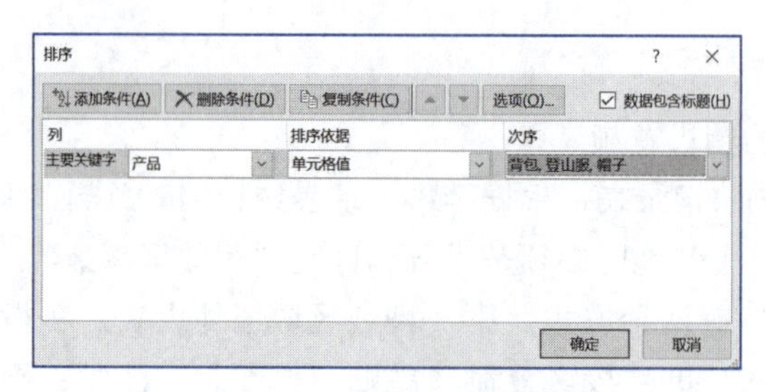

图4-83 “排序”对话框

(3) 筛选出北部红色登山服销售记录，筛选的结果放在以J1为左上角的位置。

在不影响数据显示的某个区域设置条件，然后利用高级筛选将满足条件的记录筛选到以J1为左上角的位置。

运用高级筛选，关键是条件区域的设置，方法如上述数据库函数中条件区域或条件公式的设置。因此，本实训中条件区域的设置如图4-84所示，筛选设置如图4-85所示。

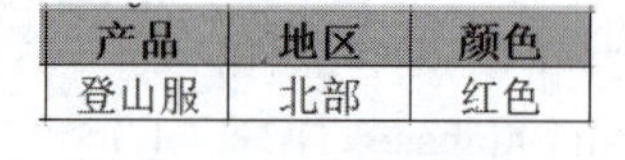

产品	地区	颜色
登山服	北部	红色

图4-84 条件区域

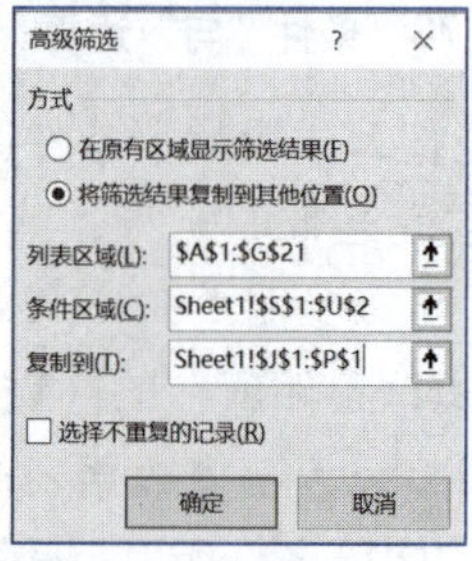

图4-85 设置高级筛选

(4) 以产品为分类，汇总各种产品的销售总额。

分类汇总必须“先排序，再汇总”，先以产品进行排序，再根据产品汇总销售总额。

用到“数据”选项卡中的“分类汇总”命令。分类汇总同样是要对整个有数据的工作表部分进行操作，步骤如下：

① 全选有数据区域。

② 对要分类的字段排序，目的是将字段中相同的字符调在一起。本实训是对“产品”做分类汇总，所以先对“产品”排序。

③ 单击“数据”选项卡“分类显示”组中的“分类汇总”按钮，在弹出的对话框中有三个汇总项：“分类字段”“汇总方式”“选定汇总项”。其中，“分类字段”是对该类别进行数据分析的项，本实训中是“产品”(要对该项进行排序归类)；然后选择“选定汇总项”，选定要包括分析的对象项，本实训是对“销售额”的数据进行分析；最后选择“汇总方式”，包括求和、平均值、计数、最大值、最小值、乘积、标准偏差和方差，本实训是对销售额进行求和汇总，如图4-77所示。

分类汇总操作能很清晰地对一组数据进行比较、计算，结果如图4-86所示。

	A	B	C	D	E	F	G
1	编号	日期	姓名	产品	地区	颜色	销售额
10				背包 汇总			¥ 35,825.00
19				登山服 汇总			¥ 56,264.00
24				帽子 汇总			¥ 19,515.00
25				总计			¥ 111,604.00

图4-86 汇总结果

4.4.5　课后作业

打开成绩统计表，完成下面的题目。

（1）在Sheet1中，使用数据库统计函数，在C25单元格中求出女学生的数学平均分。要求分别用两种表达方式写出条件区域：通过条件公式表示的条件放在以E25为左上角的区域中；通过条件区域表示的条件放在以G25为左上角的区域中。

（2）在Sheet1中，在C28单元格中求姓“李”并且名字长度在3个字及以上的男生人数，分别用两种表达方式写出条件区域：通过条件公式表示的放在以E28为左上角的区域；通过条件区域表示的放在以G28为左上角的区域。（提示：条件公式用到AND函数、LEFT函数、LEN函数）

（3）在Sheet1中，在C31单元格中求有不及格科目的学生人数，分别用两种表达方式写出条件区域：通过条件公式表示的放在以E31为左上角的区域；通过条件区域表示的放在以G31为左上角的区域。

（4）将Sheet1中的成绩表复制到Sheet2中，然后对Sheet2的数据清单进行分类汇总，求出男、女生的各科平均成绩。

（5）将Sheet1中的成绩表复制到Sheet3中，然后在工作表Sheet3中完成以下操作：用函数在J列中计算各学生四门课程的平均分，并将平均分设置为保留两位小数的数值格式；以英语成绩为主要关键字（降序），数学成绩为次要关键字（升序）对数据进行排序。

（6）在Sheet1中筛选出至少有一科不及格的学生（筛选结果放在以A34为左上角的区域中）。

4.5　实训 5：制作购房贷款和银行利息计算表

在如今社会，购房或者金融投资等都是人们热衷的，在购房上，很多人都需要向银行贷款。本实训让学生掌握如何利用财务函数计算还款额，如何进行简单的金融投资计算。

扫一扫

制作购房贷款和银行利息计算表

4.5.1　实训目标

- 掌握财务函数
- 模拟运算表的应用。

4.5.2　实训内容

（1）某人购房需要资金80万元，向银行贷款取得，银行年利率假设为4.8%，采取每月等额还款的方式，还款期限是15年，求月还款额。

（2）向银行每月存款1 800元，银行年利率是2.5%，求5年后可以得到的本金和利息共多少。

（3）已知某银行提供年利率为2.5%，只要现在先缴120 000元，就可在未来10年内每年领回13 500元，评估此项方案是否值得投资？

（4）银行利息计算：存款20 000元，年利率4.5%，求年利息是多少。如年利率改为

4.2%、4.4%、4.8%、5.0%、5.2%，年利息分别是多少？

4.5.3 实训知识点

1. 财务函数的应用

要导入财务函数，单击“公式”选项卡“函数库”组中的“财务”下拉按钮，在打开的下拉列表中选择所需的财务函数，如图4-87所示。由于财务函数比较多，只要求学生掌握表4-11所示的常用财务函数，其他函数可查看Excel帮助。

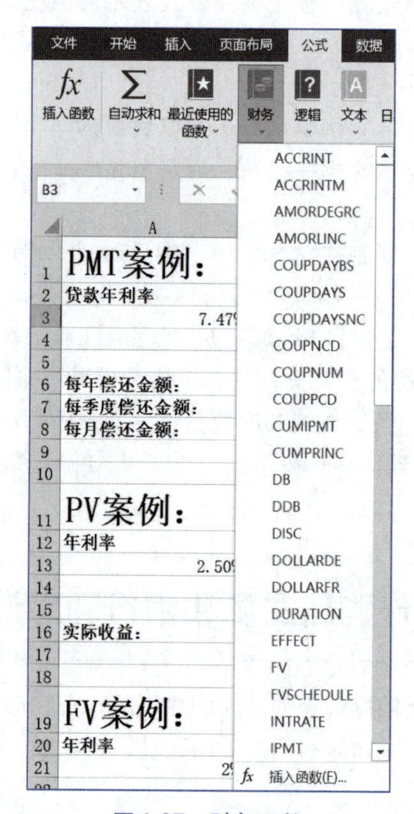

图4-87 财务函数

表4-11 常用财务函数

函数名称	函数功能
PMT(rate,nper,pv,[fv],[type])	基于固定利率及等额分期付款方式，返回贷款的每期付款额
FV(rate,nper,pmt,[pv],[type])	基于固定利率及等额分期付款方式，返回某项投资的未来值
PV(rate,nper,pmt,[fv],[type])	返回投资的现值

1）PMT函数

PMT函数基于固定利率及等额分期付款方式，返回贷款的每期付款额，其语法为：

```
PMT(rate,nper,pv,[fv],[type]);
```

其中：

① rate：必需。贷款利率。

② nper：必需。该项贷款的付款总数。

③ pv：必需。现值，或一系列未来付款的当前值的累积和，也称本金。

④ fv：可选。未来值，或在最后一次付款后希望得到的现金余额。如果省略fv，则假设其值为0（零），也就是一笔贷款的未来值为0。

⑤ type：可选。数字0（零）或1，用以指示各期的付款时间是在期初还是期末。

2）FV函数

FV函数基于固定利率及等额分期付款方式，返回某项投资的未来值，其语法为：

```
FV(rate,nper,pmt,[pv],[type]);
```

其中：

① rate：必需。各期利率。

② nper：必需。年金的付款总期数。

③ pmt：必需。各期所应支付的金额，其数值在整个年金期间保持不变。通常，pmt 包括本金和利息，但不包括其他费用或税款。如果省略pmt，则必须包括pv参数。

④ pv：可选。现值，或一系列未来付款的当前值的累积和。如果省略pv，则假设其值为0（零），并且必须包括pmt参数。

⑤ type：可选。数字0或1，用以指定各期的付款时间是在期初还是期末。如果省略type，则假设其值为0。

3）PV函数

PV函数返回投资的现值。现值为一系列未来付款的当前值的累积和。例如，借入方的借入款即为贷出方贷款的现值，其语法为：

```
PV(rate,nper,pmt,[fv],[type]);
```

其中：

① rate：必需。各期利率。例如，按10%的年利率借入一笔贷款来购买汽车，并按月偿还贷款，则月利率为10%/12（即0.83%）。可以在公式中输入10%/12、0.83%或0.0083作为rate的值。

② nper：必需。年金的付款总期数。例如，对于一笔4年期按月偿还的汽车贷款，共有4×12（即48）个偿款期。可以在公式中输入48作为nper的值。

③ pmt：必需。各期所应支付的金额，其数值在整个年金期间保持不变。通常，pmt包括本金和利息，但不包括其他费用或税款。例如，10 000元的年利率为12%的4年期汽车贷款的月偿还额为263.33元。可以在公式中输入-263.33作为pmt的值。如果省略pmt，则必须包含fv参数。

④ fv：可选。未来值，或在最后一次支付后希望得到的现金余额，如果省略fv，则假设其值为0（如一笔贷款的未来值为0）。例如，需要存50 000元以便在18年后为特殊项目付款，则50 000元就是未来值。可以根据保守估计的利率来决定每月的存款额。如果省略fv，则必须包含pmt参数。

⑤ type：可选。数字0或1，用以指定各期的付款时间是在期初还是期末。

2. 模拟运算表的应用

Excel模拟运算表是一个模拟分析工具。分析表达式（或函数，最多只有两个变量）中一个变量变化或两个变量同时变化时对计算结果的影响。计算结果是随变量的系列变化而产生的系列结果，以便用户做出较合理的选择。

例如，银行年利息计算：年利息，是从本金和年利率这两个变量中求出的，即年利息=本金×年利率。如果存款200 000元，年利率4.5%，求年利息是多少。若年利率改为4.2%、4.4%、4.8%、5.0%、5.2%，年利息分别是多少？从案例中看，年利息只与两个变量有关，其中一个变量变化，这样的数据分析可以用Excel模拟运算表完成。

单击“数据”→“预测”→“模拟分析”→“模拟运算表”选项，弹出图4-88所示的对话框。在“输入引用行的单元格”中输入$A$2，然后单击“确定”按钮，结果如图4-89所示。

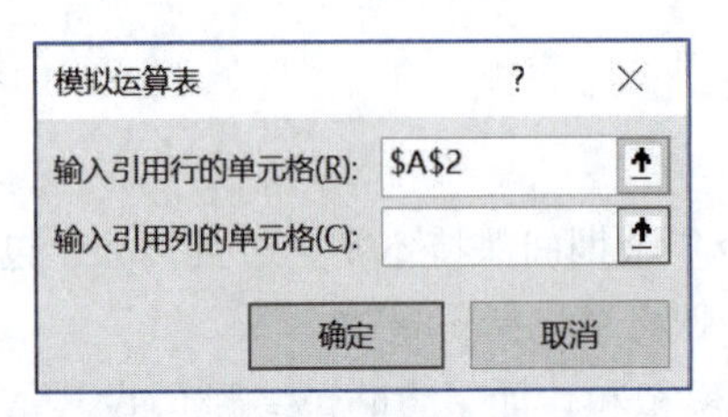

图4-88 模拟运算表行输入

B6 {=TABLE(A2,)}

	A	B	C	D	E	F
1	200000					
2	4.50%					
3	9000					
4						
5	4.50%	4.20%	4.40%	4.80%	5.00%	5.20%
6	9000	8400	8800	9600	10000	10400

图4-89 利息不同的行分析结果

说明：

$A$2表示产生系列变化的变量所在的单元格，必须采用绝对地址。运算分析的结果以行形式表达，所以在“模拟运算表”对话框的“输入引用行的单元格”中输入。

如果分析的结果用列形式表示，变量变化以列形式输入，并在“模拟运算表”对话框中以引用列的单元格输入，如图4-90所示，运算结果如图4-91所示。

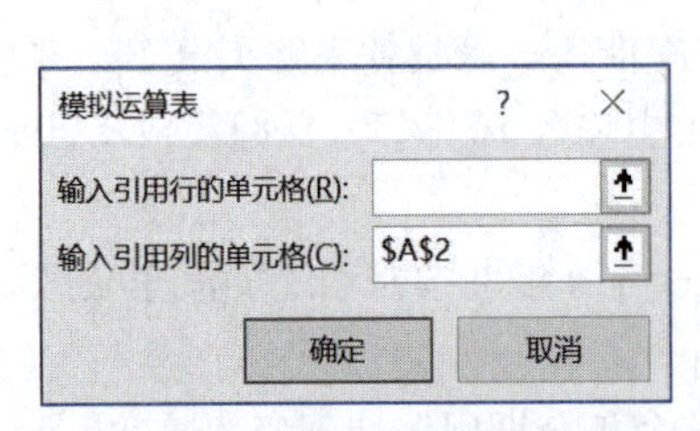

图4-90 模拟运算表列输入

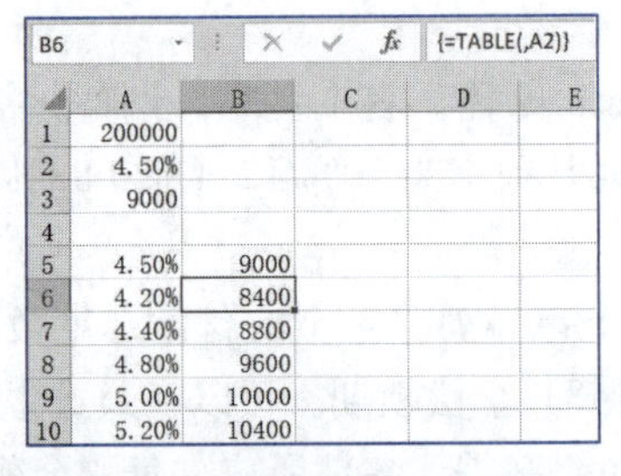
B6 {=TABLE(,A2)}

	A	B	C	D	E
1	200000				
2	4.50%				
3	9000				
4					
5	4.50%	9000			
6	4.20%	8400			
7	4.40%	8800			
8	4.80%	9600			
9	5.00%	10000			
10	5.20%	10400			

图4-91 利息不同的列分析结果

4.5.4 实训步骤

（1）某人购房需要资金80万元，向银行贷款取得，银行年利率假设为4.8%，采取每月等额还款的方式，还款期限是15年，求月还款额。

求贷款分期偿还款可以用函数PMT(rate,nper,pv,fv,type)解决。其中，rate为各期利率，是固定值，以月利率计；nper为贷款期，即该项投资（或贷款）的付款期（以月份计数）的总数；pv为贷款总额；fv为未来值；type为还款时间，fv和type均可省略。这样，函数PMT的变量只有还款期总期限。这个函数表达式可写为“PMT(4.8%/12,15*12,800000)”。

（2）向银行每月存款1 800元，银行年利率是2.5%，求5年后可以得到的本金和利息共多少。

求本息可用函数FV计算。FV函数基于固定利率及等额分期付款方式，返回某项投资的未来值。FV函数的格式是：

```
FV(rate,nper,pmt,pv,type)
```

其中：

① rate：各期（以月计息）利率，是一个固定值。如本实训年利率是2.5%，月息就是2.5%/12。

② nper：总存款（或贷款）期。本实训为5年，nper值为60。

③ pmt：各期应交存款（或得到）的金额。本实训为1 800元。其数值在整个年金期间（或投资期内）保持不变。本实训要求存款，pmt值为“-1800”，计算结果是正数。如果是借款，应为“1800”，计算结果是负数，表示应还金额。

因此，输入函数“=FV(2.5%/12,12*5,-1800)”=114912.97（元）。

（3）已知某银行提供年利率为2.5%，只要现在先缴120 000元，就可在未来10年内每年领回13 500元，评估此项方案是否值得投资？

评估此项方案是否值得投资，必须计算按银行提供的利率，在未来10年，每年领取13 500元，需要投资的金额是多少。如果总额小于缴费金额120 000元，则不值得投资，如果大于120 000元，则值得投资。因此，用PV函数计算投资的现值。PV函数的参数格式是：

```
PV(rate,nper,pmt,[fv],[type])
```

其中：

① rate：各期利率，是一个固定值。例如，本实训年利率是2.5%，以年计算，rate的值为2.5%。

② nper：总存款（或贷款）期。本实训为10年，nper值为10。

③ pmt：各期所应交的存款（或得到）的金额。本实训为13 500元，其值在整个年金期间（或投资期内）保持不变。本实训是求投资值，pmt值“13500”，计算结果是负数，表示应还金额。

因此，输入函数“=PV(2.5%,10,13500)”，得到的结果是–118152.86（元），说明如果每年领取13 500元，按银行的利率，只需要投资118 152.86元就可以了，比120 000元少，所以此项投资不值得。

（4）银行利息计算。存款200 000元，年利率4.5%，求年利息是多少。若年利率改为4.2%、4.4%、4.8%、5.0%、5.2%，年利息分别是多少？

年利息，是从本金和年利率这两个变量中求出的，即年利息=本金×年利率。从实训要求中看出，年利息只与一个变量有关。这样的数据分析可以用Excel模拟运算表完成，操作步骤如下：

① 在单元格A1输入“200000”，在单元格A2输入“4.5%”，在单元格A3输入“=A1*A2”。

② 在单元格A5～F5中分别输入4.2%、4.4%、4.8%、5.0%、5.2%。

③ 在单元格A6中输入“=A1*A2”。

④ 选择区域A5:F6。

⑤ 选择“数据”→“预测”→“模拟分析”→“模拟运算表”命令，弹出图4-88所示的对话框。在“输入引用行的单元格”中输入“$A$2”，然后单击“确定”按钮，结果如

图4-89所示。

如果分析的结果用列形式表示，变量变化以列形式输入，并在对话框中以引用列的单元格输入，如图4-90所示，运算结果如图4-91所示。

4.5.5 课后作业

（1）在银行每月存款1 800元，银行每年的利息是2.5%，求5年后可以得本金和利息共多少。

（2）贷款购房，需要资金90万元，部分房款可由银行贷款取得，年利率假设为4%，采取每月等额还款的方式，贷款数额分别是90万元、80万元、70万元、60万元、50万元、40万元、30万元。还款期限分别是10年、15年、20年、25年、30年。求贷款额和还款期不同组合的月还款额。

（3）现有一种保险，需要每年投资1万元，投资10年。10年后一次性领取12万元，该保险终止。已知某银行提供的年利率为2.5%，请问：该保险是否值得买？

4.6 实训6：制作员工薪资统计表

扫一扫

制作员工薪资统计表

本实训通过某公司员工薪资记录表，统计每个月的总工资，并通过记录表的信息，分析各部门工资情况等，要求熟练掌握合并计算，以及数据透视表或数据透视图的使用。

4.6.1 实训目标

- 掌握合并计算。
- 掌握数据透视表或数据透视图的应用。

4.6.2 实训内容

（1）每个月员工薪资统计。员工工资由三部分组成：基本工资、岗位工资和奖金提成，分别列在三个不同的工作表中，用“合并计算”将员工的工资情况合并统计。

（2）以数据透视表进行统计分析。按所属部门分类，统计各部门的工资支出总额。

4.6.3 实训知识点

1. 合并计算

合并计算可以将Excel中多达256个表格的数据进行汇总统计。统计分析包括求和、平均、求最大值、求最小值、计数，以及标准偏差、方差等。

合并计算操作：选择“数据”→“数据工具”→“合并计算”命令，再在弹出的“合并计算”对话框的“函数”下拉列表框中选择汇总方式，选择需要合并表格的单元格区域，并添加到对话框中的“所有引用位置”。选中“标签位置”选项区域中的“首行”和“最左列”复选框，如图4-92所示，单击“确定”按钮后，“合并计算”有两种结果：一是按类合并汇总，选中对话框中的“标签位置”选项区域中的“首行”和“最左列”复选框，合并统计将按行字段和列字段进行汇总统计，如相同的列字段汇总统计，不相同的列字段单列统计；二是按位置统计，即不选中对话框中“标签位置”选项区域中的“首行”和“最左列”复选框，合并计算将以划分好的单元格区域的左上角开始，只对有数据的列汇总统计。

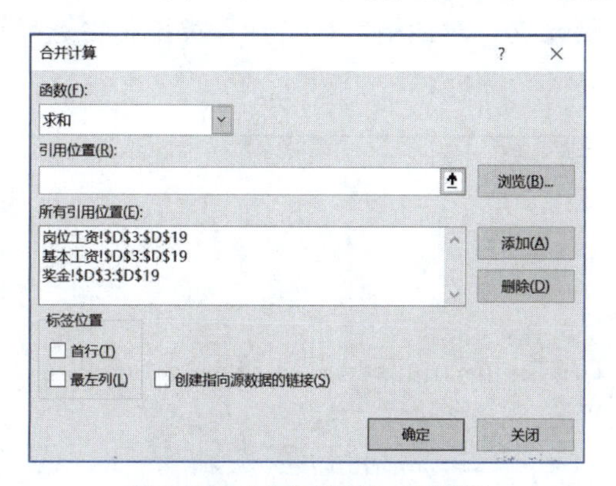

图 4-92　“合并计算”对话框

2. 数据透视表和数据透视图的应用

数据透视表是比分类汇总更灵活的一种数据分析方法。它同时灵活变换多个需要统计的字段对一组数值进行统计分析，可以是求和、平均值、计数、最大值、最小值和乘积等。

组成数据透视表的三项可以很方便地以“行”、“列”或“页”的状态出现，使用户从不同的角度对工作表中的数据进行统计和分析，得出较为合理的结果。已设定为“页”“行”“列”的分析项各有下拉选择框，显示字段中的部分或全部元素参与分析。这三项组成“与”关系，也就是说，数据区出现的统计结果都符合表中设定的页、行、列字段的条件。

操作：选择“插入”→“表格”→“数据透视表”命令（如果制作数据透视图，选择“数据透视图”命令），弹出“创建数据透视表”对话框，如图 4-93 所示，从中选择要分析的数据。然后选择放置数据透视表的位置，在新建工作表或现有工作表中，例如在现有工作表的位置“基本工资! $K$11”。单击“确定”按钮，弹出图 4-94 所示的“数据透视表字段”任务窗格。根据要求将各项拖到对应区域，如图 4-95 所示。

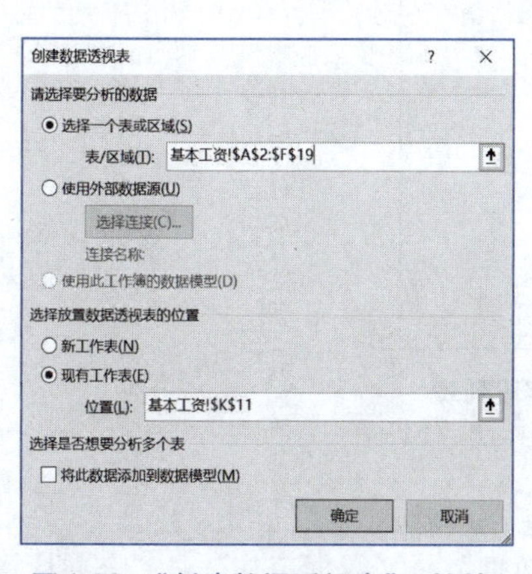

图 4-93　“创建数据透视表”对话框

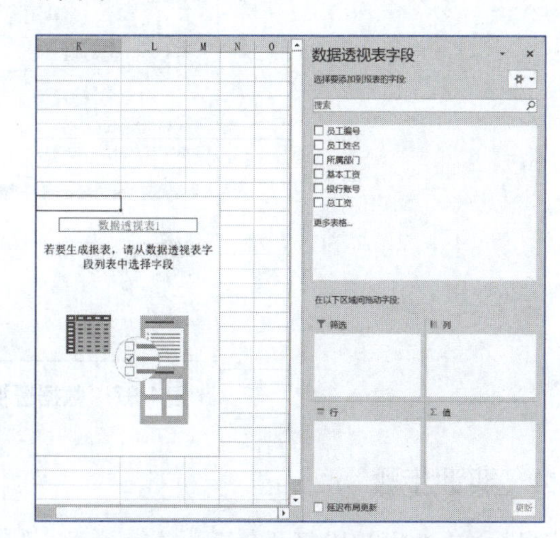

图 4-94　“数据透视表字段”任务窗格

选择数据透视表，在选项卡中出现“数据透视表工具”，如图 4-96 所示。根据需要，通过数据透视表工具或数据透视表字段列表对数据透视表进行编辑和格式化。如果要更改“值”

的计数方式，可以单击“值”列表框中选项右侧的下拉按钮，在弹出的菜单中选择“值字段设置”命令，打开“值字段设置”对话框，在“计算类型”中选择计数、求和、平均值等计数方式，如图4-97所示。

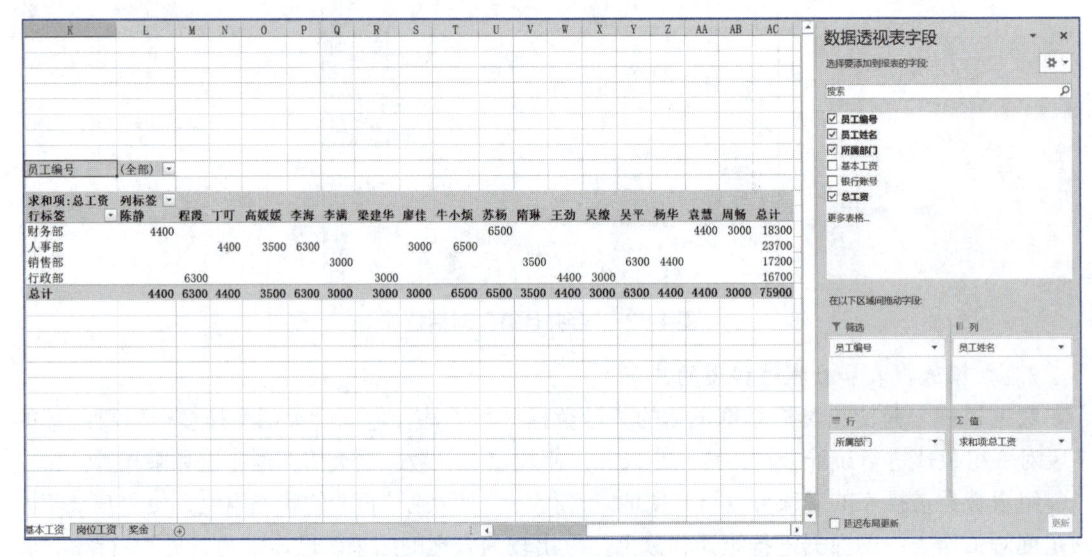

图4-95 数据透视表布局结果

图4-96 “数据透视表工具”选项卡

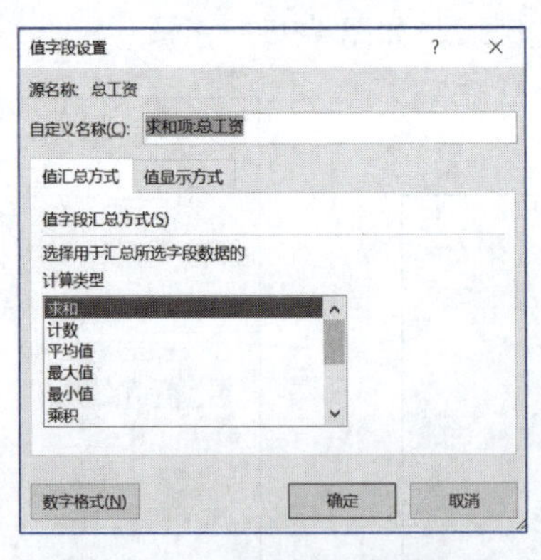

图4-97 数据透视表字段列表

4.6.4 实训步骤

（1）用Excel 2019打开员工薪资统计表，选择“数据”→“数据工具”→“合并计算”命令，对员工工资进行合并计算。

员工工资的组成分布在三个不同的工作表中，如图4-98~图4-100所示。合并统计计算的操作步骤如下：

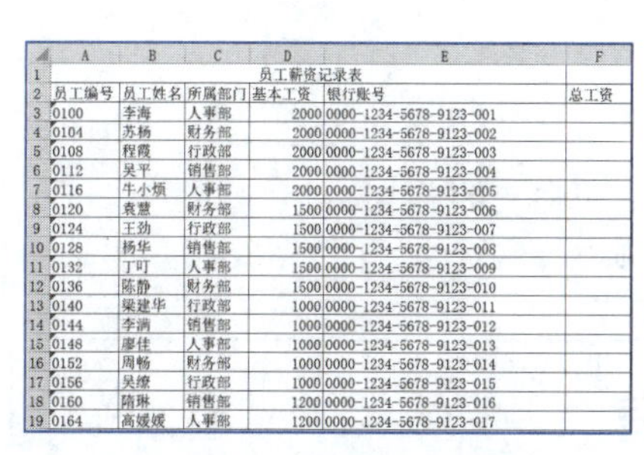

	A	B	C	D	E	F
1	员工薪资记录表					
2	员工编号	员工姓名	所属部门	基本工资	银行账号	总工资
3	0100	李海	人事部	2000	0000-1234-5678-9123-001	
4	0104	苏杨	财务部	2000	0000-1234-5678-9123-002	
5	0108	程霞	行政部	2000	0000-1234-5678-9123-003	
6	0112	吴平	销售部	2000	0000-1234-5678-9123-004	
7	0116	牛小烦	人事部	2000	0000-1234-5678-9123-005	
8	0120	袁慧	财务部	1500	0000-1234-5678-9123-006	
9	0124	王劲	行政部	1500	0000-1234-5678-9123-007	
10	0128	杨华	销售部	1500	0000-1234-5678-9123-008	
11	0132	丁叮	人事部	1500	0000-1234-5678-9123-009	
12	0136	陈静	财务部	1500	0000-1234-5678-9123-010	
13	0140	梁建华	行政部	1000	0000-1234-5678-9123-011	
14	0144	李满	销售部	1000	0000-1234-5678-9123-012	
15	0148	廖佳	人事部	1000	0000-1234-5678-9123-013	
16	0152	周畅	财务部	1000	0000-1234-5678-9123-014	
17	0156	吴缭	行政部	1000	0000-1234-5678-9123-015	
18	0160	隋琳	销售部	1200	0000-1234-5678-9123-016	
19	0164	高媛媛	人事部	1200	0000-1234-5678-9123-017	

图4-98 员工基本工资表

	A	B	C	D
1	员工薪资记录表			
2	员工编号	员工姓名	所属部门	岗位工资
3	0100	李海	人事部	2500
4	0104	苏杨	财务部	2500
5	0108	程霞	行政部	2500
6	0112	吴平	销售部	2500
7	0116	牛小烦	人事部	2500
8	0120	袁慧	财务部	1500
9	0124	王劲	行政部	1500
10	0128	杨华	销售部	1500
11	0132	丁叮	人事部	1500
12	0136	陈静	财务部	1500
13	0140	梁建华	行政部	1000
14	0144	李满	销售部	1000
15	0148	廖佳	人事部	1000
16	0152	周畅	财务部	1000
17	0156	吴缭	行政部	1000
18	0160	隋琳	销售部	1200
19	0164	高媛媛	人事部	1200

图4-99 员工岗位工资表

	A	B	C	D
1	员工薪资记录表			
2	员工编号	员工姓名	所属部门	奖金提成
3	0100	李海	人事部	1800
4	0104	苏杨	财务部	2000
5	0108	程霞	行政部	1800
6	0112	吴平	销售部	1800
7	0116	牛小烦	人事部	2000
8	0120	袁慧	财务部	1400
9	0124	王劲	行政部	1400
10	0128	杨华	销售部	1400
11	0132	丁叮	人事部	1400
12	0136	陈静	财务部	1400
13	0140	梁建华	行政部	1000
14	0144	李满	销售部	1000
15	0148	廖佳	人事部	1000
16	0152	周畅	财务部	1000
17	0156	吴缭	行政部	1000
18	0160	隋琳	销售部	1100
19	0164	高媛媛	人事部	1100

图4-100 员工奖金提成表

① 将光标定位于员工基本工资表的“总工资”F3单元格中，然后选择“数据”→“数据工具”→“合并计算”命令，再在“函数”下拉列表框中选择汇总方式。

② 选择需要合并表格的单元格区域，并添加到对话框中的“所有引用位置”。在本实训中，引用的位置分别是“基本工资! \$D\$3:\$D\$19”“岗位工资! \$D\$3:\$D\$19”和“奖金! \$D\$3:\$D\$19”，如图4-101所示。

③ 选中“标签位置”选项区域中的“首行”和“最左列”复选框。

④ 单击“确定”按钮后，结果如图4-102所示。

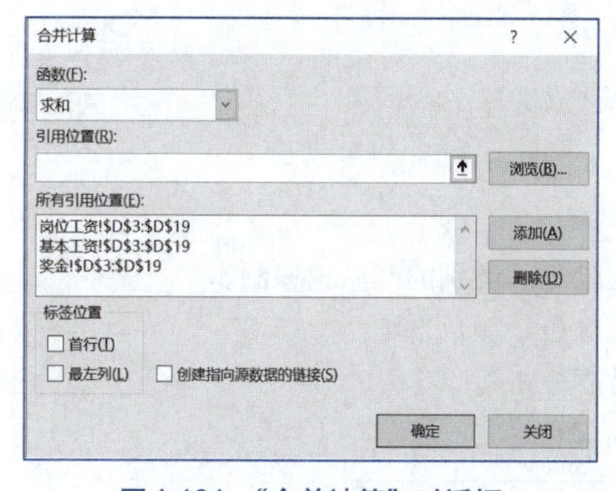

图4-101 “合并计算”对话框

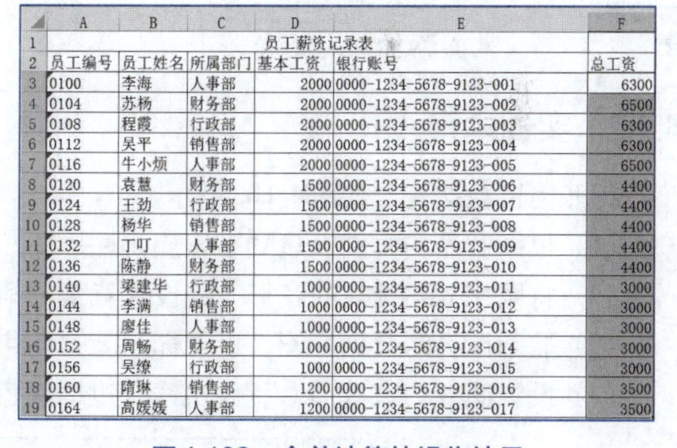

	A	B	C	D	E	F
1	员工薪资记录表					
2	员工编号	员工姓名	所属部门	基本工资	银行账号	总工资
3	0100	李海	人事部	2000	0000-1234-5678-9123-001	6300
4	0104	苏杨	财务部	2000	0000-1234-5678-9123-002	6500
5	0108	程霞	行政部	2000	0000-1234-5678-9123-003	6300
6	0112	吴平	销售部	2000	0000-1234-5678-9123-004	6300
7	0116	牛小烦	人事部	2000	0000-1234-5678-9123-005	6500
8	0120	袁慧	财务部	1500	0000-1234-5678-9123-006	4400
9	0124	王劲	行政部	1500	0000-1234-5678-9123-007	4400
10	0128	杨华	销售部	1500	0000-1234-5678-9123-008	4400
11	0132	丁叮	人事部	1500	0000-1234-5678-9123-009	4400
12	0136	陈静	财务部	1500	0000-1234-5678-9123-010	4400
13	0140	梁建华	行政部	1000	0000-1234-5678-9123-011	3000
14	0144	李满	销售部	1000	0000-1234-5678-9123-012	3000
15	0148	廖佳	人事部	1000	0000-1234-5678-9123-013	3000
16	0152	周畅	财务部	1000	0000-1234-5678-9123-014	3000
17	0156	吴缭	行政部	1000	0000-1234-5678-9123-015	3000
18	0160	隋琳	销售部	1200	0000-1234-5678-9123-016	3500
19	0164	高媛媛	人事部	1200	0000-1234-5678-9123-017	3500

图4-102 合并计算的操作结果

(2) 以数据透视表进行统计分析。按所属部门分类，统计各部门的工资支出总额。

本实训以“所属部门”分类，对“总工资”进行求和的统计分析。因此将“所属部门”设为“行”，“总工资”设为“列”，“总工资”设定为数据，进行求和统计分析。操作步骤如下：

① 选择操作区域A2:F19。

② 选择“插入”→“表格”→“数据透视表”命令，弹出“创建数据透视表”对话框，如图4-93所示，从中选择要分析的数据，本实训的表区域为“基本工资! \$A\$2:\$F\$19”。然后选择放置数据透视表的位置，在新建工作表或现有工作表中，例如在现有工作表的位置“基本工资! \$K\$11”。

③ 单击“确定”按钮，弹出图4-94所示的“布局”对话框。

④ 将“员工编号”拖动到“筛选”区域，将“员工姓名”拖动到“列”区域，将“所属部门”拖动到“行”区域，将“总工资”拖动到“值”区域，如图4-95所示。

⑤ 选择数据透视表，在选项卡中出现“数据透视表工具”，如图4-96所示。根据需要，通过数据透视表工具或数据透视表字段列表对数据透视表进行编辑和格式化。

4.6.5 课后作业

打开成绩分析表，完成下面的题目：

(1) 在Sheet1中合并计算每位学生的高等数学、英语、革命史的总分。

(2) 对表格按系别分类，按总分的最高值进行数据透视表分析。

4.7 实训7：制作销售数据分析图表

Excel图表是对Excel工作表统计分析结果的进一步形象化说明。通过本实训的学习，学会建立一个形象化的图表。建立图表的目的是直观地展示数据间的对比关系、趋势，增强Excel工作表信息的直观性，使用户加深对工作表统计分析结果的理解和掌握。

扫一扫

制作销售数据分析图表

4.7.1 实训目标

- 掌握图表制作。
- 掌握图表格式化。
- 掌握添加图表元素。

4.7.2 实训内容

打开销售数据表，如图4-103所示。

(1) 根据产品的类别，建立三维簇状柱形图，比较不同类别的产品销售额。

(2) 将图例放在图表的底部，并设置背景的渐变颜色，颜色自定。

(3) 显示图表的数据标签，设置标题为“销售数据分析”。

(4) 设置图表的边框为1.75磅实线，边框颜色为橙色。

	A	B	C	D	E	F	G
1	编号	日期	姓名	产品	地区	颜色	销售额
2	1	2019年4月1日	Ivy	背包	北部	兰色	¥ 1,500.00
3	2	2020年4月1日	Ivy	背包	北部	黑色	¥ 2,827.00
4	3	2021年4月1日	Ivy	背包	北部	黄色	¥ 6,235.00
5	8	2019年1月1日	Ivy	背包	东部	红色	¥ 5,712.00
6	9	2020年1月1日	Ivy	背包	东部	绿色	¥ 8,765.00
7	10	2021年1月1日	Ivy	背包	东部	兰色	¥ 3,698.00
8	16	2019年10月1日	Ivy	背包	南部	紫色	¥ 6,485.00
9	17	2020年10月1日	Ivy	背包	南部	红色	¥ 603.00
10				背包 汇总			¥ 35,825.00
11	4	2019年8月1日	Ivy	登山服	北部	红色	¥ 5,807.00
12	5	2020年8月1日	Ivy	登山服	北部	绿色	¥ 9,042.00
13	11	2019年5月1日	Ivy	登山服	东部	白色	¥ 3,265.00
14	12	2020年5月1日	Ivy	登山服	东部	紫色	¥ 7,952.00
15	13	2021年5月1日	Ivy	登山服	东部	红色	¥ 8,036.00
16	18	2019年2月1日	Ivy	登山服	南部	黑色	¥ 6,879.00
17	19	2020年2月1日	Ivy	登山服	南部	黄色	¥ 9,486.00
18	20	2021年2月1日	Ivy	登山服	南部	白色	¥ 5,797.00
19				登山服 汇总			¥ 56,264.00
20	6	2019年12月1日	Ivy	帽子	北部	白色	¥ 6,365.00
21	7	2020年12月1日	Ivy	帽子	北部	紫色	¥ 961.00
22	14	2019年9月1日	Ivy	帽子	东部	黑色	¥ 6,922.00
23	15	2020年9月1日	Ivy	帽子	东部	黄色	¥ 5,267.00
24				帽子 汇总			¥ 19,515.00
25				总计			¥ 111,604.00

图4-103 销售数据表

4.7.3 实训知识点

1. 建立图表的基本操作

要建立Excel图表，首先对需要建立图表的工作表进行阅读、分析，决定采用何种图表类型和对图表进行何种内在设计，才能使其建立后达到直观、形象的目的。

建立图表的一般步骤如下：

① 阅读、分析要建立图表的工作表数据，找出“比较”项。

② 通过“插入”选项卡“图表”组中的按钮在工作表中建立图表区域。

③ 通过单击图表工具完成建立图表的四个步骤。在四个对话框中，根据对图表的预设计，设置各标签项。

④ 对建立的图表进行编辑和格式化。

Excel 2019提供了10种基本图表类型，如表4-12所示。在创建图表时，需要针对不同的应用场景，选择不同的图表类型。

表 4-12 图表的类型和用途

图表类型	用途说明
柱形图	用于比较一段时间中两个或多个项目的相对大小
条形图	在水平方向上比较不同类别的数据
折线图	按类别显示一段时间内数据的变化趋势
饼图	在单组中描述部分与整体的关系
XY散点图	描述两种相关数据的关系
面积图	强调一段时间内数值的相对重要性
雷达图	表明数据或数据频率相对于中心点的变化
曲面图	当第三个变量变化时，跟踪另外两个变量的变化，是一个三维图
股价图	综合了柱形图的折线图，专门设计用来跟踪股票价格
组合图	突出显示不同类型的信息，当图表中的值范围变化较大或具有混合类型的数据时，应使用它

2. 图表元素

图表元素有图表标题、坐标轴、图例、数据标签等，如图4-104所示。

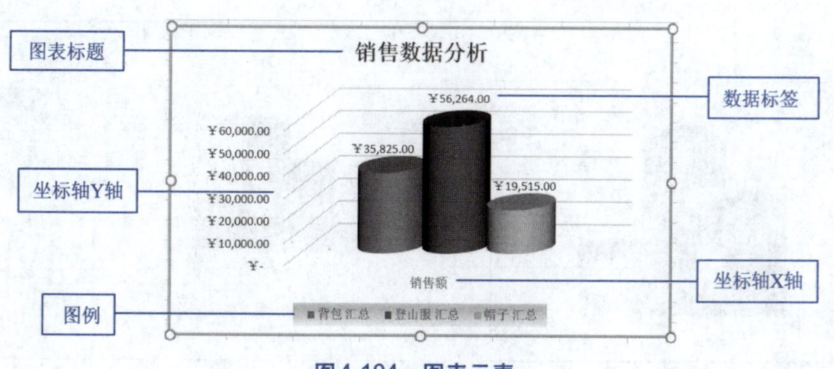

图4-104 图表元素

制作图表时，选择图表数据后，单击“图表工具-设计”选项卡中的“添加图表元素”下拉按钮，根据需求，进行相关元素添加，如图4-105所示。

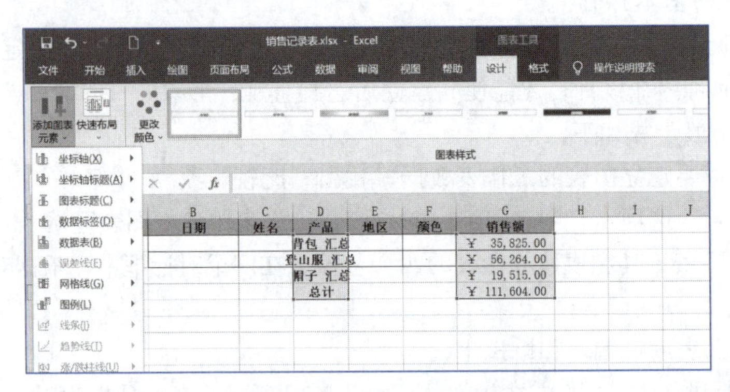

图4-105　添加图表元素

3. 图表编辑和格式化

图表建立以后，如果对显示效果不满意，可以利用“图表工具”或右击图表任何位置弹出的快捷菜单编辑图表，或者对图表的一部分进行格式化设置。下面利用“图表工具”组对图表进行编辑和格式化。

选中图表，会出现“图表工具”选项卡，如图4-106所示，可根据要求设置“设计”“格式”选项。

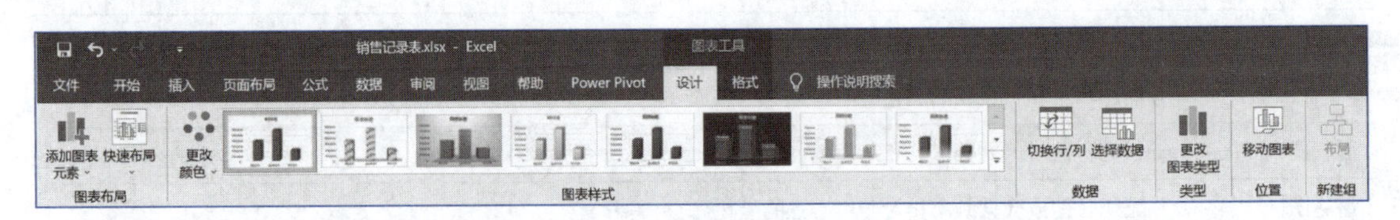

图4-106　“图表工具”选项卡

例如，将图表设置为紧凑排列的圆柱形。

操作：切换行/列，可单击“设计”选项卡“数据”组中的“切换行/列”按钮，将颜色一致且分散排列的三维簇状柱形图改为颜色不同且紧凑排列的三维簇状柱形图，如图4-107所示。右击每个柱形图，在弹出的快捷菜单中选择“设置数据系列格式”命令，在表格右侧弹出详细相关设置，在“系列选项”中将“箱型”的柱形图更改为“圆柱形”，如图4-108所示。

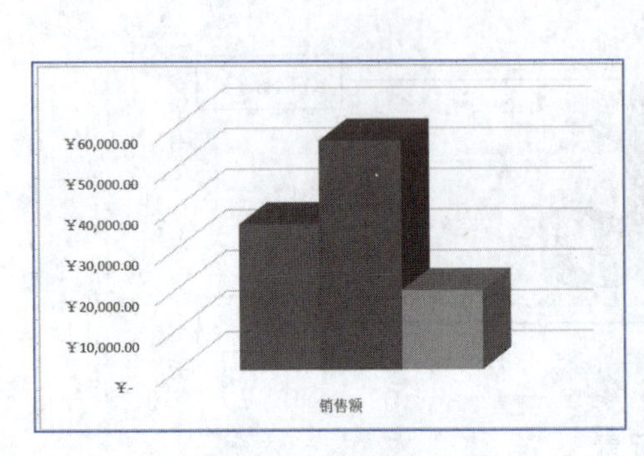

图4-107　切换行/列

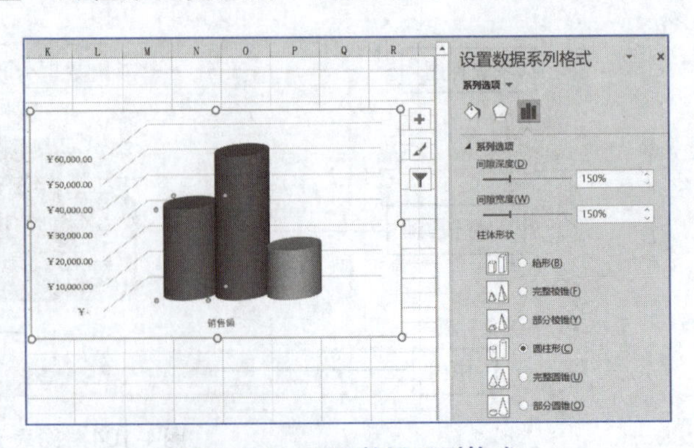

图4-108　设置数据系列格式

4.7.4 实训步骤

（1）根据产品的类别，建立三维簇状柱形图，比较不同类别的产品销售额。

用Excel 2019打开销售数据表，然后单击“插入”选项卡“图表”组中的“插入柱形图或条形图”下拉按钮，在打开的下拉列表中选择“三维簇状柱形图”选项。

建立图表的操作步骤如下：

① 选取工作表中需要建立图表的区域。例如，本实训根据汇总数据选取“Sheet! $D$1,Sheet! $G$1,Sheet! $D$10,Sheet! $G$10,Sheet! $D$19,Sheet! $G$19,Sheet! $D$24,Sheet! $G$24”。

② 在“插入”选项卡“图表”组中选择所需要的图表类型，如图4-109所示。在本实训中单击“插入柱形图或条形图”下拉按钮，在打开的下拉列表中选择“三维柱形图”中的“三维簇状柱形图”选项，生成的图表如图4-110所示。

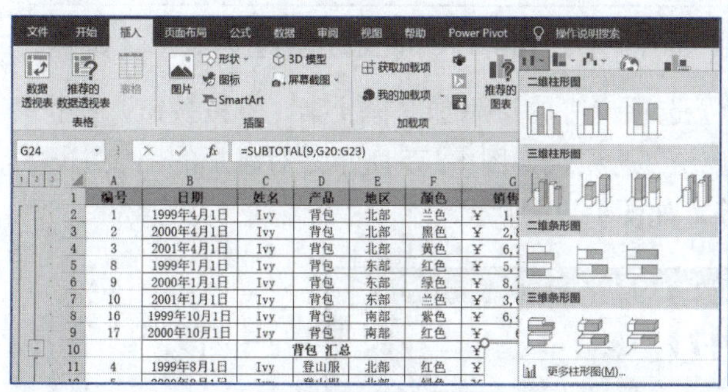

图4-109 插入图表

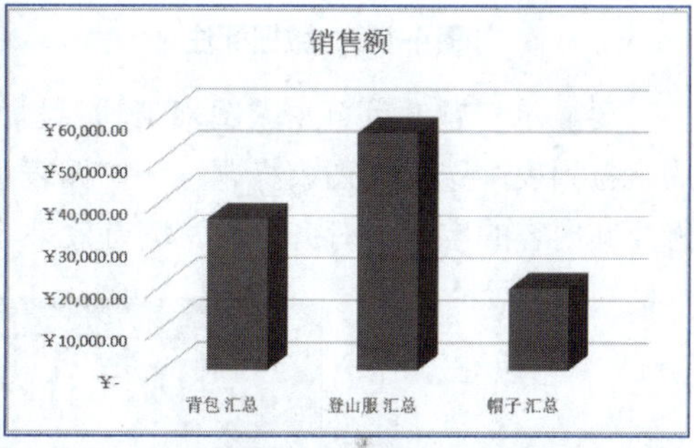

图4-110 三维簇状柱形图

（2）将图例放在图表的底部，并设置背景的渐变颜色，颜色自定。

设置图例，可单击“设计”选项卡中的“添加图表元素”按钮，如图4-111所示。然后选择的图例，用右击图例或者右击“更多图例选项”命令，在表格右侧弹出的快捷菜单中选择“设置图例格式”命令来设置图例位置、填充颜色及边框样式等，如图4-112所示。

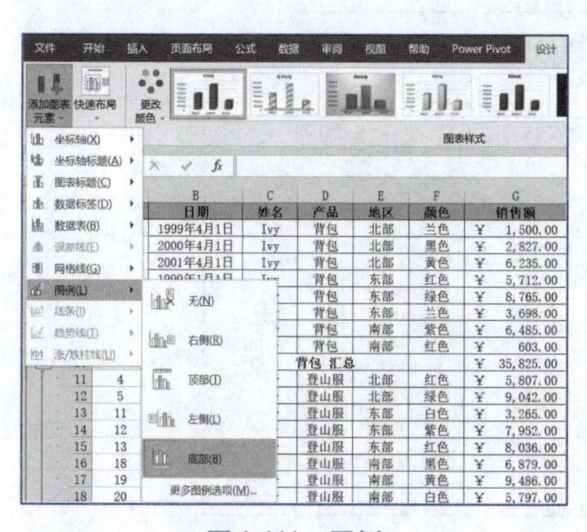

图4-111 图例

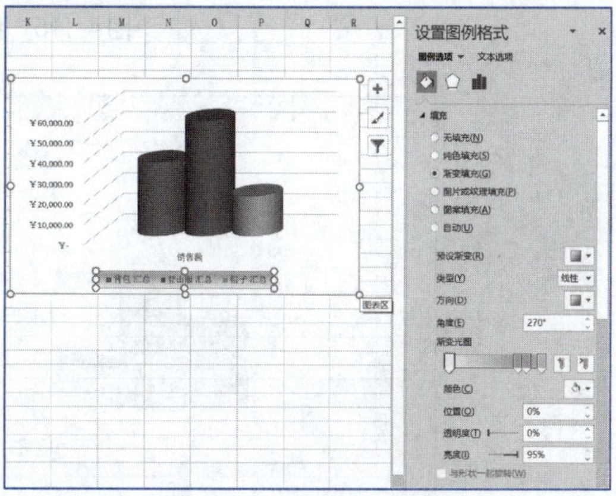

图4-112 设置图例格式

（3）显示图表的数据标签，设置标题为“销售数据分析”。

要显示数据标签，可单击“图表工具-设计”选项卡中的“添加图标元素”下拉按钮，在打开的下拉列表中选择“数据标签”→“数据标注”选项，如图4-113所示。单击每个数据标签或者右击数据标签选择“设置数据标签格式”可以在表格的右侧设置数据标签格式。选择“填充与线条”中的“填充”将数据标签设置为“无填充”，“边框”设置为“无线条”，选择“标签选项”选择标签包含“值”，如图4-114所示。

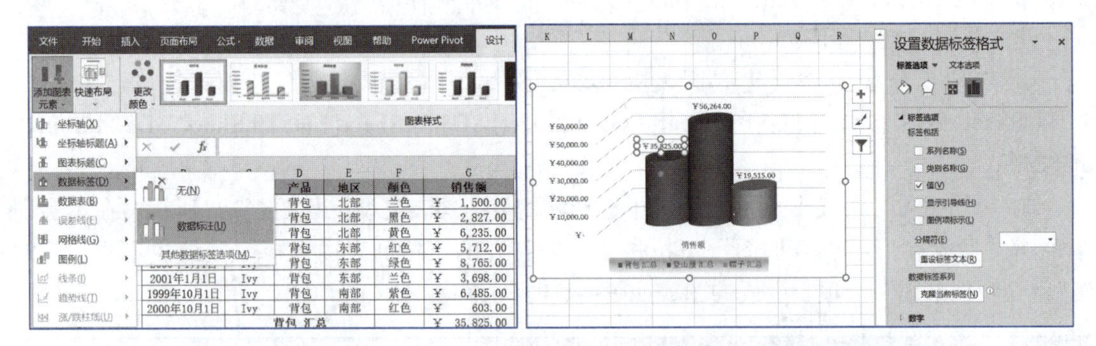

图4-113　数据标注　　　　图4-114　设置数据标签格式

要显示标题，可单击“图表工具-设计”选项卡中的“添加图标元素”下拉按钮，在打开的下拉列表中选择“图表标题”→“图表上方”选项，如图4-115所示。对添加的图表标题可修改其内容的字体、对齐方式、填充效果等，如图4-116所示。

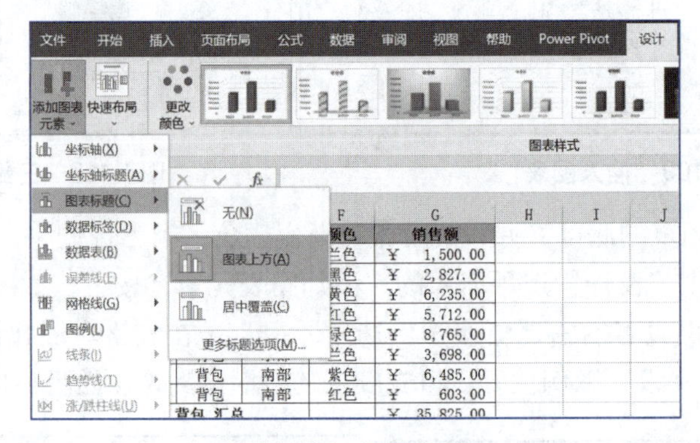

图4-115　图表标题

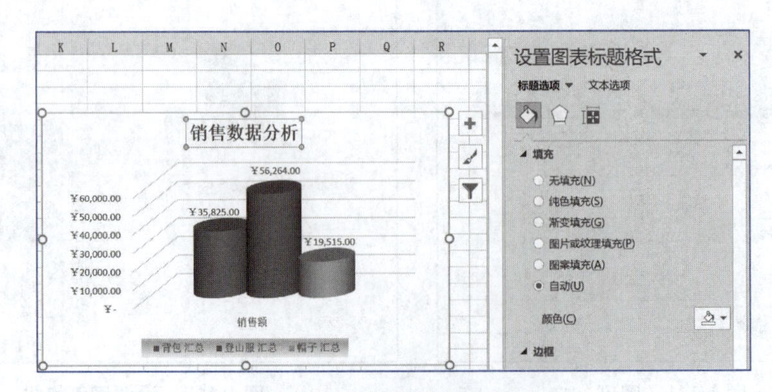

图4-116　设置图表标题格式

（4）设置图表的边框为1.75磅实线，边框颜色为橙色。

要设置图表的边框格式，先选择图表，然后右击图表的图表区，在弹出的快捷菜单中选择“设置图表区域格式”命令，在弹出的“设置图表区格式”任务窗格中设置图表填充颜色及边框样式，如图4-117所示。如果想要设置绘图区的边框格式，同样只需要右击绘图区，在弹出的快捷菜单中选择“设置绘图区格式”命令，即可在弹出的“设置绘图区格式”任务窗格中对其进行设置，如图4-118所示。

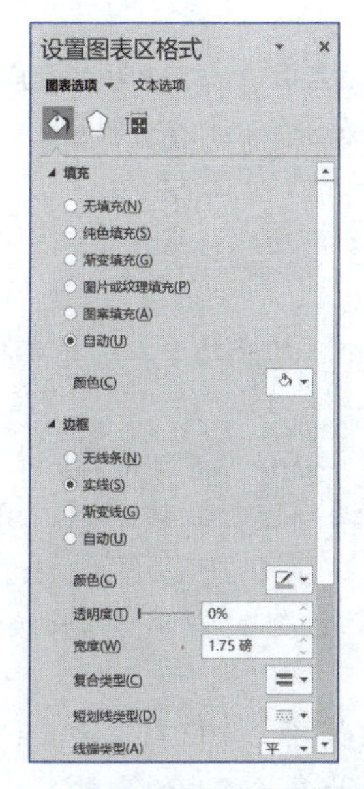

图4-117　“设置图表区格式”任务窗格

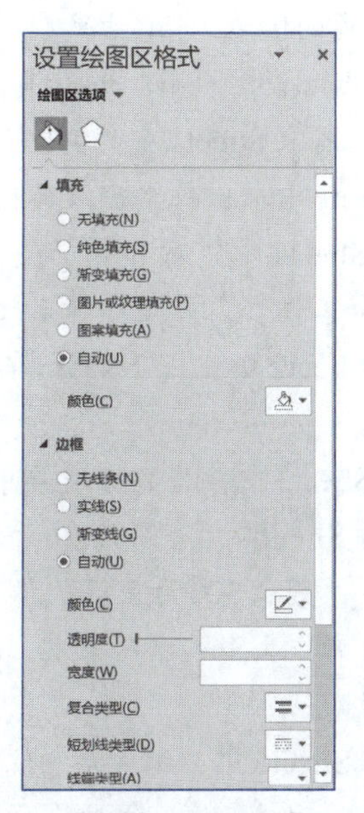

图4-118　“设置绘图区格式”任务窗格

4.7.5　课后作业

打开“学生信息表”，完成下列题目：

（1）在Sheet中绘制一张饼图，描述各系总人数的比例，要求显示百分比。

（2）以Sheet2中的数据建立三维簇状柱形图，放在A10:G25区域中。

（3）在Sheet3中将这些学生的“高数”“计机”“平均分”用柱形图表示，用一个名为“成绩表”的新工作表保存。

（4）在Sheet4中为郭峰、吴杰、刘红这三名学生各门功课的成绩建立一个图表，并用命名为“学生图表”的新工作表保存。

综合练习

打开Excel文件“综合练习.xlsx”，在工作表中完成下面题目并保存。

（1）在Sheet1中，将第一行各单元格内容右对齐，第3列的列宽调整为4；在G3:H14中求出平均成绩和总分。在G列的右边插入一空列，在插入列首单元格中输入“笔试等级”，并在插入的列中根据“平均成绩”字段数据用IF函数判断各学生“平均成绩”的等级。其中，85分以上（含85分）为“优良”，60～84分为“及格”，60分以下为“不及格”。

（2）在Sheet1中，学号的第三个字符是表示班级。在“学号”和“姓名”之间加一列“班级”，求出每个学生对应的班级，班级用字符1、2、3、4表示。

（3）在Sheet1中，求各科都超过75分（含75分）且总分超过320分（含320分）的人数。条件区域写在以K4为左上角的区域中。（结果放在J17单元格中）

（4）在Sheet1中，求英语超过80分（含80分）的刘姓学生的数学平均分。条件区域写在以K7为左上角的区域中。（结果放在J18单元格中）

（5）在Sheet1中，筛选出每科都不及格的学生。（筛选结果放在以J21为左上角的区域中）

（6）把工作表Sheet1中的A1:H14区域数据复制到工作表Sheet6以A1为左上角的区域中。在工作表Sheet6中求出每个班级各门课程的最高分和平均分。

（7）在Sheet1中，对郭峰、吴杰、刘红这三个学生的各门功课的成绩建立一个图表，要求单独占一个工作表，并且标签名改为“学生图表”。

（8）在Sheet2中完成下列计算：在相应单元格计算每个人的平均分，并将其按四舍五入取整。

（9）在Sheet3中，将数据清单中男性教授的记录筛选至以A63为左上角的区域中。

（10）对Sheet4，用函数在“等级”列求每个人的等级：总分≥400为优；300≤总分＜400为良；总分＜300为差。

（11）在工作表Sheet5的数据清单中，使用COUNTIF函数在D1单元格求出编号第3位为B的记录个数。

（12）在Sheet5中，编号后3位为系别信息，101表示数学系，102表示物理系，103表示化学系，104表示经济系，据此在区域A2:B49中使用函数求出每位学生的系别。

（13）对Sheet2的数据按性别分类汇总，求平均分的最小值。

（14）Sheet7为某公司的销售表，根据工作表Sheet7中数据创建独立的折线图图表，横坐标为品名，纵坐标为销售额，不显示图例，无图表标题，图表标签名为“销售表”。

（15）在Sheet4中用函数在F列中计算各学生三门课程的平均分，并将平均分设置为两位小数的数值格式；以高数成绩为主关键字（降序），计算机成绩为次关键字（升序）对数据进行排序。

第5章

演示文稿 PowerPoint 2019

Microsoft PowerPoint简称PPT，是微软公司Office系列软件中的重要组件之一，它是功能强大的演示文稿制作软件。利用PowerPoint可以有效地把声音、图文、视频、动画等信息组织起来，创建出极具感染力的动态演示文稿，然后在计算机或投影机上播放。随着计算机的普及，PowerPoint在广告宣传、产品策划与展示、学术交流、教师授课方面得到了广泛的使用。本章将制作公司宣传片、产品介绍、产品销售统计、年度部门总结等演示文稿，通过对这些案例的分析和讲解，学习PowerPoint 2019的使用。

5.1 PowerPoint 2019 简介

5.1.1 常用术语

1. 演示文稿

演示文稿是由PowerPoint 2019创建的文档。一般包括为某一演示目的而制作的所有幻灯片、演讲者备注和旁白等内容，存盘时以.pptx为文件扩展名。

2. 幻灯片

演示文稿中的每一单页称为一张幻灯片，每张幻灯片都是演示文稿中既相互独立又相互联系的内容。制作一个演示文稿的过程就是依次制作一张张幻灯片的过程，每张幻灯片中既可以包含常用的文字和图表，又可以包含声音、图像和视频。

3. 演讲者备注

演讲者备注指在演示时演示者所需要的文章内容、提示注解和备用信息等。演示文稿中每一张幻灯片都有一张备注页，它包含该幻灯片的缩图且提供演讲者备注的空间，用户可在此空间输入备注内容供演讲时参考。备注内容可打印到纸上。

4. 讲义

讲义指发给听众的幻灯片复制材料，可把一张幻灯片打印在一张纸上，也可把多张幻灯片压缩到一张纸上。

5. 母版

PowerPoint 2019为每个演示文稿创建一个母版集合（幻灯片母版、演讲者备注母版和讲义母版等）。母版中的信息一般是共有的信息，改变母版中的信息可统一改变演示文稿的外观。例如，把公司标记、产品名称及演示者的名字等信息放到幻灯片母版中，使这些信息在每张幻灯片中以背景图案的形式出现。

6. 模板

PowerPoint 2019 提供了多种多样的模板。模板是指预先定义好格式的演示文稿。PowerPoint 2019提供了两种模板：设计模板和内容模板。设计模板包含预定义的格式和配色方案，以及幻灯片背景图案等，可以应用到任意演示文稿中创建独特的外观，但不包含演示文稿的幻灯片内容。内容模板包含与设计模板类似的格式和配色方案，还包含带有文本的幻灯片，文本中包含针对特定主题提供的建议内容。应用模板可快速生成统一风格的演示文稿。用户可自定义模板，也可对演示文稿中的某张幻灯片进行单独设计。

7. 版式

演示文稿中的每张幻灯片都是基于某种自动版式创建的。在新建幻灯片时，可以从PowerPoint 2019提供的自动版式中选择一种。每种版式预定义了新建幻灯片的各种占位符的布局情况。

8. 占位符

占位符是指应用版式创建新幻灯片时出现的虚线方框。下面是各种占位符及所对应的操作：

对应于标题占位符。单击该占位符，可输入幻灯片的标题。

和 对应于文本占位符：分水平文本和垂直文本两种格式，单击该占位符，可输入文本内容。

对应于图片占位符：双击该占位符，可插入图片。

对应于表格占位符：双击该占位符，可以添加表格。

对应于图表占位符：双击该占位符，可以启动Graph应用程序创建图表。

对应于SmartArt图占位符：双击该占位符，可以启动SmartArt图，为幻灯片添加SmartArt图型。

对应于媒体剪辑占位符：双击该占位符，可以从“插入视频文件”对话框中选择视频文件插入到幻灯片中。

5.1.2 PowerPoint 2019 视图方式

PowerPoint 2019提供了五种视图方式，它们各有不同的用途，用户可以在大纲区上方找到大纲视图和幻灯片视图。在窗口左下方找到普通视图、幻灯片浏览视图、阅读视图和幻灯片放映视图这四种主要视图。单击 PowerPoint 2019 窗口左下角的按钮，如图5-1所示，可在各种视图方式之间进行切换。

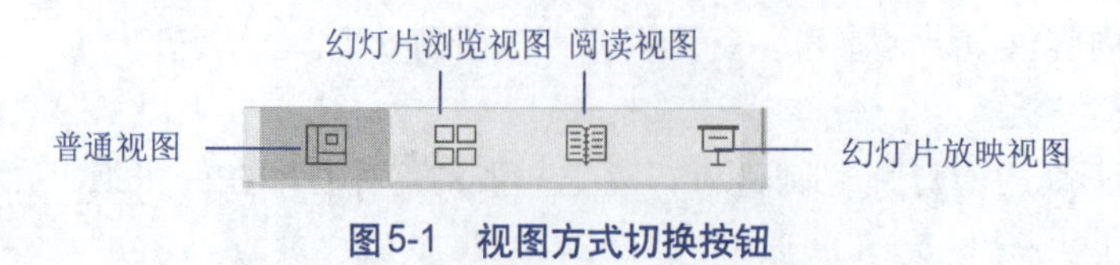

图5-1 视图方式切换按钮

1. 普通视图

普通视图是主要的编辑视图，可用于编辑或设计演示文稿。该视图有选项卡和窗格，分别为“幻灯片”选项卡、幻灯片窗格和备注窗格，如图5-2所示。通过拖动边框可调整选项卡和窗格的大小，选项卡也可以关闭。

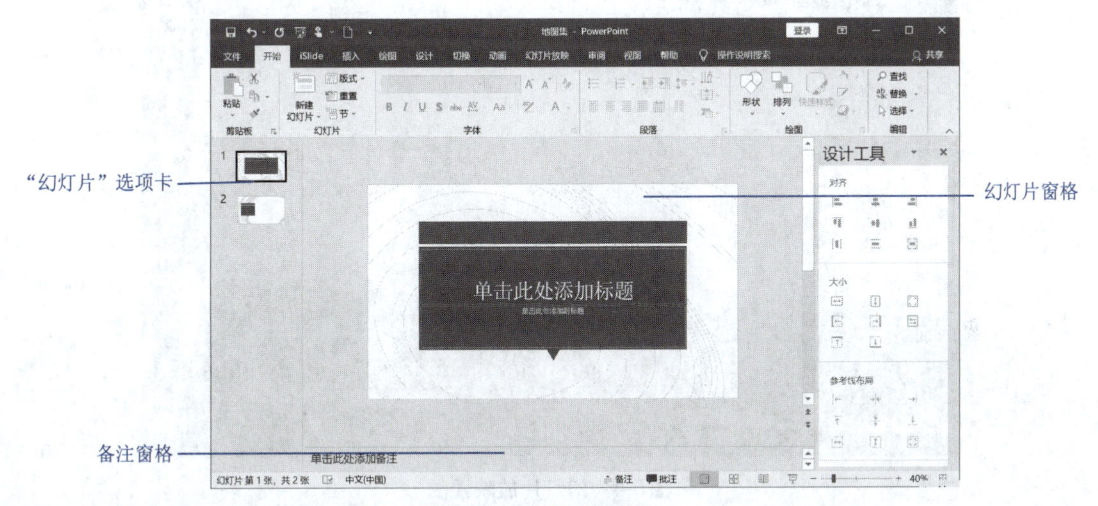

图5-2　普通视图

（1）“幻灯片”选项卡。在左侧工作区域显示幻灯片的缩略图，可以方便地观看整个演示文稿设计的效果，也可以重新排列、添加或删除幻灯片。

（2）幻灯片窗格。以大视图显示当前幻灯片，可以在当前幻灯片中添加文本，插入图片、表格、图表、绘图对象、文本框、电影、声音、超链接和动画等。

（3）备注窗格。可添加与每个幻灯片的内容相关的备注。这些备注可打印出来，在放映演示文稿时作为参考资料，或者可以在演示文稿保存为网页时显示出来。

2. 幻灯片浏览视图

在幻灯片浏览视图中，可同时看到演示文稿中的所有幻灯片，这些幻灯片以缩略图方式显示，如图5-3所示。此视图可以很方便地在幻灯片之间添加、删除和移动幻灯片以及选择动画切换，但不能对幻灯片内容进行修改。如果要对某张幻灯片内容进行修改，可以双击该幻灯片切换到普通视图，再进行修改。

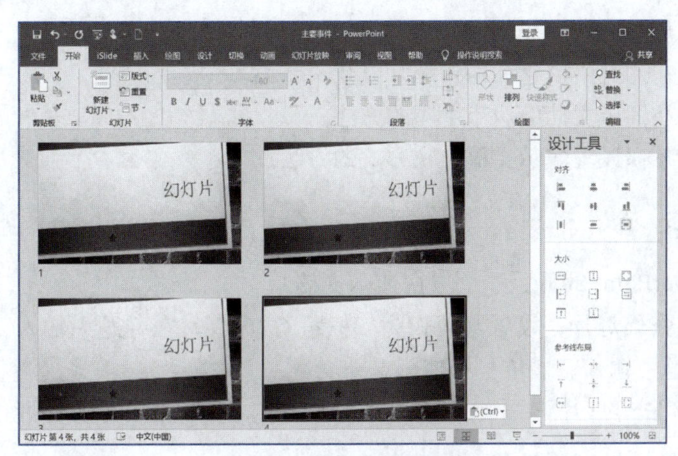

图5-3　幻灯片浏览视图

3. 幻灯片放映视图

在创建演示文稿的任何时候，都可通过单击“幻灯片放映视图”按钮来启动幻灯片放映和浏览演示文稿，如图5-4所示。按【Esc】键可退出放映视图。

图5-4 幻灯片放映视图

5.2 实训1：制作公司宣传片

广州翔空电子有限公司将于近日参加某商品交易会，营销部员工小娟需要制作一个公司宣传片在交易会展位现场播放，以展现公司风采，吸引过往客商。

扫一扫

制作公司宣传片

5.2.1 实训目标

- 熟悉PowerPoint 2019的基本界面。
- 熟练掌握PowerPoint 2019的基本操作，包括编辑文本或段落、创建演示文稿、新建幻灯片、设置幻灯片版式、设置幻灯片的切换方式等。
- 了解PowerPoint的保存类型。
- 了解母版的作用。
- 掌握在幻灯中创建和编辑图片以及SmartArt图示的方法。
- 掌握在演示文稿中应用主题的方法。
- 熟练掌握设置演示文稿放映方式的方法。

5.2.2 实训内容

（1）启动PowerPoint 2019，建立空白演示文稿。

（2）添加第1张幻灯片，设置其版式为“标题幻灯片”，在标题中输入“广州翔空电子有限公司”，在副标题中输入“展位号：188”。

（3）添加第2张幻灯片，设置其版式为“两栏内容”，在第2张幻灯片输入图5-5所示内容。

翔空公司简介

- 以生产半导体光源器件为核心业务，主要产品包括发光二极管(LED)、LED室内灯、LED路灯等。
- 通过不断研发、实践和改进，公司推出了一系列具有自主知识产权的高品质大功率LED灯产品。
- 总部位于广东广州天河科技园，占地200多亩，拥有2万多平方米的生产车间。
- 高效节能、绿色环保、可靠性强、配光合理、性价比高是我公司产品的特点。

图 5-5　幻灯片 2

（4）添加第 3 张幻灯片，设置其版式为“标题和内容”，输入标题文字“翔空企业文化”。

（5）在第 3 张幻灯片的标题下方插入 SmartArt 图形，类型为棱锥形列表。

（6）为该 SmartArt 图形添加 1 个形状（默认有 3 个形状），添加后编辑 4 个形状中的文字，从上往下依次为“顾客至上”“锐意进取”“诚实经营”“品质为本”。

（7）更改该 SmartArt 图形的颜色为“彩色”范围的个性色 5 至个性色 6，SmartArt 样式为“金属场景”；设置 SmartArt 图形的高度为“11.3 厘米”，宽度为“17 厘米”，在幻灯片水平方向居中，在 X 轴方向旋转 30°，透视 55°。

（8）设置该 SmartArt 图形中 4 个形状的样式，从上往下依次为“细微效果 - 红色，强调颜色 2”“细微效果 - 橄榄色，强调颜色 3”“细微效果 - 紫色，强调颜色 4”“细微效果 - 橙色，强调颜色 6”。

（9）添加第 4 张幻灯片，设置其版式为“标题和内容”，输入标题文字“产品应用案例”；在内容框中输入文字：“已投入使用的路灯超过 2 万盏；应用道路类型 20 多种，共计数百条路；整体运行三年以上；照明亮度超原传统路灯水平；节能效果都在 70% 以上。”设置该段落为 1.5 倍行距，然后在各分号后按【Enter】键。

（10）添加第 5 张幻灯片，设置其版式为“标题和内容”，输入标题“城市级应用实景”，在标题下方插入准备好的图片“城市级应用实景.jpg”，设置图片样式为“映像棱台，白色”。

（11）添加第 6 张幻灯片，设置其版式为“两栏内容”，输入标题“中山路应用案例”；在幻灯片左侧插入准备好的图片“中山路.jpg”，设置图片大小为 10.3 cm × 9 cm，图片样式为“柔化边缘矩形”；在幻灯片右侧输入图 5-6 所示内容。

（12）复制、粘贴第 6 张幻灯片作为第 7 张幻灯片，然后将“中山路”改为“环市路”，光源高度改为“10m”，灯杆间距改为“30m”，平均照度改为“21lux”，安装时间改为“2020.05.10”，节电率改为“73%”；更改图片为“环市路.jpg”，设置图片大小为“10.3*9cm”；将左、右两栏位置对调。

（13）复制、粘贴第 6 张幻灯片作为第 8 张幻灯片，然后将“环市路”改为“科韵路”，光源高度改为

中山路应用案例

- 路面有效宽度：28m
- 光源高度：12m
- 灯杆间距：33m

- 平均照度：15 lux
- 照度均匀度：>0.6
- 安装时间：2005.10.20
- 节电率：74%

图 5-6　幻灯片 6

“8m”，灯杆间距改为“25m”，平均照度改为“23lux”，安装时间改为“2021.03.23”，节电率改为“70%”；更改图片为“科韵路.jpg”，设置图片大小为“10.3*9cm”。

（14）添加第9张幻灯片，设置其版式为“标题幻灯片”，在标题中输入文字“更多信息敬请莅临188号展位详询！”，在副标题中输入“业务邮箱：lg@126.com”，按【Enter】键后再输入“业务电话：13927620831 赵经理”。

（15）为演示文稿应用主题“水滴”。

（16）打开“幻灯片母版视图”，作如下设置：设置幻灯片母版的母版标题为40磅、黑体，第一级母版文本为24磅、加粗、华文细黑，其他各级母版文本字体为华文细黑；设置标题幻灯片版式的母版标题为44磅，母版副标题为36磅。

（17）设置各张幻灯片的切换方式。其中，第1张幻灯片切换效果为闪光，换片时间为1.5秒；第2～4张幻灯片切换效果为框，换片时间为12秒；第5～8张幻灯片的切换效果为立方体，第5张换片时间为6秒，其他为12秒。

（18）幻灯片9无切换效果，换片时间为15秒。

（19）设置幻灯片放映方式为在展台浏览，循环放映，使用排练时间换片。

（20）保存文件为“翔空公司宣传片.ppsx”。

5.2.3 实训知识点

1. PowerPoint 2019 用户界面

PowerPoint 2019的工作窗口如图5-7所示。

（1）标题栏：显示文件名及程序名。

（2）快速访问工具栏：包含新建、打开、保存、撤销、恢复等操作。

（3）菜单栏：默认包含“文件”“开始”“插入”“设计”“切换”“动画”“幻灯片放映”“审阅”“视图”等选项卡，可以通过自定义功能区更改设置，其中文件选项卡以传统菜单形式展示，其他选项卡以选项卡形式在功能区中展示。

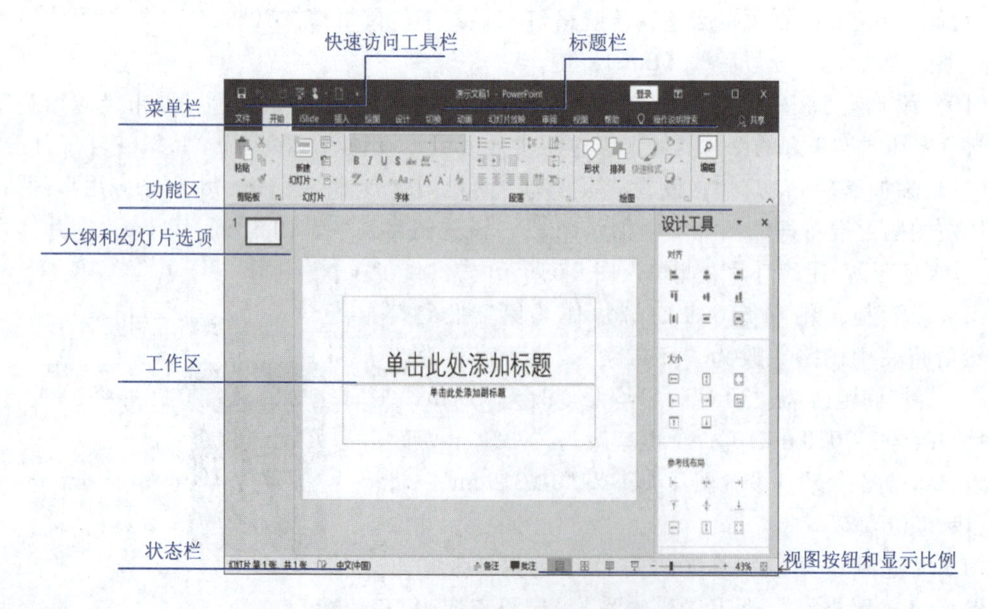

图5-7 PowerPoint 2019工作窗口

（4）功能区：用于显示菜单栏中当前选项卡对应的选项卡。每个选项卡下包含若干组，两组之间以竖线“｜”分隔。有的组右下角有 图标，单击该图标可弹出对话框供详细设置。每个组下含有若干操作选项，选项后若有 ，表示存在下级子选项。

（5）工作区：放映演示文稿时屏幕所能显示的区域。

（6）显示比例：调整工作区的大小比例，使之更适合编辑。

（7）状态栏：显示当前演示文稿的相关信息，包括视图指示器、主题、语言、视图快捷方式、显示比例、缩放滑块等，可在其上右击，再执行自定义状态栏的操作。

2. 管理幻灯片

（1）新建幻灯片：通过在普通视图下PPT的左侧栏直接按【Enter】键即可新建幻灯片；或者单击“开始”选项卡，然后在“幻灯片”组单击“新建幻灯片”按钮，再选择幻灯片的版式。

（2）设置幻灯片版式：幻灯片版式包含要在幻灯片中显示的全部内容的格式设置、位置和占位符。选择幻灯片后，通过以下操作更改其版式：单击“开始”选项卡（见图5-7）“幻灯片”组的“版式”下拉列表中选择所需的版式，如图5-8（a）所示。

（3）设置幻灯片的切换方式：幻灯片的切换方式是指某张幻灯片进入或退出屏幕时的特殊视觉效果，使前后两张幻灯片之间自然过渡。通过“切换”选项卡，可以控制切换效果的类型及其选项，并且为切换过程添加声音或指定切换速度及切换方式，如图5-8（b）所示。其中，切换方式包括“单击鼠标时”和“设置自动换片时间”两种。

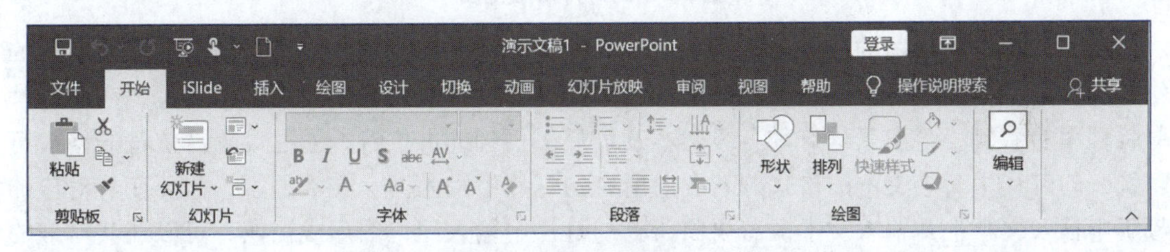

（a）“开始”选项卡

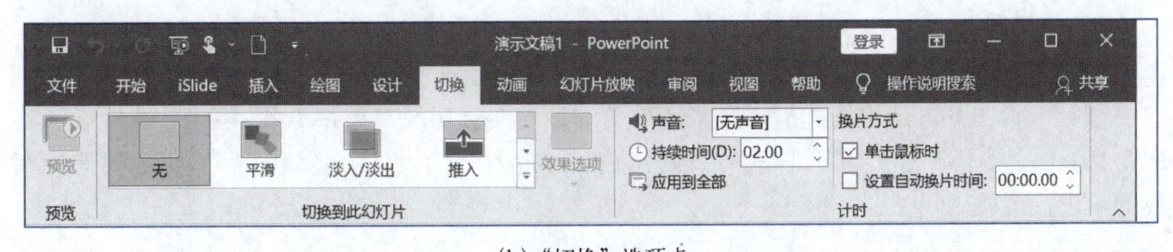

（b）“切换”选项卡

图5-8　设置幻灯片版式及切换方式

（4）编辑文本或段落：单击文本占位符后可直接输入文本内容。若无文本占位符，需要先插入文本框，再输入文本内容，操作与在Word中类似。

3. 管理幻灯片母版

（1）母版：母版一般用于存放演示文稿中各幻灯片共有的信息，它影响着整个演示文稿的外观。

（2）母版视图：PowerPoint 2019为每个演示文稿创建了一个母版集合，即幻灯片母版、讲义母版和备注母版。单击“视图”选项卡，然后在“母版视图”组中选择母版，可以进入所选母版修改视图。幻灯片母版视图如图5-9所示。

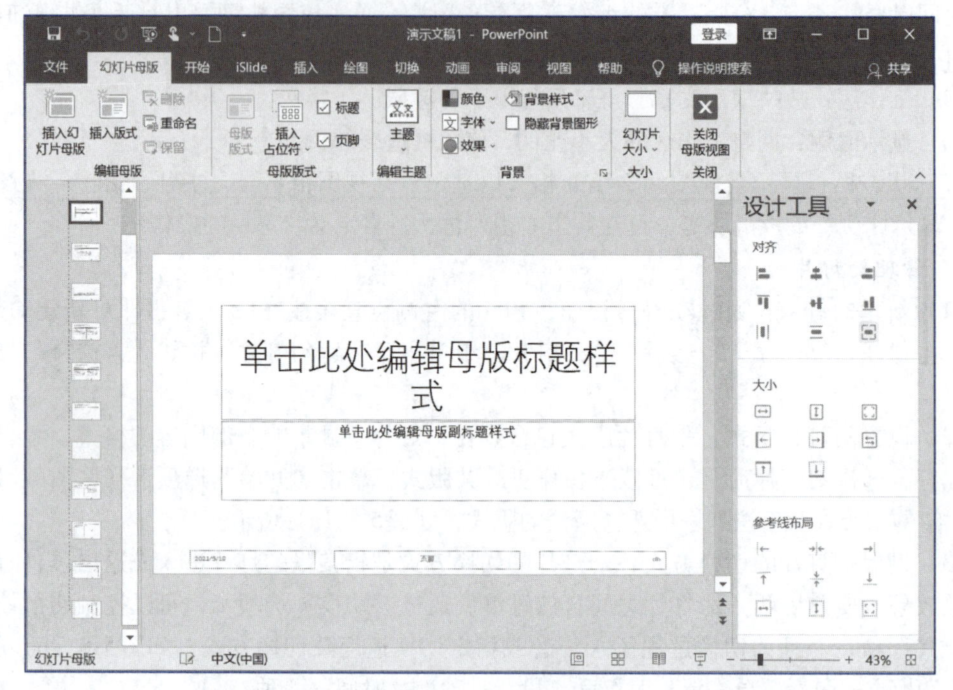

图5-9　幻灯片母版视图

在幻灯片母版视图的左侧栏最上方是幻灯片母版，它的设置将会影响演示文稿中所有的幻灯片。其下列出了各种版式下的母版，它们的设置仅影响使用该版式的幻灯片。在幻灯片母版视图的右侧栏给出了幻灯片各级文本及页眉、页脚的占位符，通过设置占位符的格式可以统一幻灯片中对应文本的格式。若要向所有幻灯片中输入同一文本内容，需要在其对应的母版中插入文本框并输入文本。若要向所有幻灯片中输入同一图形或图像，可以在其对应的母版中直接插入对象。编辑完毕后，单击“关闭母版视图”按钮退出。

4. 管理图片

（1）插入图片。单击“插入”选项卡“图像”组中选择所需的图片。

（2）编辑图片。选中图片后，在主选项卡的最后面会出现“图片工具-格式”选项卡（见图5-10），包含“调整”“图片样式”“辅助功能”“排列”“大小”五个组，可根据需要选择相应的项进行调整。

图5-10　“图片工具-格式”选项卡

5. 管理SmartArt图形

（1）插入SmartArt图形。单击“插入”选项卡“插图”组中的SmartArt按钮并选择SmartArt图形。

（2）编辑SmartArt图形。选中SmartArt图形后，在主选项卡的最后会出现“SmartArt工具”选项卡。该选项卡有“设计”和“格式”两个子选项卡，其中“设计”子选项卡包含“创建图形”“版式”“SmartArt样式”“重置”四个组，如图5-11所示；“格式”子选项卡包含“形状”“形状样式”“艺术字样式”“辅助功能”“排列”“大小”六个组。可根据需要选择相应的项进行调整，如图5-12所示。

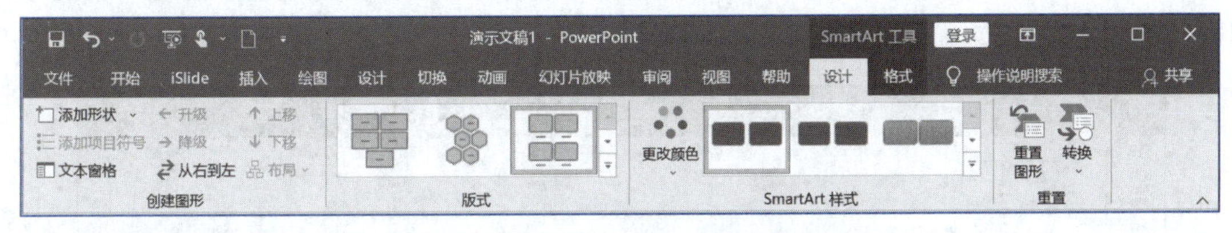

图5-11　“SmartArt工具-设计”选项卡

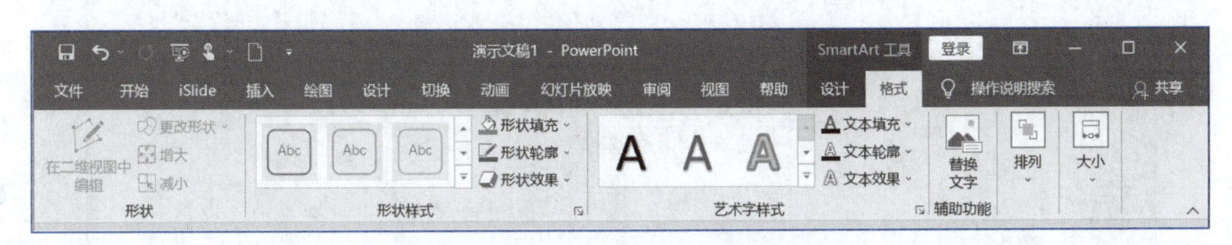

图5-12　“SmartArt工具-格式”选项卡

6. *应用主题*

主题即包含背景、颜色、字体和效果的版式。应用主题的操作如下：单击“设计”选项卡，然后在“主题”组中右击相应的主题，在弹出的快捷菜单中在选择“应用于所有幻灯片”或“应用于选定幻灯片”命令，再按需要在“主题”组修改主题的颜色、字体或效果。“设计”选项卡如图5-13所示。

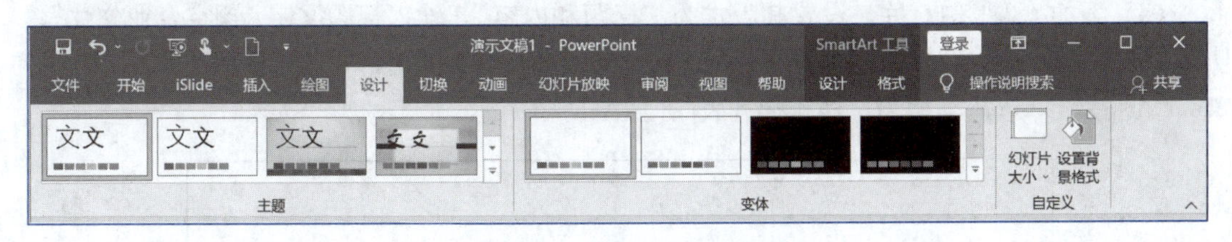

图5-13　“设计”选项卡

7. *设置演示文稿放映方式*

单击“幻灯片放映”选项卡，其界面如图5-14所示，然后在“设置”组中设置幻灯片放映方式。

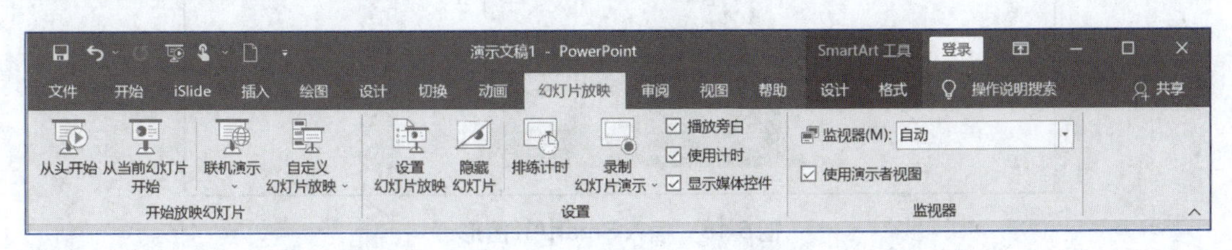

图5-14　“幻灯片放映”选项卡

5.2.4 实训步骤

（1）启动PowerPoint 2019，选择“文件”→“新建”命令，单击“空白演示文稿”按钮，新建一个空白演示文稿。

（2）单击“开始”选项卡中的“新建幻灯片”按钮，选择“标题幻灯片”版式，如图5-15所示，然后在标题中输入“广州翔空电子有限公司”，在副标题中输入“展位号：188”。

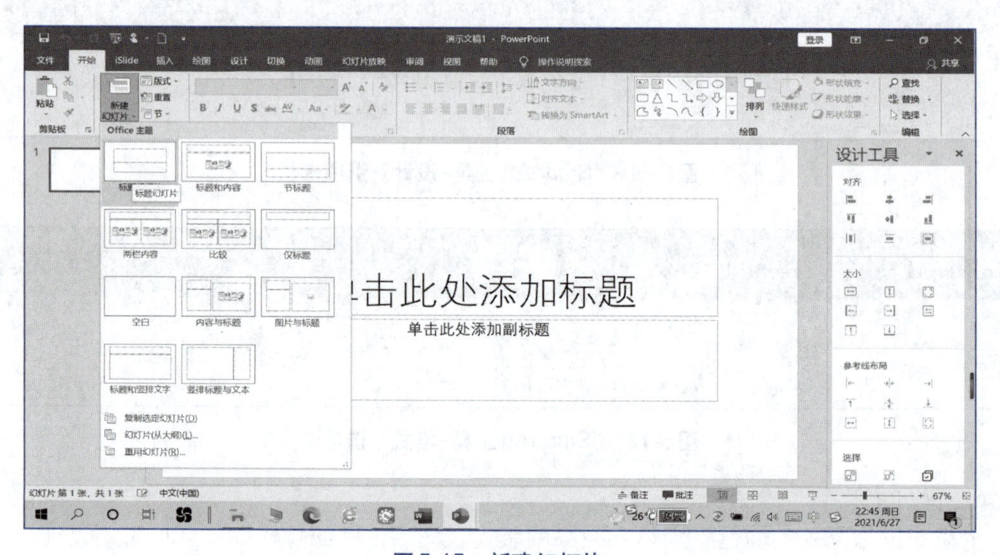

图5-15　新建幻灯片

（3）添加第2张幻灯片，设置其版式为“两栏内容”，在第2张幻灯片输入图5-4所示的内容。

（4）添加第3张幻灯片，设置其版式为“标题和内容”，输入标题文字“翔空企业文化”。

（5）在第3张幻灯片的标题下方插入SmartArt图形，单击“插入”选项卡“插图”组中的SmartArt按钮，选择类型为“棱锥形列表”，如图5-16所示。

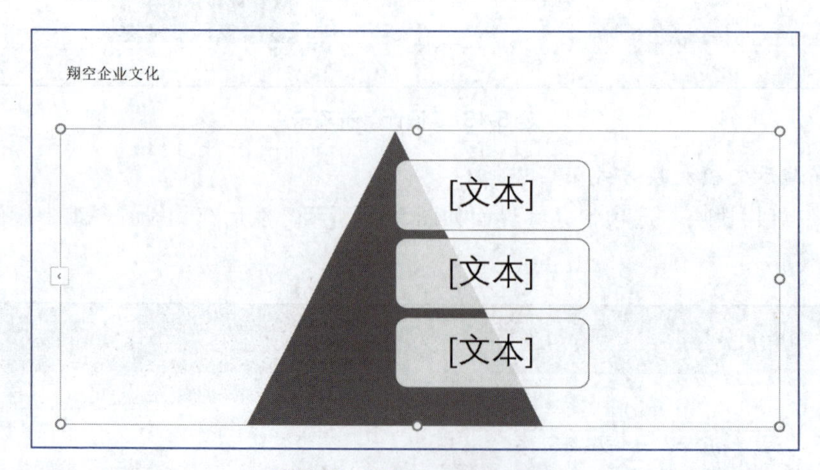

图5-16　插入SmartArt图形

（6）在“SmartArt工具-设计”选项卡“创建图形”组中单击“添加形状”按钮，为该

SmartArt图形添加1个形状（默认有3个形状），添加后编辑4个形状中的文字，从上往下依次为“顾客至上”“锐意进取”“诚实经营”“品质为本”。

（7）在“SmartArt工具-设计”选项卡中单击“更改颜色”按钮，选择“彩色”列表中的“彩色范围-个性色5至6”，如图5-17所示。选择“SmartArt样式”为“金属场景”，如图5-18所示；在“SmartArt工具-设计”选项卡“大小”组中设定SmartArt图形的“高度”为“11.3厘米”，“宽度”为“17厘米”；在幻灯片水平方向居中；右击插入SmartArt图形，在弹出的快捷菜单中选择“设置对象格式”命令，在打开的“设置形状格式”任务窗格“三维旋转”组中设置X旋转30°，透视55°，如图5-19所示。

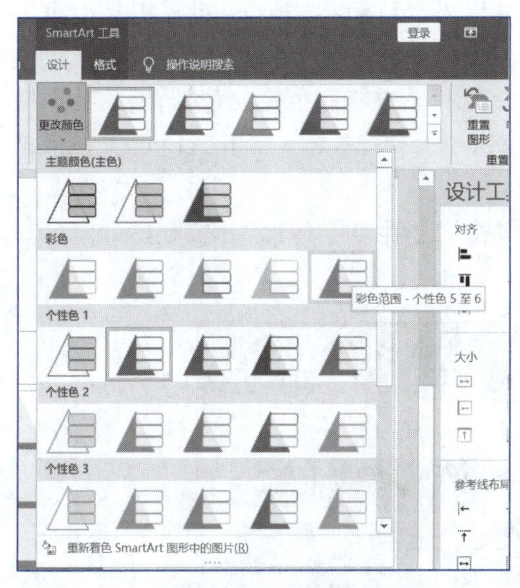

图5-17 更改颜色

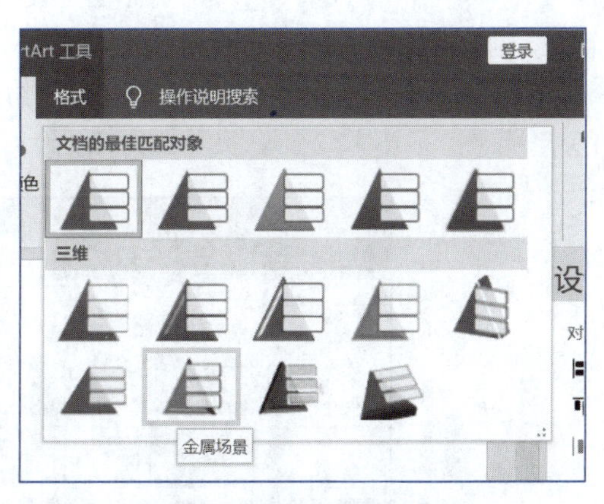

图5-18 设置SmartArt样式

（8）选中SmartArt图形中的第一个形状，在“格式”选项卡中的“形状样式”组中设置主题样式，将其设置为“细微效果-红色，强调颜色2”，另外3个形状的主题样式设置操作相同，从上往下依次设置为“细微效果-橄榄色，强调颜色3”“细微效果-紫色，强调颜色4”“细微效果-橙色，强调颜色6”。

（9）添加第4张幻灯片，设置其版式为“标题和内容”，输入标题文字“产品应用案例”；在内容框中输入实训要求（9）中要求输入的文字，单击“开始”选项卡“段落”组中的对话框启动器按钮，在弹出的“段落”对话框的“行距”中设置该段落为“1.5倍行距”，然后在各分号后按【Enter】键。

（10）添加第5张幻灯片，设置其版式为“标题和内容”，输入标题“城市级应用实景”。选择“插入”→“图片”→“此设备”命令，在标题下方插入准备好的图片“城市级应用实景.jpg”，选中图片，在“图片工具-格式”选项卡的“图片样式”组中设置图片样式为“映像棱台，白色”。

（11）添加第6张幻灯片，设置其版式为“两栏内容”，输入标题“中山路应用案例”；在幻灯片左侧插入准备好的图

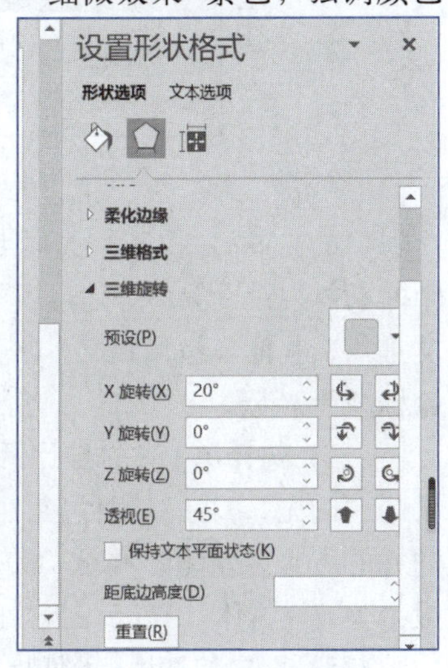

图5-19 设置形状格式

片“中山路.jpg”，右击并在弹出的快捷菜单中选择“大小和位置”命令，设置图片大小为“10.3*9cm”，图片样式为“柔化边缘矩形”；在幻灯片右侧输入图5-5所示的内容。

（12）复制、粘贴第6张幻灯片作为第7张幻灯片，然后修改文字内容，将“中山路”改为“环市路”，光源高度改为“10m”，灯杆间距改为“30m”，平均照度改为“21lux”，安装时间改为“2020.05.10”，节电率改为“73%”；更改图片为“环市路.jpg”，设置图片大小为“10.3*9cm”；将左、右两栏位置对调。

（13）复制、粘贴第6张幻灯片作为第8张幻灯片，然后将“环市路”改为“科韵路”，光源高度改为“8m”，灯杆间距改为“25m”，平均照度改为“23lux”，安装时间改为“2021.03.23”，节电率改为“70%”；更改图片为“科韵路.jpg”，设置图片大小为“10.3*9cm”。

（14）添加第9张幻灯片，设置其版式为“标题幻灯片”，在标题中输入文字“更多信息敬请莅临188号展位详询！”，在副标题中输入“业务邮箱：lg@126.com”，按【Enter】键后再输入“业务电话：13927620831 赵经理”。

（15）单击“设计”选项卡“主题”组中的“水滴”选项，应用于演示文稿，如图5-20所示。

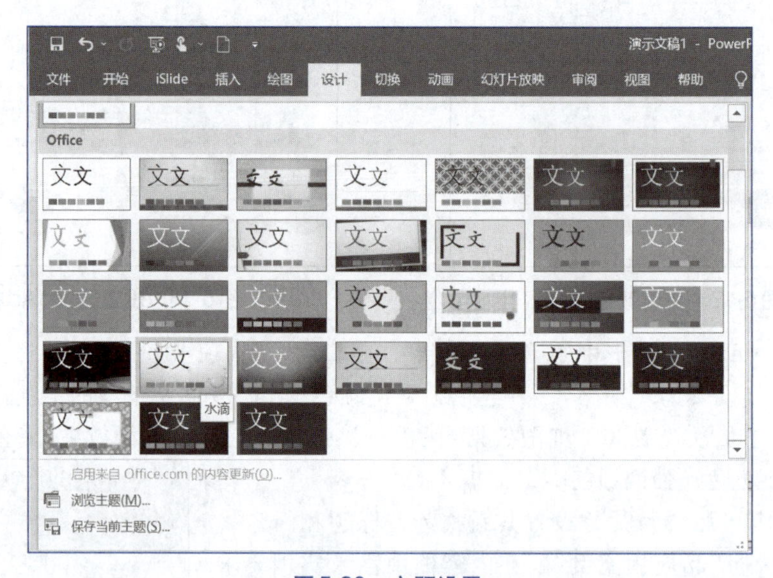

图5-20 主题设置

（16）选择“视图”选项卡，打开“幻灯片母版视图”，通过“开始”选项卡“字体”组中的功能按钮设置幻灯片母版的母版标题为40磅、黑体，第一级母版文本为24磅、加粗、华文细黑，其他各级母版文本字体为华文细黑；设置标题幻灯片版式的母版标题为44磅，母版副标题为36磅。

（17）选择第1张幻灯片，选择“切换”选项卡，在“切换到此幻灯片”组中设置切换效果为“闪光”，在“计时”组中的“设置自动换片时间”输入框中设置换片时间为1.5秒；用同样的方法设置第2～4张幻灯片切换效果为“框”，换片时间为12秒；第5～8张幻灯片切换效果为“立方体”，第5张换片时间为6秒，其他为12秒。

（18）设置幻灯片9无切换效果，换片时间为15秒。

（19）选择“幻灯片放映”选项卡，在“设置”组中单击“设置幻灯片放映方式”按钮，在弹出的“设置放映方式”对话框“放映类型”选项区域中选择“在展台浏览”单选按钮，在“放映选项”选项区域中选中“循环放映，按ESC键终止”复选框，在“推进幻灯片”选项组中选择“如果出现计时，则使用它”单选按钮，设置幻灯片使用排练时间换片，单击“确定”按钮完成设置。

（20）选择“文件”→“保存”命令，在弹出的“另存为”对话框的“保存类型”下拉列表中选择“PowerPoint放映（*.ppsx）”选项，如图5-21所示，将文件命名为“翔空公司宣传片”。

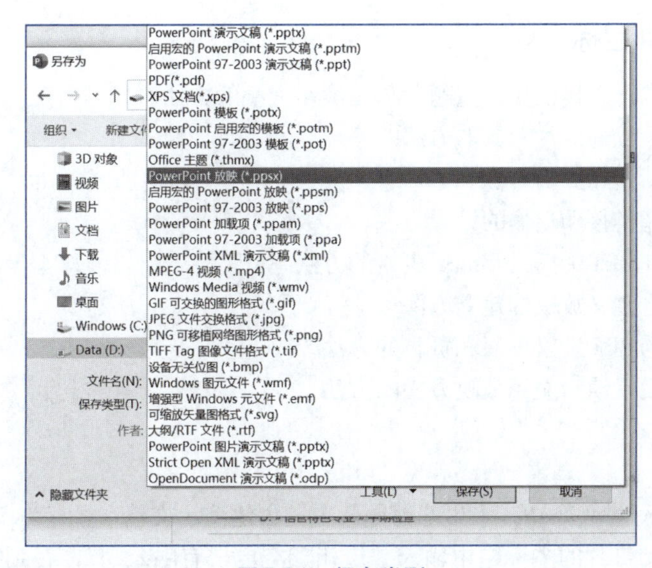

图5-21　保存类型

5.2.5　课后作业

（1）利用SmartArt图形和形状图画出图5-22所示图形（提示：射线列表、SmartArt图形转换为形状、组合等）。

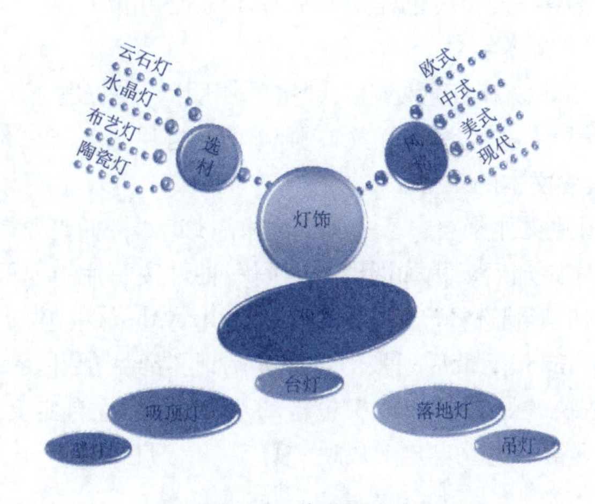

图5-22　作业图1

（2）在Internet中搜索一个公司宣传片文案，然后根据对文案的理解制作出对应的演示文稿。要求在本实训中学习的知识点能够在演示文稿中有所体现。

5.3 实训 2：制作产品介绍演示文稿

小娟下周需要去拜访某客户，为此她需要制作一个有关公司产品介绍的演示文稿。以下对制作过程进行详细分析。

扫一扫

制作产品介绍演示文稿

5.3.1 实训目标

- 熟练掌握直接使用“主题”创建演示文稿的方法。
- 掌握设置幻灯片背景的方法。
- 掌握新建相册的方法。
- 掌握超链接和动作的设置方法。
- 掌握在PPT中插入及编辑表格的方法。
- 掌握自定义放映的建立方法。
- 掌握为PPT设置页眉和页脚的方法。
- 熟练设置演示文稿放映方式的方法。

5.3.2 实训内容

（1）启动PowerPoint 2019，采用“回顾”主题创建演示文稿，保存为“产品介绍.pptx”。

（2）在第1张幻灯片的主标题中输入“广州翔空电子有限公司”，在副标题中输入“产品图册”，设置其背景为图片“首页背景.jpg”，上偏移量为“-10%”，下偏移量为“-28%”。

（3）添加第2张幻灯片，在标题处输入“产品图册”；在文本输入处插入“图片条纹”类型的SmartArt图形，在该图形的文本输入处从上往下依次输入文本“室内照明”“室外照明”，删除多余的形状，然后把该SmartArt图形转换为形状；插入图片“退出.jpg”，调整其位置。

（4）添加第3张幻灯片，在标题处输入“室内照明”，在标题下方的文本输入框插入一个6行6列的表格并应用表格样式“浅色样式1-强调1”；合并第1、3、5行的所有列，然后输入图5-23所示内容，设置各文本字号。

（5）添加第4张幻灯片，在标题处输入“室外照明”，在标题下方的文本输入框插入一个6行3列的表格并应用表格样式“浅色样式1-强调1”；合并第1、3、5行的所有列，然后输入图5-24所示的内容，设置文本的字号。

（6）新建相册，图片文件来自“天花灯”“球泡灯”“横插灯”“庭院灯”“投光灯”“路灯”6个文件夹。按顺序添加后，稍加调整，令同一种灯按图片的编号从小到大排放，图片版式选择“1张图片”，相框形状选择“矩形”，使用Gallery.thmx主题。

（7）把新建相册的第2张至最后一张幻灯片复制到“产品介绍.pptx”的最后。

（8）建立自定义放映“灯3”，当中仅包含幻灯片3；建立自定义放映“灯4”，当中仅包含幻灯片4。按同样的规律，建立自定义放映“灯5”～“灯29”。

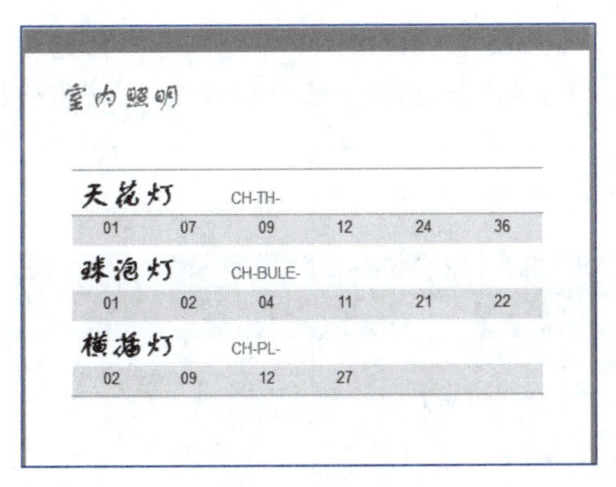

图5-23　幻灯片3

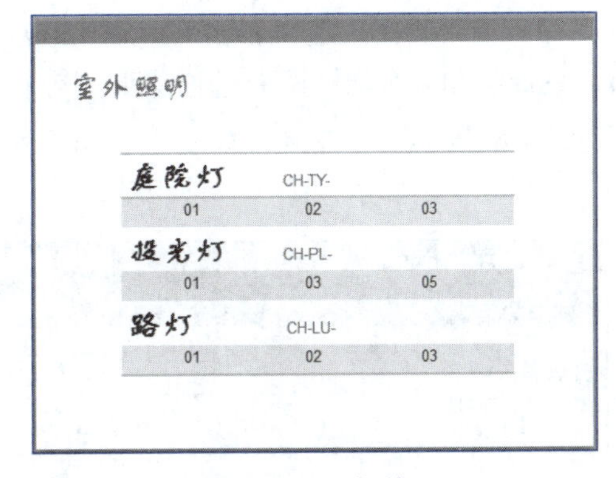

图5-24　幻灯片4

(9) 为第3张和第4张幻灯片中的数字添加超链接，然后按照先列后行的顺序（即从左往右先于从上往下）依次链接到自定义放映“灯5”～“灯29”。例如，“天花灯”下的01链接到“灯5”、07链接到“灯6”、09链接到“灯7”，所有的超链接都选择“显示并返回”选项。

(10) 在第2张幻灯片中设置超链接。

(11) 取消对第2张幻灯片的两种换片方式的选择。

(12) 为演示文稿中的所有幻灯片插入自动更新的日期，以及页脚“翔空产品，质量第一。”。在幻灯片母版视图中的“幻灯片母版”中设置所有幻灯片的日期，并设置页脚字号为20磅。

(13) 设置演示文稿的放映方式，限制只能播放第1张和第2张。

(14) 保存演示文稿。

5.3.3　实训知识点

1. 使用模板或主题创建演示文稿

(1) 模板。模板是指预先定义好格式、版式和配色方案的演示文稿。PowerPoint 2019模板的扩展名为.potx。模板可以包含版式、主题颜色、主题字体、主题效果、背景样式和内容。

(2) 使用模板或主题创建演示文稿的步骤为：单击“文件”选项卡，选择“新建”命令，在“样本模板/主题”框中选择样本模板/主题创建演示文稿。

2. 设置幻灯片背景

单击“设计”选项卡，然后单击“背景”组右下角的对话框启动器按钮，在弹出的“背景格式”对话框中设置幻灯片背景。

3. 创建相册

单击“插入”选项卡，然后在“图像”组中选择“新建相册”，再在弹出的对话框中选择相册图片、图片版式、相框形状及相册所用主题。

4. 设置超链接或动作

选择对象后单击“插入”选项卡，然后在“链接”组中选择“超链接/动作”按钮，在弹出的对话框中设置超链接或动作。

5. 管理表格

(1) 创建表格。单击“插入”选项卡，然后在“表格”组中选择“插入表格”，再在弹出的对话框中设置表格的行数和列数。

（2）编辑表格。选中表格后，在主选项卡的最后会出现“表格工具”选项卡。该选项卡有“设计”和“布局”两个子选项卡，其中“设计”子选项卡包含“表格样式选项”“表格样式”“艺术字样式”“绘制边框”四个组，如图5-25所示；“布局”子选项卡包含“表”“行和列”“合并”“单元格大小”“对齐方式”“表格尺寸”“排列”七个组，如图5-26所示。

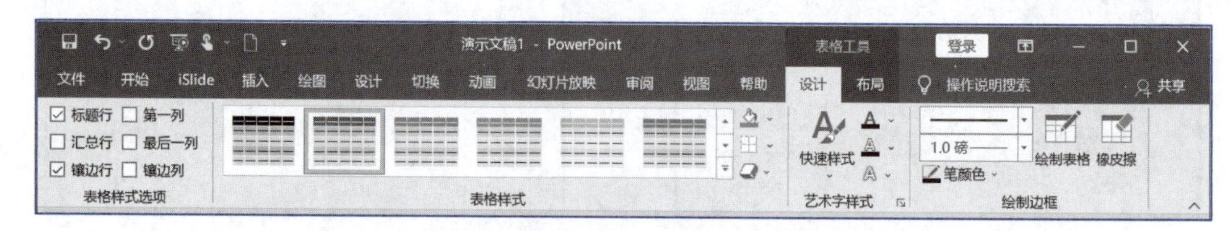

图5-25 “表格工具-设计”选项卡

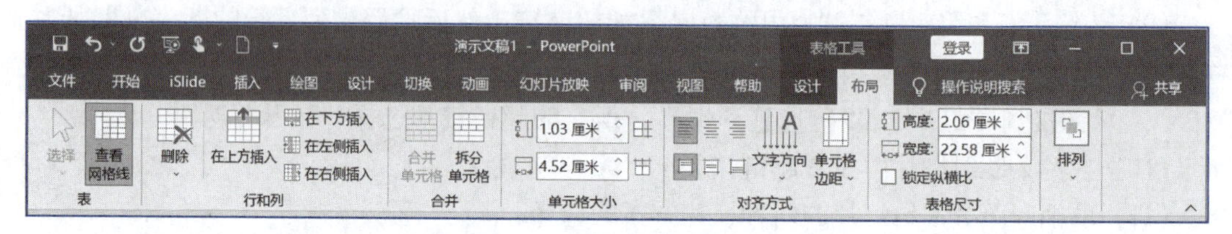

图5-26 “表格工具-布局”选项卡

6. 创建自定义放映

单击“幻灯片放映”选项卡，然后在“开始放映幻灯片”组中单击“自定义幻灯片放映”按钮，弹出“自定义放映”对话框，单击“新建”按钮，弹出“定义自定义放映”对话框，在“幻灯片放映名称”文本框中输入幻灯片放映名称，在左侧列表框中选中需要添加的幻灯片复选框，单击“添加”按钮将其添加到右侧列表框中，单击“确定”按钮完成自定义放映的设置。

7. 设置PPT的页眉和页脚

单击“插入”选项卡，然后在“文本”组中单击“页眉和页脚”按钮，在弹出的“页眉和页脚”对话框中完成设置，并单击“全部应用/应用”按钮。

8. 设置演示文稿放映方式

单击“幻灯片放映”选项卡，然后在“设置”组中设置幻灯片放映方式。

5.3.4 实训步骤

（1）启动PowerPoint 2019，选择“文件”→“新建”命令，选择“回顾”主题创建演示文稿，选择“文件”→“保存”命令，将文件名命名为“产品介绍”。

（2）在第1张幻灯片的主标题中输入“广州翔空电子有限公司”，在副标题中输入“产品图册”，选择“设计”选项卡，单击“自定义”组中的“设置背景格式”按钮，选择“图片或纹理填充”单选按钮，单击“插入”按钮，选择背景图片“首页背景.jpg”，设置上偏移量为“-10%”，下偏移量为“-28%”，如图5-27所示。

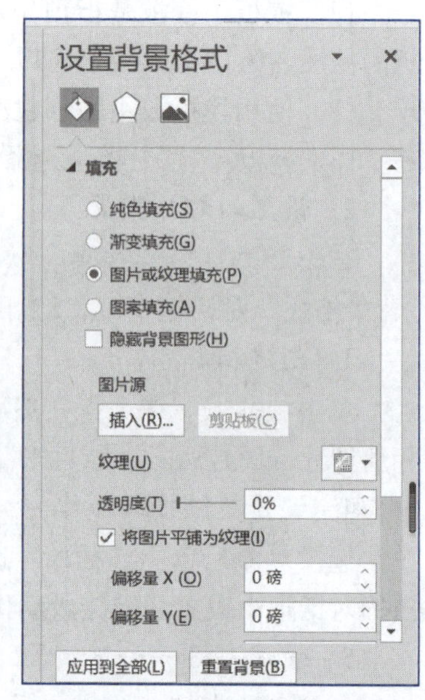

图5-27 背景格式设置

（3）添加第2张幻灯片，在标题处输入“产品图册”；单击“插入”选项卡，在“插图”组中单击SmartArt按钮，在文本输入处插入“图片”→“图片条纹”类型的SmartArt图形，在该图形的文本输入处从上往下依次输入文本“室内照明”“室外照明”，并删除多余的形状，选中该SmartArt图形，单击“SmartArt图形-设计”选项卡“重置”组中的“转换”按钮，选择“转换为形状”命令，将该SmartArt图形转换为形状；插入图片“退出.jpg”，调整其位置，完成后的效果如图5-28所示。

（4）添加第3张幻灯片，在标题处输入“室内照明”，单击“插入”→“表格”按钮，在标题下方的文本输入框中插入一个6行6列的表格，在“表格工具-设计”选项卡“表格样式”组中设置其表格样式为“浅色样式1-强调1”；合并第1、3、5行的所有列，然后输入图5-23所示的内容，其中“天花灯”“球泡灯”“横插灯”字号为40磅，其他字体为20磅。

（5）添加第4张幻灯片，在标题处输入“室外照明”，在标题下方的文本输入框插入一个6行3列的表格并应用表格样式“浅色样式1-强调1”；合并第1、3、5行的所有列，然后输入图5-24所示的内容，其中“庭院灯”“投光灯”“路灯”字号为40磅，其他字号为20磅。

（6）选择“插入”选项卡，选择“相册”→“新建相册”命令，图片文件来自“天花灯”“球泡灯”“横插灯”“庭院灯”“投光灯”“路灯”6个文件夹。按顺序添加后，稍加调整，令同一种灯按图片的编号从小到大排放，图片版式选择“1张图片”，相框形状选择“矩形”，使用Gallery.thmx主题，如图5-29所示。

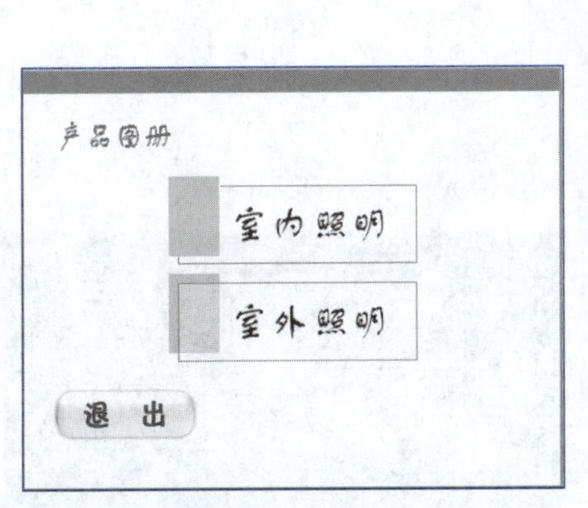

图5-28 幻灯片2

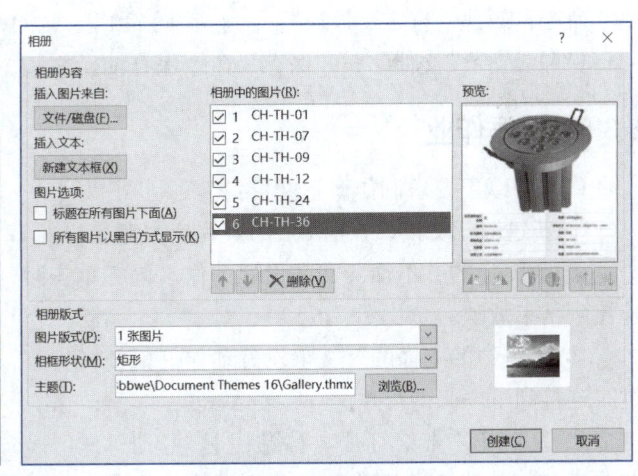

图5-29 设置相册图片

（7）把新建相册的第2张至最后一张幻灯片复制到“产品介绍.pptx”的最后。

（8）选择“幻灯片放映”选项卡→“自定义幻灯片放映”→“自定义放映”命令，弹出“自定义放映”对话框，单击“新建”按钮，弹出“定义自定义放映”对话框，在“幻灯片放映名称”文本框中输入幻灯片放映名称“灯3”，在左侧列表框中选中幻灯片3复选框，单击“添加”按钮将其添加到右侧列表框中，单击“确定”按钮即可建立自定义放映“灯3”，当中仅包含幻灯片3；按照同样的操作方法建立自定义放映“灯4”，当中仅包含幻灯片4。按同样的规律，建立自定义放映“灯5”～“灯29”。

（9）单击“插入”选项卡“链接”组中的“链接”按钮，为第3张和第4张幻灯片中的数字添加超链接，然后按照先列后行的顺序（即从左往右先于从上往下）依次链接到自定义放映“灯5”～“灯29”。例如，“天花灯”下的01链接到“灯5”，07链接到“灯6”，09链接到“灯7”，所有的超链接都选择“显示并返回”选项。完成后，第3张幻灯片如图5-30所示。

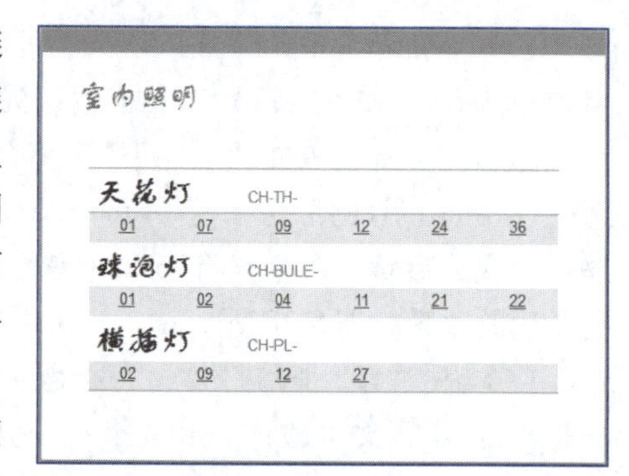

图5-30　添加超链接后的幻灯片3

（10）选择第2张幻灯片，设置超链接。写有“室内照明”字样的矩形链接到自定义放映“灯3”，然后选中“显示并返回”选项；写有“室外照明”字样的矩形链接到自定义放映“灯4”，然后选中“显示并返回”选项；写有“退出”字样的按钮链接到结束放映。

（11）选择第2张幻灯片，在“切换”选项卡将切换方式选择为“无”。

（12）在幻灯片母版视图中的“幻灯片母版”中，单击“插入”选项卡“文本”组中的“日期和时间”按钮，在弹出的“页眉和页脚”文本框中选中“日期和时间”复选框，并选择“自动更新”单选按钮，选中“页脚”复选框并在文本框中输入“翔空产品，质量第一。”，设置页脚字号为20磅，即可为设置所有幻灯片插入自动更新的日期以及页脚。

（13）选择“幻灯片放映”选项卡，单击“自定义幻灯片放映”按钮，选择“自定义放映”命令，新建“自定义放映”，添加第1张和第2张幻灯片到自定义放映中。

（14）选择“文件”→“保存”命令保存演示文稿。

5.3.5　课后作业

（1）按以下要求制作演示文稿：

① 新建演示文稿，在第1张幻灯片应用背景样式12，并输入图5-31所示内容。

② 为图中的“不懂”文字设置动作。鼠标单击时连接到结束放映。

③ 为图中的“懂的”文字设置动作。鼠标光标移过时连接到下一张幻灯片。

④ 复制第1张幻灯片，粘贴出另外3张幻灯片，并改变幻灯片当中“懂的”与“不懂”的位置，令这两个文本框在4张幻灯片中的位置均不同。

⑤ 设置幻灯片的放映选项为“循环放映，按ESC键终止”。

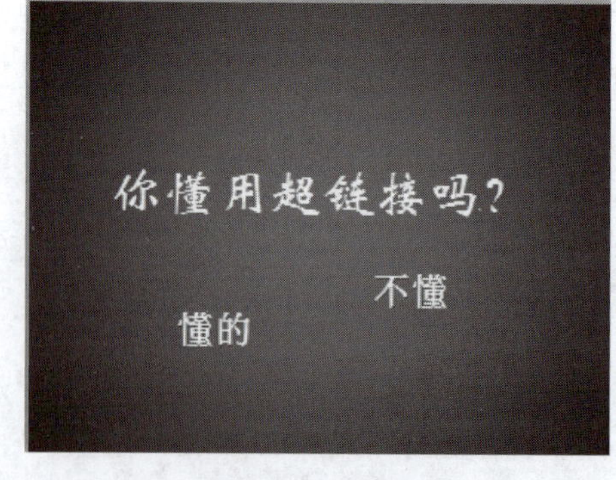

图5-31　作业图

⑥ 把演示文稿保存为.ppsx文件。

（2）设计制作一个相册，素材自行准备。

（3）假设你是一名汽车配件销售员，设计制作产品介绍PPT，素材自行准备。要求本实训所学知识点能在演示文稿中有所体现。

5.4 实训 3：制作年度部门会议演示文稿

临近年末，很多公司都需要进行年度总结。以下将对年度部门会议的制作过程作详细分析。

扫一扫

制作年度部门会议演示文稿

5.4.1 实训目标

- 掌握把PPT创建为视频的方法。
- 掌握插入音频、视频文件的方法。
- 掌握添加动画、设置动画选项的方法。
- 了解复杂动画的构成原理。
- 熟练掌握PPT中的图片处理功能。
- 掌握PPT中管理自选图形的方法。
- 掌握在PPT中插入及编辑图表的方法。
- 掌握在PPT中插入及编辑艺术字的方法。
- 掌握在PPT中插入及编辑剪贴画的方法。

5.4.2 实训内容

（1）使用“黄山”文件夹中的图片创建相册（图片版式为适应幻灯片尺寸），删除相册的第1张幻灯片。

（2）删除后在首张幻灯片（即原来的第2张幻灯片）插入音频文件“高山流水.mp3”，设置该音频文件的音频选项为“跨幻灯片播放；放映时隐藏；播放完毕返回开头；循环播放，直到停止”。

（3）设置相册演示文稿中所有幻灯片的切换效果为“涟漪”，从左下部起，自动换片时间设置为2秒。

（4）利用该演示文稿创建适合在便携设备上播放的视频（文件名为“黄山景点.wmv”，位置自定），放映每张幻灯片的时间为2秒。

（5）以“电路”主题建立一个空白演示文稿，保存为“年度部门会议.pptx”，后续操作均在该演示文稿中进行。

（6）在演示文稿中建立8张幻灯片并设置版式。

（7）在第1张幻灯片中录入文字并设置格式，效果如图5-32所示。

（8）在第1张幻灯片插入图片“翔空Logo.jpg”，设置其透明颜色和大小，为其添加退出动画“劈裂”，设置动画的效果选项和计时。

（9）在第1张幻灯片为文本“翔空”添加进入动画“劈裂”，设置动画的效果选项和计时。

（10）在第1张幻灯片为文本“电子有限公司”添加进入动画“出现”和进入动画“擦除”，设置动画的效果选项和计时。

（11）调整图片“翔空Logo.jpg”的位置，使其覆盖在文本“翔空”之上，且两者中心对齐。完成后，第1张幻灯片如图5-33所示。

图5-32 幻灯片1

图5-33 完成后的幻灯片1

（12）在第2张幻灯片插入图表，类型为“簇状圆柱图”。图表数据如图5-34所示。

剪贴板 字体 对齐方式

F5 f_x

	A	B	C	D	E
1		横插灯	球泡灯	天花灯	
2	一季度	320000	250000	220000	
3	二季度	300000	440000	252000	
4	三季度	350000	230000	355000	
5	四季度	280000	220000	300000	
6					

图5-34 图表数据

（13）设置图表的格式。图例显示在顶部，图例字号为32磅；设置图表区域大小为15×25.4厘米，无填充颜色，无边框颜色；设置绘图区三维旋转中的透视为55°；设置背景墙为纯色填充，填充颜色为白色，透明度为80%；设置数据系列“横插灯”“球泡灯”“天花灯”的填充为线性浅变填充，停止点1、点2、点3的颜色自拟，在各数据系列显示数据标签；设置垂直坐标轴的显示单位为10 000，修改垂直（值）轴显示单位标签为“单位：万”，文字方向为竖排，其中“单位：”为24磅灰色，“万”为48磅红色。

（14）在图表的上方添加艺术字“年度销售表”，采用第4行第1列的艺术字样式。完成后，第2张幻灯片如图5-35所示。

（15）为第2张幻灯片的图表添加进入动画“擦除”，在“效果”选项中设置方向为自底部；设置在上一动画之后开始计时，期间快速（1秒）。

（16）在第3张幻灯片的标题处输入“销售总结”，然后在其右边画出1个黑色的实心正圆，再复制、粘贴出5个。排列各圆，使其底端对齐，横向均匀分布。完成后，第3张幻灯片如图5-36所示。

（17）为第3张幻灯片中的6个正圆添加进入动画“缩放”，在“效果”选项中设置消失点为对象中心；在“计时”选项中设置与上一动画同时开始，期间2.7秒，重复直到幻灯片末尾。在动画窗格中，动画的顺序匹配正圆排序。修改左边数起第2～6个正圆的延迟时间为0.2秒、0.4秒、0.6秒、0.8秒、1秒。

（18）在第4张幻灯片中输入文字并设置文本对齐方式。

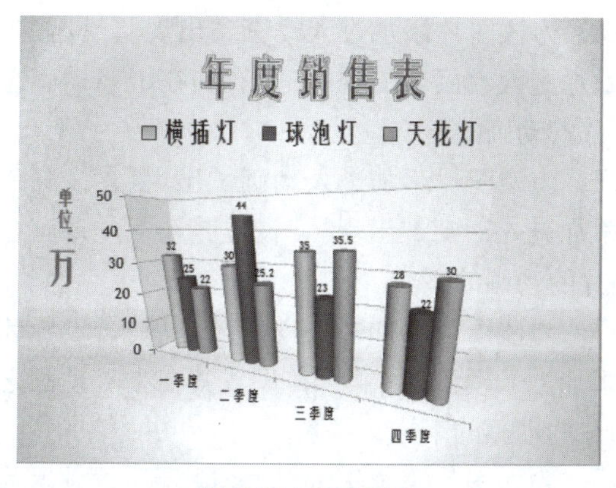

图5-35　幻灯片2

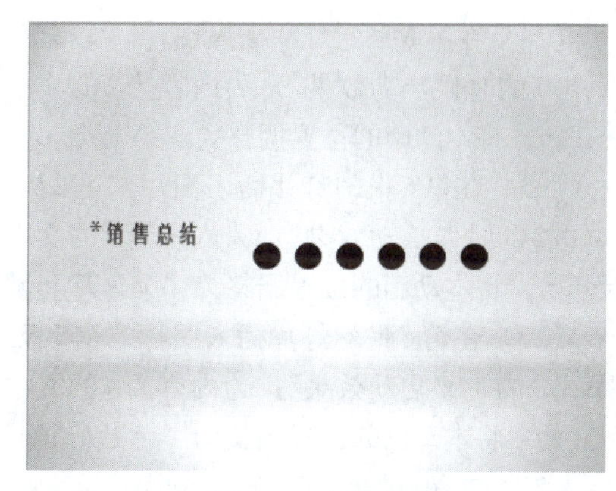

图5-36　幻灯片3

（19）在第4张幻灯片插入图5-37所示的三张图片。经删除背景及调整位置后，第4张幻灯片如图5-38所示。

图5-37　三张图片

（20）为第4张幻灯片的三个人像设置进入动画“出现”，动画播放顺序为从左往右。

（21）在第5张幻灯片中输入文本并设置对齐方式。

（22）第6张幻灯片的标题处输入“行程简介”，在其后插入4个文本框，内容分别为1、2、3、4；在标题上方插入文本框，内容为“路线1：黄山”，字号为66磅，旋转-15°。

（23）在第6张幻灯片的左上角插入视频“黄山景点.wmv”，设置“视频”选项为“自动开始”“未播放隐藏”“循环播放”“直到停止”“播完返回开头”。完成后，第6张幻灯片如图5-39所示。

图5-38　幻灯片4

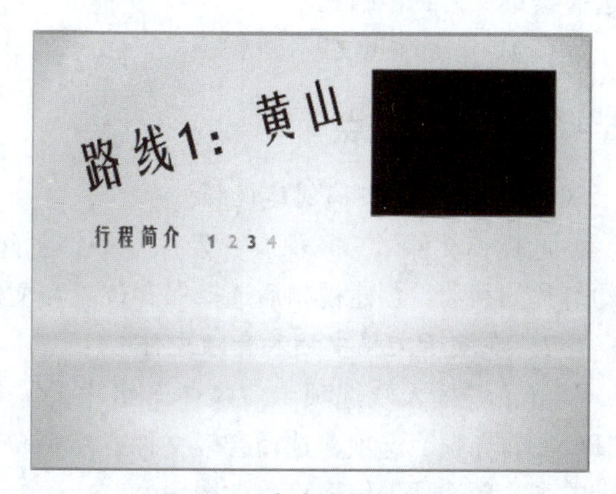

图5-39　未完成的幻灯片6

（24）在第6张幻灯片插入图片“第1天.jpg”，为该图片添加进入动画“出现”，设置为“单击1的时候启动效果”；为内容为2的文本框添加进入动画“出现”，设置其在上一动画之后开始，将本动画的位置调整为“第1天.jpg”图片的动画的下方。

（25）在第6张幻灯片插入图片“第2天.jpg”，为该图片添加进入动画“出现”，设置为“单击2的时候启动效果”；为内容为3的文本框添加进入动画“出现”，设置其在上一动画之后开始，将本动画的位置调整为“第2天.jpg”图片的动画的下方。

（26）在第6张幻灯片插入图片“第3天.jpg”，为该图片添加进入动画“出现”，设置为“单击3的时候启动效果”；为内容为4的文本框添加进入动画“出现”，设置其在上一动画之后开始，将本动画的位置调整为“第1天.jpg”图片的动画的下方。

（27）在第6张幻灯片插入图片“第4天.jpg”，为该图片添加进入动画“出现”，设置为“单击4的时候启动效果”。调整4张图片的位置后，第6张幻灯片如图5-40所示。

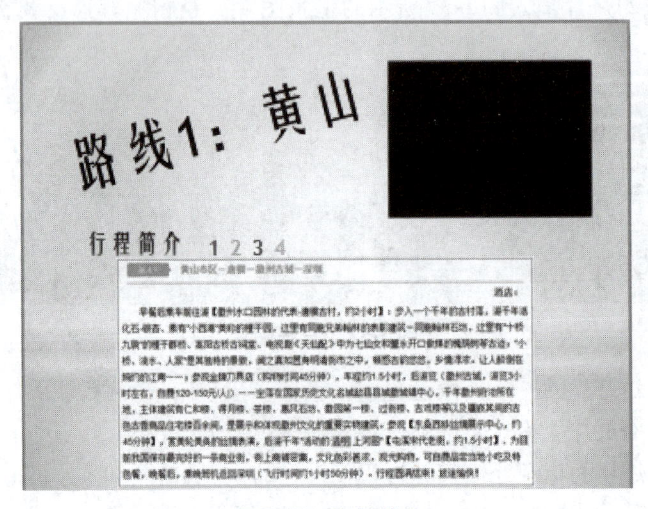

图5-40　幻灯片6

（28）在第7张幻灯片的标题处输入“路线2、路线3……”。

（29）在第8张幻灯片的主标题处输入“会议结束”，在副标题处输入“请于2天内把路线选择结果反馈到小娟处。”。

（30）保存演示文稿。

5.4.3　实训知识点

1. 使用演示文稿创建视频

选择“文件”→“保存并发送”→“创建视频”命令，选择视频类型，并设置放映每张幻灯片的秒数。创建视频后选择保存位置和文件名。

2. 在演示文稿中插入音频文件

单击“插入”选项卡“媒体”组中的“音频▼”下拉按钮，在打开的下拉列表中选择“PC上的音频”选项，选择音频文件，然后单击“插入”按钮，再在“音频工具-播放”选项卡的“音频选项”组中设置各选项。

3. 在演示文稿中插入视频文件

单击“插入”选项卡“媒体”组中的“视频▼”下拉按钮，在打开的下拉列表中选择“文件中的视频”选项，选择视频文件，然后单击“插入”按钮，再在“视频工具-播放”选项卡的“视频选项”组中设置各选项。

4. 动画效果

动画效果指的是在幻灯片的放映过程中，幻灯片上的对象以一定的次序及方式进入画面产生的动态效果。PowerPoint中的动画效果分为进入、强调、退出、动作路径四大类。不同的动画效果可以同时作用于同一对象，此时对象表现出各种动画效果的叠加状态。在PowerPoint中创建动画，特别要注意图层及时间轴的应用。

（1）添加动画：选择对象，单击“动画”选项卡“高级动画”组中的“添加动画▼”下拉按钮，在打开的下拉列表中选择要添加的动画。

（2）复制动画：选择已添加动画的对象，在“动画”选项卡的“高级动画”组中单击/双击动画刷，再单击要应用该动画的对象（若要应用到多个对象，则前一步应该双击动画刷）。

（3）组织动画：选择“动画”选项卡的“高级动画”组进入动画窗格。在动画窗格中双击待设定的动画，弹出“动画设置”对话框，根据需要进行设置。

设置时，需要注意触发器的使用。“计时”选项中的开始项有“单击时”“与上一动画同时”“上一动画之后”三种状态，决定了不同对象的动画或者同一对象的不同动画是否能同时作用。

依次递增延迟项时间的做法能让作用在不同对象上的同一种动画显得有序，画面连贯性更强。例如，本实训中幻灯片3的小圆的动画。

5. PPT中的图片处理

“图片工具-格式”选项卡如图5-41所示。其中，需要掌握“删除背景”这一功能。它的操作过程是：选择图片对象，然后单击“图片工具-格式”选项卡“调整”组中的“删除背景”按钮后拖放区域，标识要保留/删除的区域，最后保留更改。

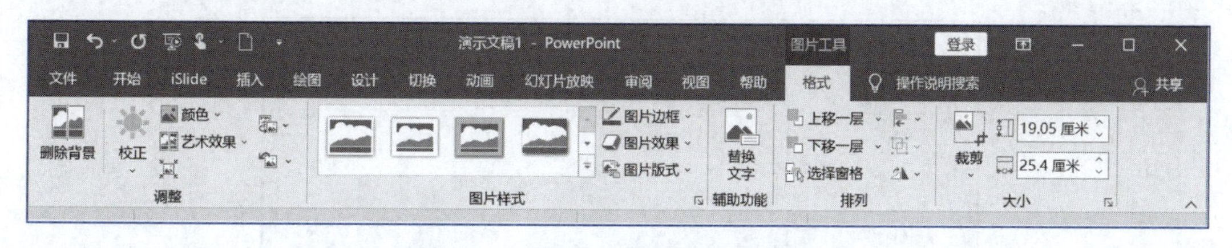

图5-41 “图片工具-格式”选项卡

6. 管理幻灯片中的自选图形

（1）创建。单击“插入”选项卡“插图”组中的“形状”下拉按钮，在打开的下拉列表中选择某种形状，然后单击幻灯片某处创建一个图形。

（2）排列对齐。选择两个或两个以上对象，然后单击“绘图工具-格式”选项卡“排列”组中的“对齐▼”下拉按钮，在打开的下拉列表中选择某种对齐方式。

（3）“绘图工具-格式”选项卡界面如图5-42所示，其操作与Word 2019无异。

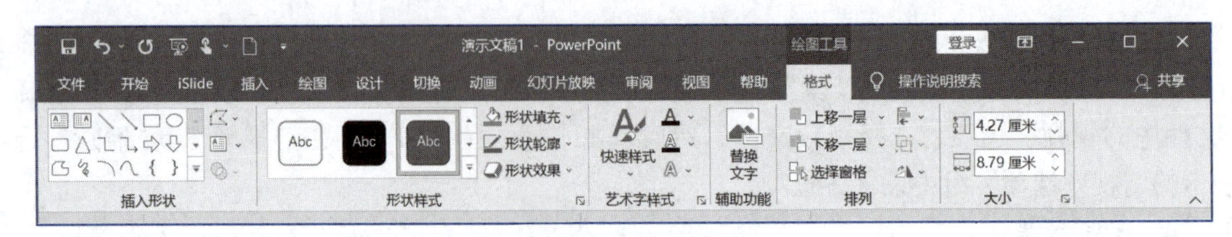

图 5-42 “绘图工具 - 格式”选项卡

7. 插入、编辑图表

（1）创建。单击“插入”选项卡“插图”组中的“图表”下拉按钮，在打开的下拉列表中选择图表类型，在打开的Excel窗口中输入图表数据，然后关闭Excel返回到幻灯片。

（2）编辑。可以使用“图表工具”编辑；也可以直接在图表的某个部分上右击，然后设置其格式。

8. 插入、编辑剪贴画

（1）创建。单击“插入”选项卡“图像”组中的“剪贴画”按钮，然后输入搜索文字并确定结果类型。搜索后，单击结果并单击“插入”按钮。

（2）编辑。使用“图片工具”格式选项卡进行编辑，如图 5-41 所示。

9. 插入、编辑艺术字

（1）创建。单击“插入”选项卡“文本”组中的“艺术字”下拉按钮，在打开的下拉列表中选择艺术字样式并编辑艺术字内容。

（2）编辑。使用“绘图工具 - 格式”选项卡进行编辑，如图 5-42 所示。

5.4.4 实训步骤

（1）单击“插入”选项卡“相册”→“新建相册”命令，在弹出的“相册”对话框中单击“文件 / 磁盘”按钮，如图 5-43 所示，选择“黄山”文件夹中的图片创建相册（图片版式为适应幻灯片尺寸），删除相册的第 1 张幻灯片。

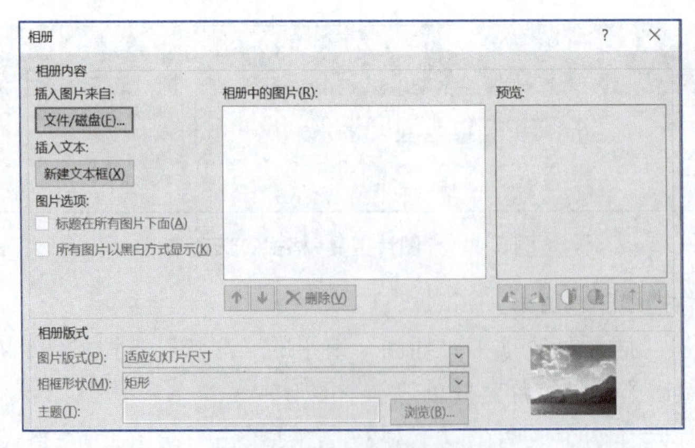

图 5-43 “相册”对话框

（2）删除后在首张幻灯片（即原来的第 2 张幻灯片）插入音频文件“高山流水 .mp3”，步骤：单击“插入”选项卡“媒体”组中的“音频”下拉按钮，在打开的下拉列表中选择“PC 上的音频”命令，如图 5-44 所示，选择音频文件“高山流水 .mp3”，单击“音频工具 - 播放”

选项卡，在“音频选项”组中选中“跨幻灯片播放”“放映时隐藏”“播放完毕返回开头”“循环播放，直到停止”四个复选框。

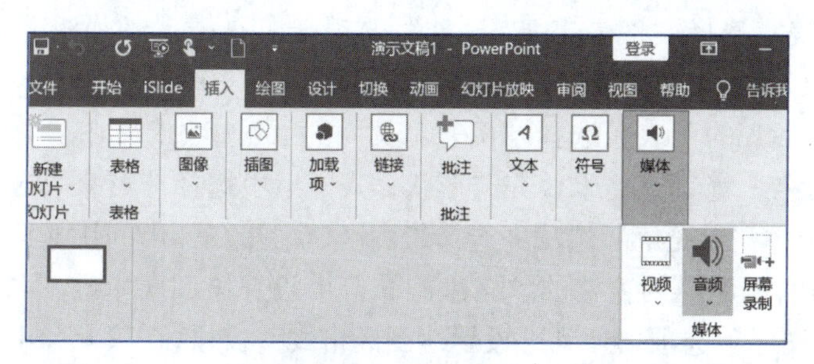

图5-44 媒体菜单

（3）选择“切换”选项卡，在“切换到此幻灯片”组中设置相册演示文稿中所有幻灯片的切换效果为“涟漪”，在“效果选项”下拉列表中选择“从左下部”命令，在“计时”组的“换片方式”中“设置自动换片时间”为2秒。

（4）选择“文件”→“保存并发送”→“创建视频”命令，打开创建视频选项面板，单击“放映每张幻灯片的秒数”微调按钮，可以调整每张幻灯片放映的秒数，此时设置放映时间为“2.00”，单击“创建视频”按钮，弹出“另存为”对话框，选择保存位置，文件命名为“黄山景点”，可以看到此时“保存类型”为wmv类型，单击“保存”按钮，视频制作完成。

（5）以“电路”主题建立一个空白演示文稿，保存为“年度部门会议.pptx”，后续操作均在该演示文稿中进行。

（6）在演示文稿中建立8张幻灯片。单击“开始”选项卡“幻灯片”组中的“版式”按钮，为幻灯片设置版式。其中，第1、2张幻灯片采用空白版式，第3～7张幻灯片采用内容与标题版式，第8张幻灯片采用标题幻灯片版式。

（7）在第1张幻灯片选择“插入”选项卡，单击“文本”组中的“文本框”按钮，选择“绘制横排文本框”命令，插入两个文本框，分别输入“翔空”和“电子有限公司”。其中，“翔空”格式为96磅加粗隶书，带阴影；“电子有限公司”格式为36磅隶书，文字颜色为“白色，背景1，深色25%”，两者排列如图5-32所示。

（8）在第1张幻灯片插入图片“翔空Logo.jpg”，在“图片工具-格式”选项卡的“调整”组中单击“颜色”按钮，选择“设置透明色”命令，设置其透明颜色为白色，在“大小”组中设置宽高各为8.6厘米。单击“动画”选项卡，在“动画组”中为其添加退出动画“劈裂”，动画的“效果选项”为“左右向中央收缩”；“计时”设置为与“上一动画同时开始”，延迟0.5秒，期间非常快。

（9）在第1张幻灯片选择文本“翔空”，为文本“翔空”添加进入动画“劈裂”。动画“效果选项”为“中央向左右展开”，“计时”设置为在“上一动画之后开始”，期间非常快。

（10）在第1张幻灯片选择文本“电子有限公司”，为其添加进入动画“出现”，“计时”选项设置为上一动画之后延迟0.5秒开始；添加进入动画“擦除”，“效果选项”动画设置为“自左侧”；“计时”设置为与“上一动画同时”，期间快速。

（11）调整图片“翔空Logo.jpg”的位置，选择图片，右击，在弹出的快捷菜单中选择“置于顶层”命令，使其覆盖在文本“翔空”之上，且两者中心对齐。

（12）选择第2张幻灯片，选择“插入”选项卡→“图表”命令，选择类型为“簇状圆柱图”，在Excel图表中输入图5-33所示的数据。

（13）选择图表，选择“图表工具-设计”选项卡，选择“添加图表元素”命令，选择“图例”→“顶部”命令，即可添加图例，选择图例，在“开始”选项卡“字体”组中将字号设置为32；选中插入的图表，选择“图表工具-格式”选项卡，在“大小”组中设置图表区域大小为高15厘米，宽25.4厘米，在“形状样式”组中选择“形状填充”为“无填充”颜色，“形状轮廓”选择“无轮廓”选项；选择绘图区，右击在弹出的快捷菜单中选择“三维旋转”命令，在窗口右侧出现的窗格的“三维旋转”中设置绘图区中的“透视”为55°；在右侧窗格中选择“绘图区”选项切换到“设置绘图区格式”窗格，“填充”中设置背景墙为“纯色填充”，填充颜色为“白色”，“透明度”为80%；在右侧窗格中分别选择各数据系列，切换到“设置数据系列格式”窗格，设置数据系列“横插灯”“球泡灯”“天花灯”的“填充”为“渐变填充”，并在“类型”中选择“线性”，在渐变光圈中设置停止点1、点2、点3的颜色，颜色自拟。选择各数据系列，在“图表工具”的“设计”选项卡中选择“添加图表元素”→“数据标签”命令以显示数据标签；在“设置图表区域格式”窗格中选择“垂直坐标轴”，如图5-45所示，切换到“设置坐标轴格式”窗格，单击“坐标轴选项”按钮，设置垂直坐标轴的“显示单位”为10000，选中“在图表上显示单位标签”复选框，即可在图表中出现单位标签，修改垂直（值）轴显示单位标签为“单位：万”，设置文字方向为竖排，其中“单位：”为24磅灰色，“万”为48磅红色。

（14）在图表的上方添加艺术字“年度销售表”，选择“插入”选项卡单击“艺术字”按钮，选择第4行第1列的艺术字样式。

（15）选择第2张幻灯片的图表，在“动画”选项卡，选择进入动画“擦除”，在“效果选项”中设置方向为“自底部”；在“计时”组的“开始”下拉列表中选择“上一动画之后”选项，“持续时间”设置为1秒。

（16）在第3张幻灯片的标题处输入“销售总结”，然后选择“插入”选项卡→“形状”，并在其右边画出1个黑色的实心正圆，再复制、粘贴出5个。排列各圆，使其底端对齐，横向均匀分布。完成后，第3张幻灯片如图5-35所示。

（17）选择第3张幻灯片中的6个正圆，在“动画”选项卡中为其添加进入动画“缩放”，在“效果选项”中设置消失点为“对象中心”；在“计时”组中设置与“上一动画同时”开始，“持续时间”为2.7秒。在“动画窗格”中，正圆从左到右进行排序，最左边的正圆为1，最右边为6，修改左边数起第2～6个正圆的延迟时间为0.2秒、0.4秒、0.6秒、0.8秒、1秒。

（18）在第4张幻灯片的标题处输入“年度部门评优”，在标题下方输入“营销部”，在标题右侧栏输入“大家知道，每年这个时候公司都会给予销售额位列前三的同事奖励，那今年的幸运儿是哪三位呢？”，对齐文本的方式设置为顶端对齐。

（19）在第4张幻灯片插入图5-36所示的三张图片。选择图片，在“图片工具”的“格式”选项卡中单击“删除背景”按钮，并调整位置，如图5-37所示。

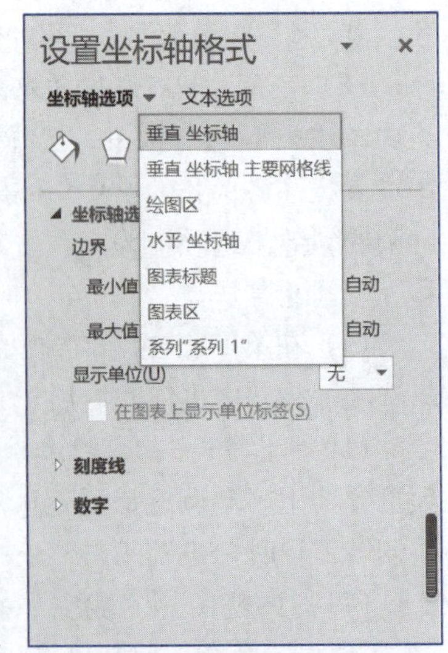

图5-45 设置坐标轴格式

（20）分别为第4张幻灯片的三张图片设置进入动画“出现”，修改“开始”选项为“单击时”。

（21）在第5张幻灯片的标题处输入“旅游路线意见收集”，在标题右侧栏输入“这次开会的最后一件事。”，对齐文本的方式设置为顶端对齐。

（22）第6张幻灯片的标题处输入“行程简介”，在其后插入4个文本框，内容分别为1、2、3、4；在标题上方插入文本框，内容为“路线1：黄山”，字号为66磅，在“绘图工具-格式”选项卡中，选择“旋转”→“其他旋转选项”命令，在右侧打开的窗格中设置“旋转”为“-15°”。

（23）在第6张幻灯片的左上角插入视频“黄山景点.wmv”，在“视频选项”组中勾选“自动开始”“未播放隐藏”“循环播放，直到停止”“播放完毕返回开头”复选框。完成后，第6张幻灯片如图5-38所示。

（24）在第6张幻灯片插入图片“第1天.jpg”，为该图片添加进入动画“出现”，单击文本框1时触发动画，具体步骤为：选择“第1天.jpg”，选择“高级动画”功能区中的“触发”，并选择“通过单击”，选择文本框1；为内容为2的文本框添加进入动画“出现”，设置其在上一动画之后开始，将本动画的位置调整为“第1天.jpg”图片的动画的下方，其步骤为：右击文本框2，在弹出的快捷菜单中选择“置于底层”→“下移一层”命令。

（25）在第6张幻灯片插入图片“第2天.jpg”，为该图片添加进入动画“出现”，设置为“单击2的时候启动效果”；为内容为3的文本框添加进入动画“出现”，设置其在上一动画之后开始，将本动画的位置调整为“第2天.jpg”图片的动画的下方。

（26）在第6张幻灯片插入图片“第3天.jpg”，为该图片添加进入动画“出现”，设置为“单击3的时候启动效果”；为内容为4的文本框添加进入动画“出现”，设置其在上一动画之后开始，将本动画的位置调整为“第1天.jpg”图片的动画的下方。

（27）在第6张幻灯片插入图片“第4天.jpg”，为该图片添加进入动画“出现”，设置为“单击4的时候启动效果”。调整4张图片的位置后，第6张幻灯片如图5-39所示。

（28）在第7张幻灯片的标题处输入“路线2、路线3……”。

（29）在第8张幻灯片的主标题处输入“会议结束”，在副标题处输入“请于2天内把路线选择结果反馈到小娟处。”。

（30）单击“保存”按钮保存演示文稿。

5.4.5 课后作业

（1）设计制作一个只有一张幻灯片的演示文稿，模拟出单摆的运动。

（2）按如下要求制作演示文稿，然后保存为“卷轴.pptx”。

① 打开PowerPoint，并添加一张幻灯片。设置幻灯片版式为“空白”。

② 设置幻灯片背景为黑色，然后插入一张图片。

③ 插入矩形形状（高度比图片高），将形状填充改为“白色”，形状轮廓改为“无轮廓”，使矩形与图片上下居中、左右居中；将矩形置于底层。

④ 插入两个圆柱形，并调整位置和大小，使圆柱形边与矩形边紧贴。

⑤ 为矩形设置强调动画“放大缩小”，该动画与上一动画同时开始，动画时间为5秒，在水平方向缩放300%。

⑥ 为右边的矩形添加向右的动作路径，左边的矩形添加向左的动作路径；设置动画与上一动画同时开始，动画时间为5秒。

（3）制作PPT模仿实现网站上某个Flash广告的效果，并把该网站的网络地址写到演示文稿的页脚中。

综合练习

制作PPT演示文稿进行社会主义核心价值观宣扬教育，PPT中所呈现的内容需要同学们自己查找收集。其基本要求如下：

（1）体现社会主义核心价值观教育内容：

① 社会主义核心价值体系的内涵；

② 培养社会主义核心价值体系的重要意义；

③ 积极培养和践行社会主义核心价值体系。

（2）演示文稿中的内容设计必须图文并茂，文字不宜过多，字体大小适中（根据版面设计而定）。

（3）演示文稿中必须有音视频，音视频内容与社会主义核心价值观有关联。

（4）演示文稿中要有动画设计和页面切换动画设计。

第6章 网络信息搜索与应用

现在，网络已经应用到各个行业，给人们的生活带来了很多便利，成为人们生活中不可缺少的一部分。本章介绍网络的基础知识，通过浏览器实现网上冲浪，完成收发电子邮件和上传、下载网页文件。

6.1 实训1：认识与浏览 Internet

Internet（因特网）把世界各地的计算机通过网络线路连接起来，交换数据和信息，实现资源共享。因特网不断融入人们的生活，为人们提供便捷的通信方式以及政治、经济、军事、娱乐等全方位的信息。网上购物、网上聊天、发布微博等已经成为人们生活的一部分。

Internet是世界工业的第三次重大革命，它实现资源共享、信息传输等功能，是无处不在的信息传播手段。每位大学生都必须学习Internet基础知识，掌握上网的技能。

6.1.1 实训目标

- 了解Internet的基本概念。
- 在Internet上浏览和获取信息。
- 熟练使用Internet进行信息检索。
- 掌握Internet的优化操作。

6.1.2 实训内容

（1）打开百度搜索引擎，地址为“https://www.baidu.com”。

（2）把百度添加到收藏夹。

（3）搜索“思考”图片，并把搜索的结果中第二张图片下载到本地硬盘。

6.1.3 实训知识点

1. Internet的基本概念

1）IP地址

IP地址是给每个连接在Internet上的计算机分配的在全世界范围内唯一的32位地址，就好比是计算机的身份证。

IP地址通常用十进制的形式表示，分为4段，每段8位，每段数字范围为0～255，中间用符号“.”分开不同的字节，如198.171.3.110。

IP地址主要由两部分组成：一部分用于标识该地址从属的网络号；另一部分用于指明该网络上某个特定主机的主机号。例如，198.171.3是网络号，表明接入的网络供应商的网络号是198.171.3，110表明这是该网络下第110台接入计算机。

2）域名

域名是因特网上用来查找网站的专用名字，作用类似于地址、门牌名。域名是唯一的，不可能有重复的域名。域名也是互联网中用于解决地址对应问题的一种方法。

域名的功能是映射互联网上服务器的IP地址，使人们能够与这些服务器连通。

例如，http://202.108.22.5这个IP地址是门户网站——百度网站的服务器地址，我们可以在IE浏览器中输入该IP地址可以访问该网站，同时也可以通过输入http://www.baidu.com的域名来访问该网站。显然，域名更容易理解和记忆。

域名分为顶层（top-level）、第二层（second-level）、子域（sub-domain）等。国际域名相当于一个二级域名，如http://www.qq.com；国内域名属于地区性域名，相当于一个三级域名，如www.pconline.com.cn。国际域名在级别上高于国内域名。

3）URL

URL（Uniform Resource Locator，统一资源定位器）是用来指出某一项信息所在位置及存取方式的。访问某个网站时，在浏览器的地址栏中输入的就是URL。URL是Internet上用来指定一个位置（Site）或某一个网页（Web Page）的标准方式，其语法结构如下：

```
协议名称://主机名称[:端口地址/存放目录/文件名称]
```

例如，http://news.qq.com:80/a/20120515/000056.htm，其中：

① http：协议名称。

② news.qq.com：主机名称。

③ 80：端口地址。

④ a/20120515：存放目录。

⑤ 000056.htm：文件名称。

在URL语法格式中，除了协议名称及主机名称是必须有的，其余像端口地址、存放目录等都可以省略。常用协议名称如表6-1所示。

表6-1　常用协议名称

协议名称	协议说明	示　例
HTTP	WWW上的存取服务	http://www.yahoo.com
Telnet	代表使用远端登录的服务	telnet: //bbs.nstd.edu
FTP	文件传输协议，通过互联网传输文件	ftp: //ftp.microsoft.com/

4）TCP/IP

TCP/IP即传输控制协议/网际协议，它是Internet的基础。TCP/IP是网络中使用的基本通信协议。

虽然从名字上看，TCP/IP包括两个协议，即传输控制协议（TCP）和网际协议（IP），但实际上它是一组协议，包括上百个协议，如远程登录、文件传输和电子邮件等，而TCP和IP是保证数据完整传输的两个基本的重要协议。通常说TCP/IP是Internet协议簇，而不单单是TCP和IP。

TCP/IP的基本传输单位是数据包（Datagram）。TCP协议负责把数据分成若干数据包，并给每个数据包加上包头（就像给一封信加上信封）；包头上有相应的编号，以保证在数据接收端能将数据还原为原来的格式；IP协议在每个包头再加上接收端主机地址，以便数据找到要去的地方。如果在传输过程中出现数据丢失、数据失真等情况，TCP会自动要求数据重新传输，并重新组包。总之，IP保证数据的传输，TCP保证数据传输的质量。TCP/IP数据的传输基于TCP/IP的四层结构：应用层、传输层、网络层、接口层。数据在传输时每通过一层，就要在数据上加个包头，其中的数据供接收端同一层协议使用；在接收端，每经过一层，要把用过的包头去掉，以保证传输数据的格式完全一致。

TCP/IP设置步骤如下：

① 在网络中一台开启的计算机中，进入资源管理器之后，右击“网络”，在弹出的快捷菜单中选择“属性”命令，如图6-1所示，打开“网络和共享中心”窗口；然后，右击“本地连接”图标，在弹出的快捷菜单中选择“属性”命令。

② 在弹出的“本地连接属性”对话框中，双击“Internet协议版本4（TCP/IPv4）”选项（见图6-2），打开“Internet协议版本4（TCP/IPv4）属性”对话框，如图6-3所示。

③ 根据路由器说明书提供的设置说明，分别设置IP地址、子网掩码、默认网关及首选DNS服务器。

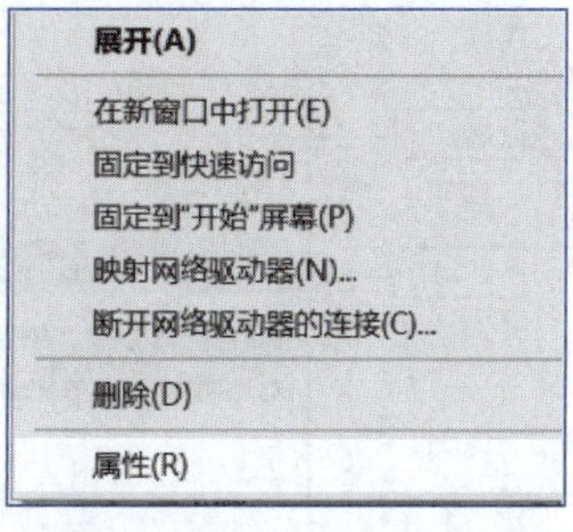

展开(A)
在新窗口中打开(E)
固定到快速访问
固定到"开始"屏幕(P)
映射网络驱动器(N)...
断开网络驱动器的连接(C)...
删除(D)
属性(R)

图6-1　选择“属性”命令

④ 选择“自动获得IP地址”和“自动获得DNS服务器地址”单选按钮，如图6-3所示。

2. 利用Internet浏览器浏览网页

在Internet上浏览和获取信息，是通过浏览器完成的。目前网络上流行的浏览器有很多种，比较著名的有Internet Explorer（IE）、Edge、Google Chrome、Mozilla Firefox和Safari。国内也开发了一些浏览器，如360浏览器、腾讯TT浏览器、世界之窗浏览器等。不管使用何种浏览器，都要考虑该浏览器能否上网快捷、使用方便和运行安全。本节介绍的是Internet Explorer。

Internet Explorer简称IE，能够完成浏览站点信息、搜索信息等功能。IE具有使用方便、友好的用户界面，还具有多项人性化的特色功能。启动IE的方法有多种，常用的是通过双击桌面上的IE快捷图标启动。双击后，一般能进入本计算机自设的网页的主页，然后就可以浏览信息了。为了顺利地使用浏览器，必须知道浏览器的页面结构，如图6-4所示。浏览器一般在页面主工作界面上存放网站的信息，还提供菜单栏、地址栏、工具栏、快捷工具、导航栏和搜索栏等常用菜单或工具，协助用户提高使用网页的效率和质量。图6-5所示为360浏览器及其默认主页的视图。

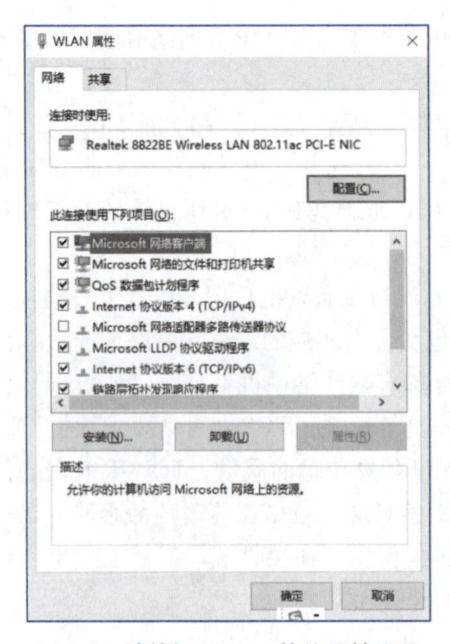

图6-2　计算机Internet协议属性设置

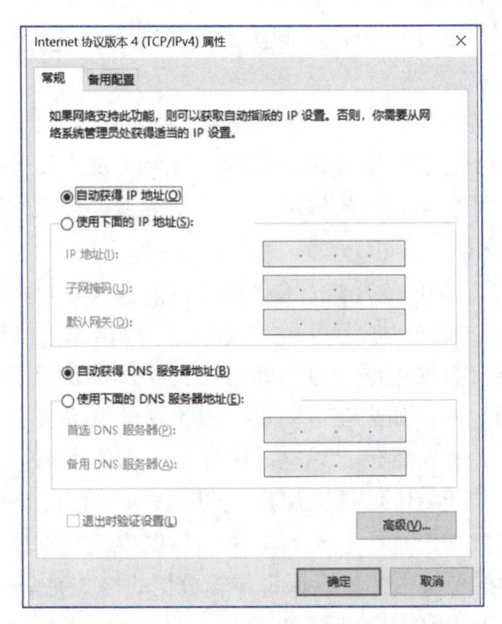

图6-3　设置计算机的IP地址

图6-4　IE的工作界面

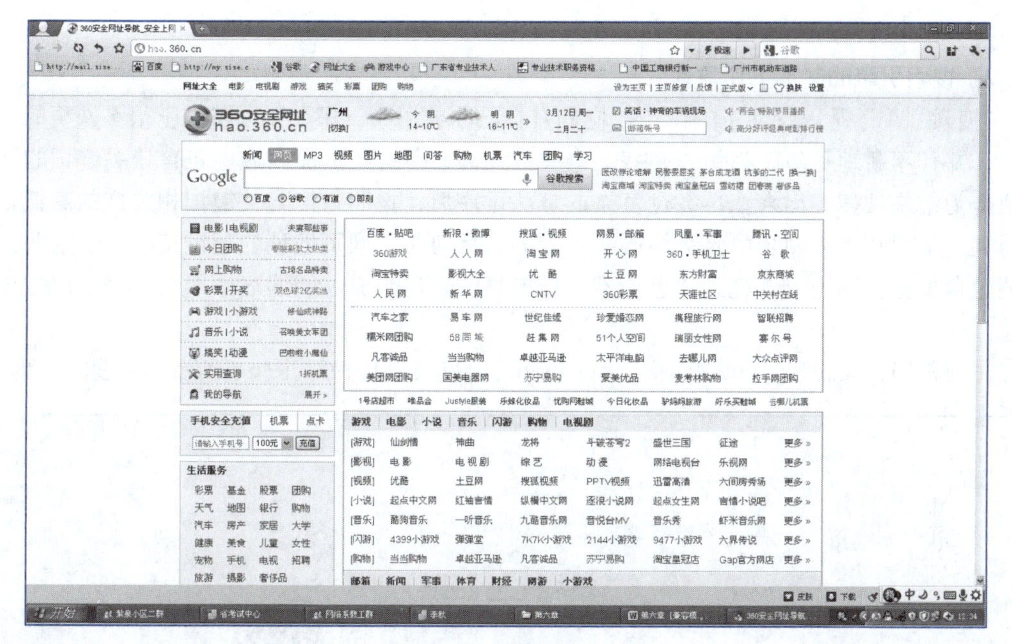

图6-5　360网页

网页组成如下：

（1）菜单。提供了下载、历史记录、设置、收藏夹、打印、共享等菜单命令。

（2）地址栏。供用户直接输入网站的网址而进入网站。单击右端的下拉箭头，可以显示近期进入、打开过的网站地址。

（3）搜索栏。提供搜索信息的字符输入位置。

（4）导航栏。提供各门类信息的入门超链接。

（5）快捷工具。提供兼容性视图、刷新和停止等阅读视图时的操作工具。

（6）工具栏。提供的菜单功能更强、更直观，提供收藏夹，设置及其他，配置等工具按钮。

进入浏览器主页面后，就可以阅读和搜索信息了。页面提供的是一段文字标题，或门类超链接，单击该标题，才能通过链接阅读到所需要的文稿。

要从本页面进入其他网站，可以在页面的地址栏中直接输入网址，也可以通过本网站提供的该网站的超链接（若这个网站提供链接）进入。对于超链接，当鼠标移到该文字或图片时，光标的箭头符号变成右手掌状☝，说明该文字或图片有下层链接内容，单击后可以打开并进入阅读。

3. 使用Internet信息检索

1）信息检索

信息检索（Information Retrieval）是指信息按一定的方式组织起来，并根据信息用户的需要找出有关的信息的过程和技术。广义的信息检索包括信息检索与存储；狭义的信息检索是根据用户查找信息的需要，借助于检索工具，从信息集合中找出所需信息的过程。本书主要介绍利用Internet网络进行信息检索。

Internet是一个巨大的信息库，它将分布在全世界各个角落的主机通过网络连接在一起。通过信息检索，可以了解和掌握更多的知识，以及行业内、外的技术状况。搜索引擎（Search Engine）是随着Web信息技术迅速发展起来的信息检索技术，它是一种快速浏览和检索信息的工具。

2）搜索引擎的基本工作原理

“搜索引擎”是因特网上的站点，它们有自己的数据库，保存了因特网上很多网页的检索信息，并且不断地更新。当用户查找某个关键词时，所有在页面内容中包含该关键词的网页都将作为结果被搜索出来，再经过复杂的算法排序后，按照与搜索关键词相关度的高低，依次排列，呈现在结果网页中。最终网页罗列的是指向相关网页地址的超链接网页。这些网页可能包含要查找的内容，起到信息检索导航的目的。用户通过阅读这些网页，找到所需要的信息。

目前常用较大的Internet搜索引擎有Google、百度、搜狗等。图6-6所示为百度的主页。

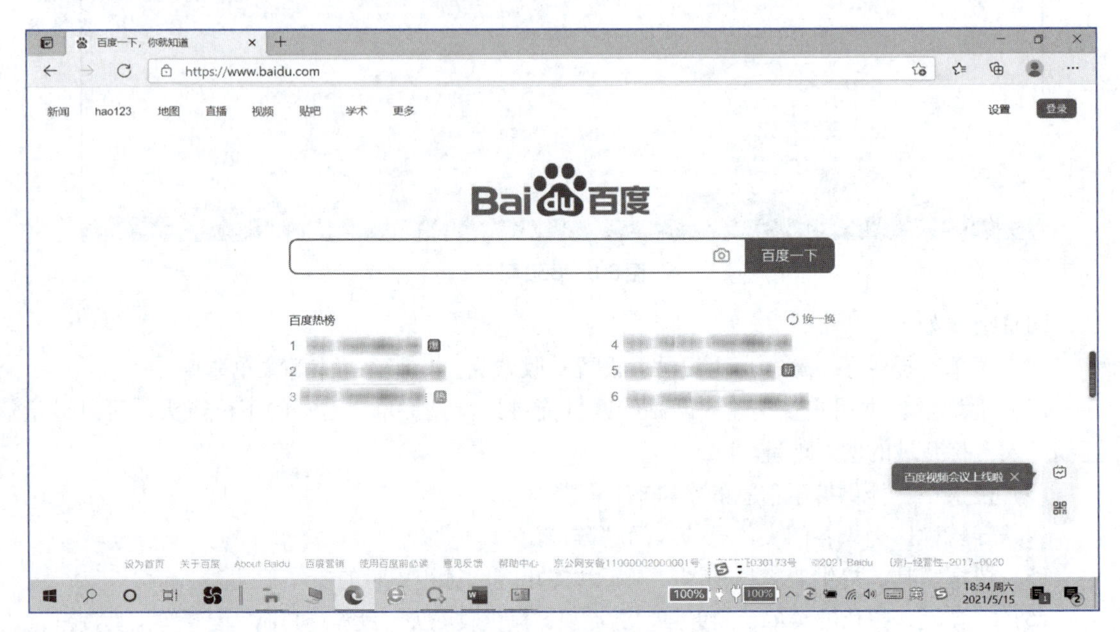

图6-6　百度主页

3）利用搜索引擎搜索信息

使用搜索引擎搜索信息，其实是一个很普通的操作，只要在搜索引擎的文字输入框中输入需要搜索信息的字符就可以了，搜索引擎会根据字符找出一系列结果供参考。以下搜索方法可以提高搜索的精度。

① 选择最好的描述所要寻找的信息或概念的词，这些词也称关键词。关键词不要使用错别字；也不要口语化；关键词的组合要准确。关键词稍多，用空格连接，搜索的结果会更精确。有时不妨用不同的词的组合进行搜索。例如，准备查广州动物园的有关信息，用“广州动物园”，比“广州 动物园”的搜索结果要好。

② 使用“-”号，可以排除部分的搜索结果。例如，要搜索除作者古龙的武侠小说，可以输入“武侠小说 -古龙”（减号“-”前要留一个空格）。

③ 短语搜索。如果要使用搜索短语，即按用户输入的固定顺序排列且每一个字都必须存在，此时需加英文双引号，例如搜索“"古龙武侠小说"”。

④ 在指定网站上查找，用site。例如，在指定的网站上查电话号码，可用“电话site：www.baidu.com”，即表示可仅在www.baidu.com网站内搜索和“电话”相关的信息。

⑤ 在标题中查找，用intitle。例如，查找沙河粉的标题，可用“intitle：沙河粉”。

⑥ 限制查找，用inurl。例如，只搜索URL中的MP3网页，可以用“inurl：MP3”。

⑦ 限制查找文件类型，用“filetype：”。冒号后是文档格式，如PDF、DOC、XLS等。例如，要查找有关霍金黑洞的PDF文档，可以用“霍金 黑洞 filetype：PDF”。

4. Internet优化操作

1）设置Internet主页

设置Internet主页是指在启动浏览器时首次默认显示的网页。该网页可以设置为空白页，也可以自定义。用户可以将经常浏览的网页设置为主页，每次打开时不需输入网址，直接调用即可。具体操作步骤如下：

① 依次打开“控制面板”→“网络和Internet”→“网络和共享中心”窗口，单击“Internet选项”命令，弹出“Internet属性”对话框，如图6-7所示。

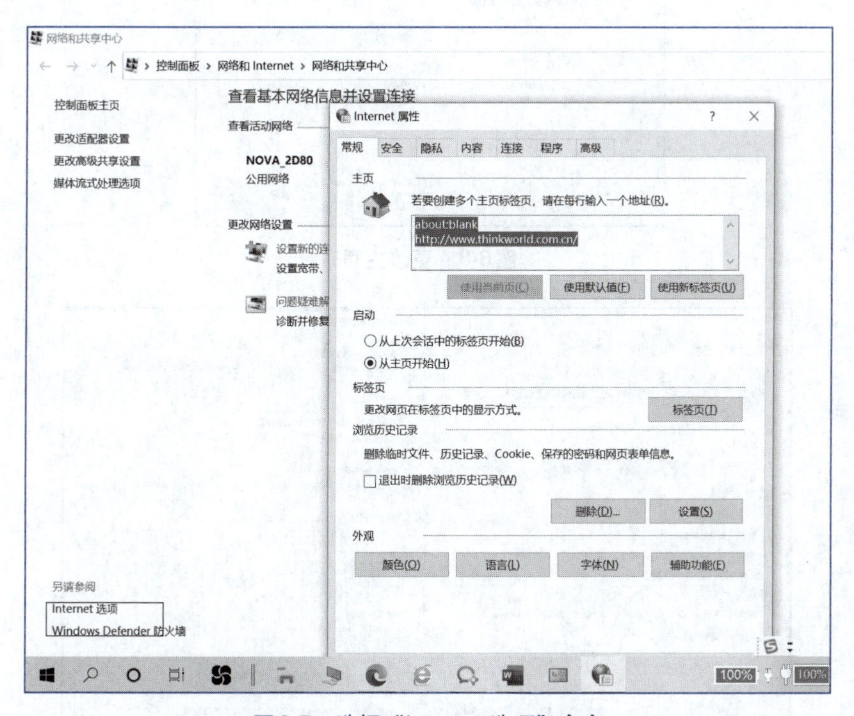

图6-7 选择“Internet选项”命令

② 在“主页”选项区域的“地址”文本框中输入需设为主页的网址，如图6-8所示。

“Internet属性”对话框中几个按钮的含义如下：

①“使用当前页”按钮：“地址”文本框中的网址自动设置为当前正在浏览的页面地址。

③“使用默认值”按钮：“地址”文本框中的网址自动设置为微软公司网址。

③“使用新标签页”按钮：“地址”文本框中没有网址，显示为“about:NewsFeed”。

2）清除临时文件

IE在访问网站时都是把它们先下载到IE缓冲区（Internet Temporary Files）。时间一长，在硬盘上会留下很多临时文件，可以单击“Internet 属性”对话框中“常规”选项卡“浏览历史记录”项目下的“删除”按钮，在打开的“删除浏览历史记录”对话框中选中“Cookie和网站数据”和“临时Internet文件和网站文件”复选框来清理（见图6-9）。通过删除Cookies

文件，还可以防止隐私被人窥视。用户可以通过“设置”按钮来自由管理临时文件。

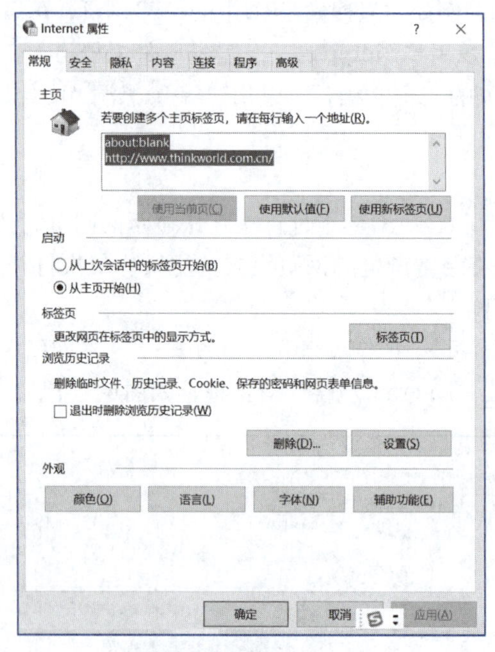

图6-8 更改主页

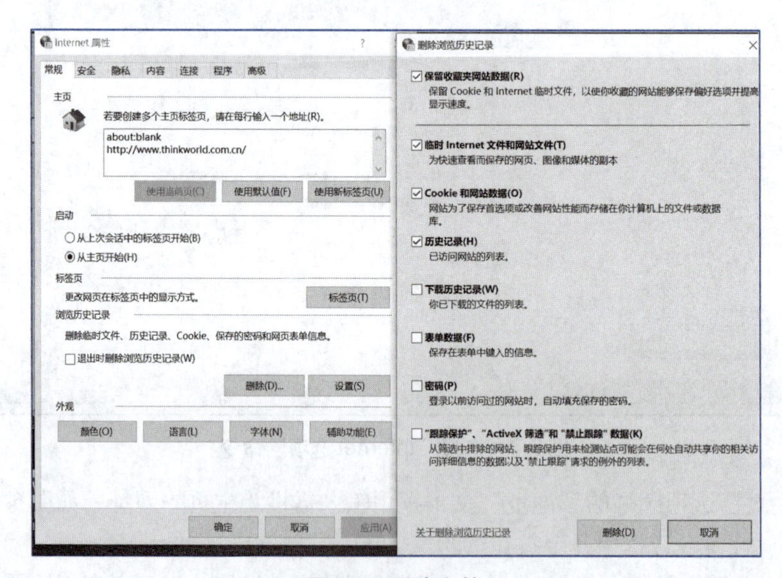

图6-9 删除文件

3）清除历史记录

Internet浏览器可以根据设置将用户浏览网页的过程记录下来，例如，将用户使用IE浏览过的网站都记录在IE的历史记录中。若需要更改历史记录的设置，在“Internet 属性”对话框中单击“常规”选项卡的“删除”按钮，如图6-10所示，选中“历史记录”复选框即可快速清除所有先前浏览过的网站记录。另外，把“在历史记录中保存网页的天数”设置成“0”（见图6-11），IE就再也不会自动跟踪并记录打开过的网页；也可以定义将打开过的网页保存若干天。

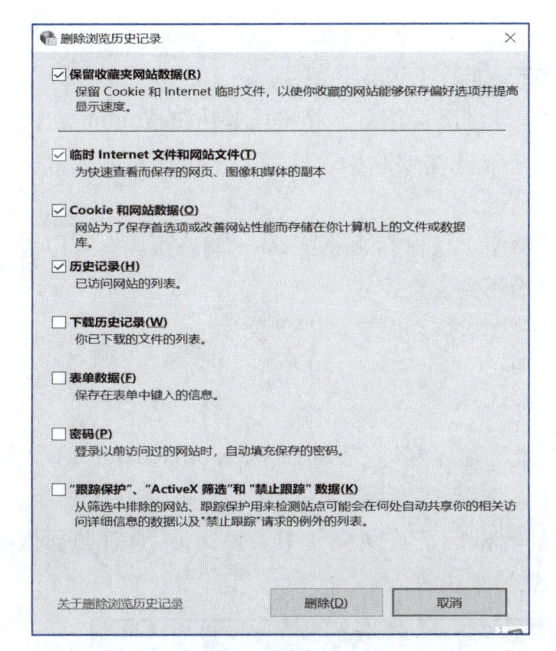

图6-10　删除历史记录

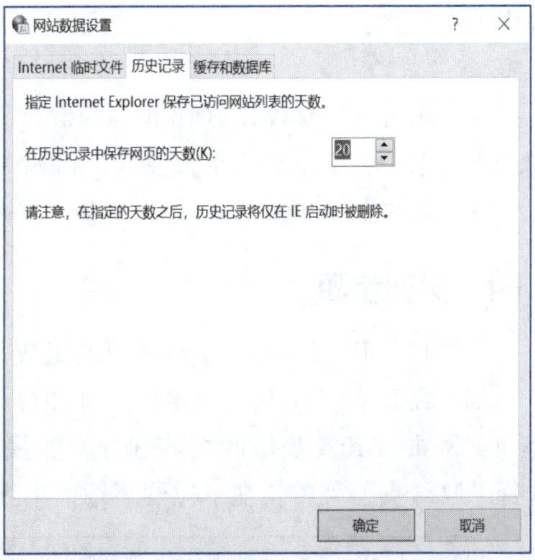

图6-11　设置历史记录保存网页天数

4）保存网页地址

如果想要保存网页的地址，可以使用收藏夹，具体操作如下：

① 添加收藏夹。打开要保存的网页，再单击“收藏夹”按钮，选择“将当前标签页添加到收藏夹”，如图6-12所示，然后在弹出的对话框中给添加的网址起一个便于记忆的名称。

② 整理收藏夹。单击“更多选项”→“整理收藏夹”选项，在弹出的菜单中可以选择导入收藏夹、导出收藏夹、删除重复的收藏夹等，如图6-13所示。

图6-12　添加到收藏夹

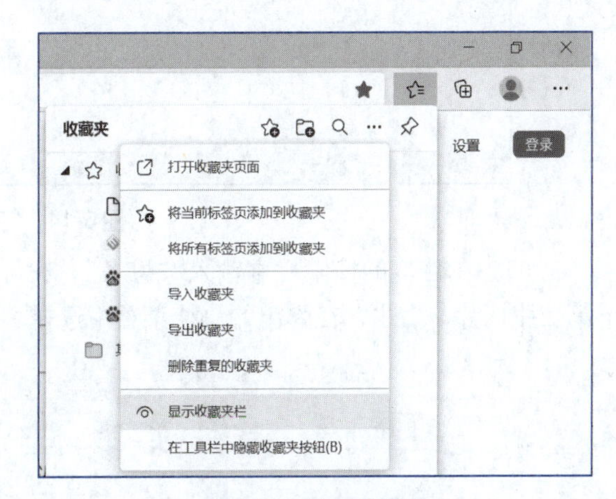

图6-13　整理收藏夹

5）保存网页

要保存网页，可右击打开的网页，在弹出的快捷菜单中选择“另存为”命令。在弹出的“保存网页”对话框中，需要在“保存在”下拉列表中设置保存路径，在“文件名”文本框中输入要保存的网页的名称。默认保存类型为HTML文件。“保存类型”下拉列表中各种类型的含义如下所述：

①“网页，全部（*htm，*html）”文件类型。将网页上的全部信息保存到本机，即不联网也可以实现联网时看到的效果；即使如此，也有可能看不到有些图片。

②“Web档案，单一文件（*mht）”文件类型。将网页信息、超链接等压缩成.mht文件，其中的有些图片只是一个定向，想要看到完整效果，还需要联网，比第一个选择看到的效果完整。

③“网页，仅HTML（*htm，*html）”文件类型。仅保存.htm或.html静态页面，可以看到基本的框架、文本等，但是图片、Flash等信息看不到。

③“文本文件（*txt）”文件类型：将网页中的文本信息保存成TXT文本。

6.1.4 实训步骤

（1）打开IE浏览器，了解网页的组成，在地址栏输入网址“https://www.baidu.com”。

（2）在IE的“工具”菜单中，如图6-14所示，选择“收藏夹”→“添加到收藏夹”命令，将当前网页（其实是该网页的地址）收藏到本计算机的“收藏夹”中。再次使用该网页时，选择“收藏夹”菜单，在下拉网页地址中查找，然后单击进入。

图6-14 “工具”菜单

（3）在百度的搜索栏中输入“思考”，在导航栏目中选择图片类型，如图6-15所示，选择第二张图片，右击，在弹出的快捷菜单中选择“图片另存为”命令，如图6-16所示，保存图片。

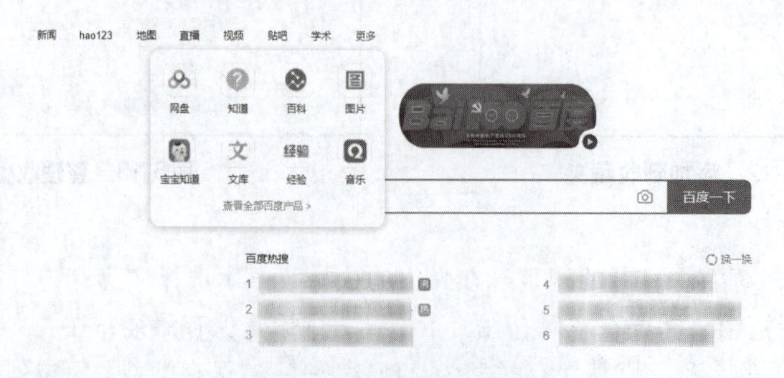

图6-15 百度图片搜索类型

图6-16　图片另存为

6.2 实训 2：文件的下载与上传

在Internet中，可以利用网络下载需要的各种资源，也可以利用网络上传各种资源与别人分享。所谓“下载”，就是从Internet各个远程服务器中将需要的文字、图片、音频、视频文件或其他资料通过网络远程传输的方式保存到用户的本地计算机中；“上传”就是将自己的文件通过网络工具传到网上。本节将介绍如何利用工具下载和上传各种资源。目前，比较常用的下载和上传方式有HTTP、FTP、P2P三种。在网络中有不少下载工具，中文工具如迅雷、网络快车等，它们各有优劣，用户可以自由选择。

6.2.1 实训目标

（1）了解不同的下载方式。

（2）利用下载工具完成文件的上传和下载。

6.2.2 实训内容

（1）在IE地址栏中输入“ftp://服务器地址或域名”（如ftp://172.16.3.240），使用FTP上传和下载文件。

（2）使用cuteftp等工具下载文件。

6.2.3 实训知识点

互联网上有很多可以下载各种工具的站点。在这些站点下载文件时，用户可根据需要选择“HTTP下载”“F2P下载”“PIP下载”方式。下面介绍HTTP、FTP、P2P的相关知识。

1. HTTP 下载

HTTP是一种将位于全球各个地方的Web服务器中的内容发送给不特定的各种用户而制定的协议。也可以把HTTP看作向不特定的各种用户“发放”文件的协议。

HTTP使用方式是从服务器读取Web页面内容，Web浏览器下载Web服务器中的HTML文件及图像文件等，并保存到用户的个人计算机中。

使用HTTP下载文件时，可以Web浏览器显示的方式保存，或以不显示的方式保存，两者结构完全相同，只要指定文件，任何人都可以下载。

2. FTP 下载

FTP（File Transfer Protocol）是TCP/IP中的协议，是Internet文件传送的基础协议。为了在特定主机之间“传输”文件，在FTP通信的起始阶段，必须运行通过用户ID和密码确认通信的认证程序。

访问下载站点并执行FTP下载时，一般情况下都要输入用户ID及密码，也可以采用Anonymous（匿名）方式进入FTP下载。这时，在Web浏览器“用户名”栏中输入Anonymous，并在“密码”栏中输入设定的邮件地址来访问FTP服务器。

3. P2P 下载

P2P是点对点下载的意思，指用户用计算机下载对方文件的同时，自己的计算机还以主机方式上传自己的文件。P2P下载方式直接将两个用户联系起来，让人们通过互联网直接交互，使共享和互联沟通更加方便，不会像过去那样连接到服务器去浏览与下载，消除了中间环节。

6.2.4 实训步骤

1. 使用FTP上传和下载

用户如拥有FTP的上传和下载权限，在IE地址栏中输入“ftp://服务器地址或域名”（如ftp://172.16.3.240），弹出图6-17所示的对话框。如果服务器允许匿名访问，则选择“匿名登录”复选框。

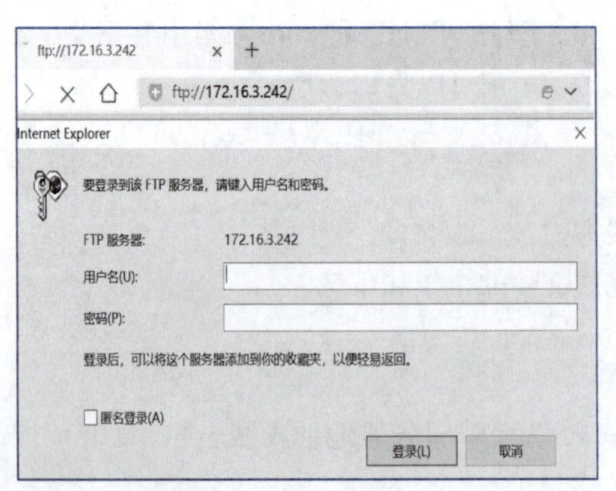

图6-17 从IE登录FTP

身份验证成功后，如果是上传本机的文件到服务器，可先在本机复制该文件，然后在IE窗口中右击，在弹出的快捷菜单中选择“粘贴”命令，如图6-18所示。如果要从服务器下载文件到本机，可先在IE窗口中选择需要复制的文件并右击，然后在弹出的快捷菜单中选择“复制”命令，如图6-19所示，再在本机磁盘中粘贴该文件。

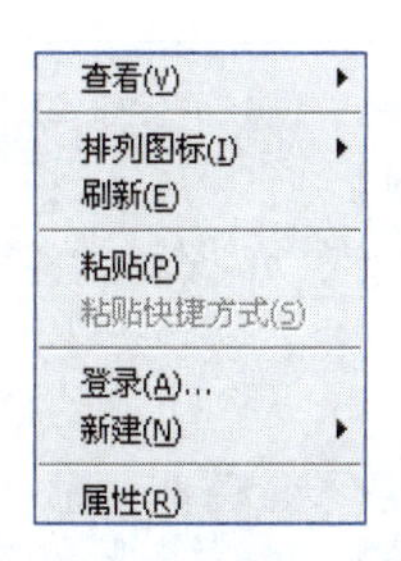

图6-18　上传文件到FTP服务器

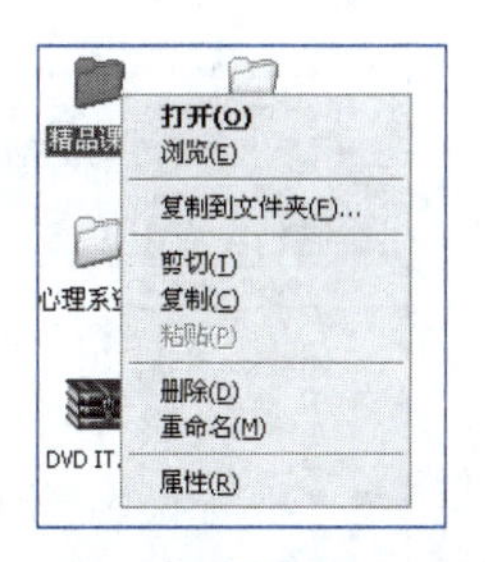

图6-19　从FTP服务器下载文件

2. 使用cuteftp等工具下载文件

如本地计算机没有下载工具，可采用以下方式下载。

① 打开提供文件下载的网页，仔细阅读下载信息和注意事项。

② 确认无误后，单击文件下载链接。如果计算机没有安装专用下载工具，系统会自动调用Windows自带的下载程序进行下载并打开“新建下载任务”对话框，如图6-20所示。

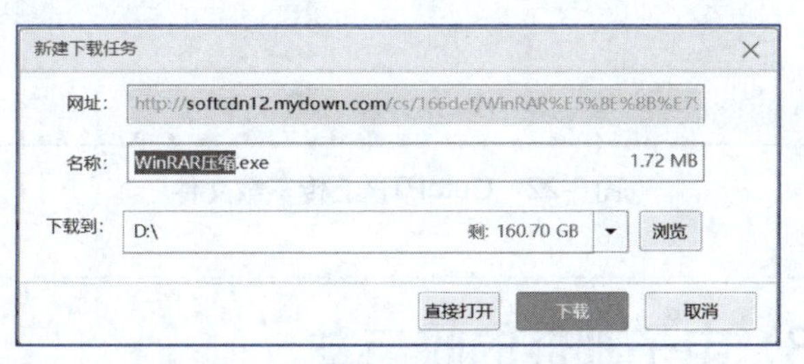

图6-20　“新建下载任务”对话框

③ 在“名称”文本框中可以修改下载保存的文件名称；单击“下载到”后的“浏览”按钮，选择存储的路径。

④ 单击“下载”按钮，开始下载文件。

⑤ 下载完毕后，弹出图6-21所示的对话框。可以单击“打开”按钮打开该文件；也可以单击“文件夹”按钮打开该文件所在的文件夹；或者“单击”关闭按钮，关闭该对话框。

图6-21　下载时的对话框

如果本地计算机安装了如CuteFTP下载工具，可采用以下方式下载。

① 打开CuteFTP，在主机中输入FTP地址，例如172.16.3.242。

② 输入登录的用户名和密码。

③ 在端口号中输入FTP服务器的端口号，默认为21。

④ 单击连接按钮，连接FTP服务器，并选择需要上传或者下载文件的路径。

⑤ 进行相应复制粘贴操作实现上传下载，如图6-22所示。

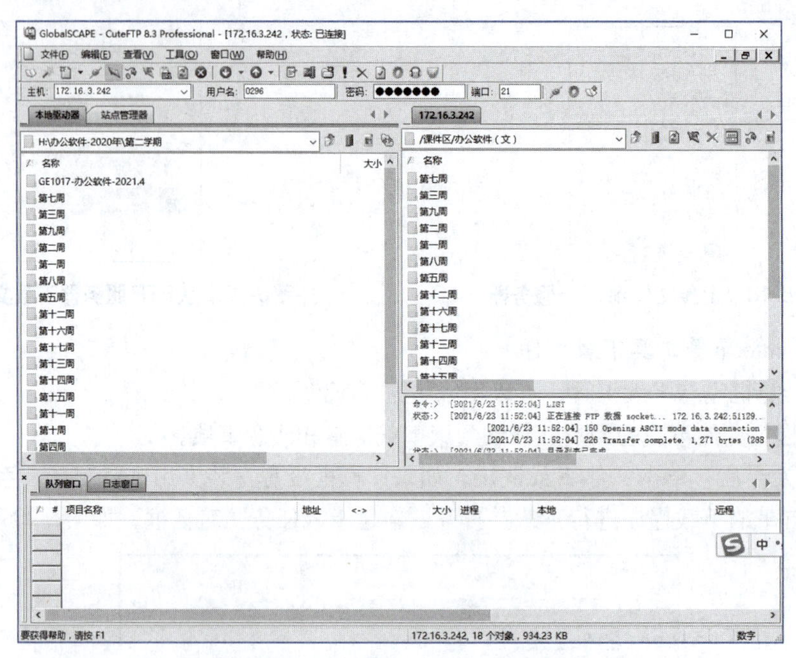

图6-22　CuteFTP上传下载文件

6.3　实训3：电子邮件的收与发

网络的最大功能之一是实现了“天涯若比邻”。目前，网络上最常用的交互方式包括电子邮件、即时通信、个人博客（微博）等。通过本实训的学习，掌握基本网络通信工具的使用方法，完成电子邮件的收发。

6.3.1　实训目标

- 能够完成电子邮件的申请和收发。
- 使用客户端软件收发电子邮件，特别是掌握Outlook Express的使用方法。

6.3.2　实训内容

（1）在http://mail.163.com 中申请免费电子邮箱。

（2）有了电子邮箱以后，就可以在主页面上登录，并实现收发邮件。发送一份邮件给同学，内容自定。

（3）使用Outlook Express设置账号，并尝试收发邮件。

6.3.3　实训知识点

1. 电子邮件

电子邮件（E-mail）是指发送者和指定的接收者使用计算机通信网络发送信息的一种非交互式的通信方式。它是Internet应用最广泛的服务之一。正是由于电子邮件具有使用简易、投递迅速、收费低廉、容易保存、全球畅通无阻等特点，被人们广泛使用。

电子邮件服务器是Internet邮件服务系统的核心。用户将邮件提交给邮件服务器，由该邮件服务器根据邮件中的目的地址，将其传送到对方的邮件服务器；另外，它负责将其他邮件服务器发来的邮件，根据不同地址转发到收件人电子邮箱中。这一点和邮局的作用相似。

用户发送和接收电子邮件时，必须在一台邮件服务器中申请一个合法的账号，其中包括账号名和密码，以便在该台邮件服务器中拥有自己的电子邮箱，即一块磁盘空间，用来保存邮件。每个用户的邮箱都具有全球唯一的电子邮件地址。

电子邮件地址由用户名和电子邮件服务器域名两部分组成，中间由“@”分隔，其格式为“用户名@电子邮件服务器域名”。例如，电子邮件地址eitcscnu@163.com，其中eitcscnu为用户名，163.com为电子邮件服务器域名。

免费邮箱是大型门户网站常见的互联网服务之一，新浪、搜狐、网易、雅虎、QQ、TOM、21CN等网站均提供免费邮箱申请服务。申请免费邮箱首先要考虑的是登录速度。作为个人通信应用，需要一个速度较快、邮箱空间较大且稳定的邮箱，其他需要考虑的功能还有邮件检索、POP3接收、垃圾邮件过滤等。另外，还有一些可以与其他互联网服务同时使用的免费邮箱，如Hotmail免费邮箱可作为MSN的账号，Gmail邮箱可作为Google各种服务的账号，便于个人多重信息管理的同时，减少了种类繁多的注册过程。

申请电子邮箱的过程一般分为三步：登录邮箱提供商的网页、填写相关资料、确认申请。

2. 即时通信

即时通信（Instant Messaging，IM）是一种使人们能在网上识别在线用户并与其实时交换消息的技术。即时通信工作方式是当好友列表中的某人在登录上线并试图通过计算机联系用户时，IM通信系统会发送消息提醒用户，然后用户能与其建立联系进行交流。目前有多种IM通信服务，但是没有统一的标准，所以IM通信用户之间对话时必须使用相同的通信系统。目前，比较常用的网络即时通信系统有QQ、微信等。

6.3.4　实训步骤

（1）在http://mail.163.com 中申请免费电子邮箱，步骤如下：

① 打开IE，在地址栏中输入“http://mail.163.com”。

② 单击“注册3G网易免费邮箱”按钮，在打开的网页中按照提示输入合法的用户名，然后单击“下一步”按钮。

③ 按照网页上的提示填写各项信息（其中带*号的项目不能为空），然后单击“注册账号”按钮。当页面弹出图6-23所示界面时，表示申请成功。

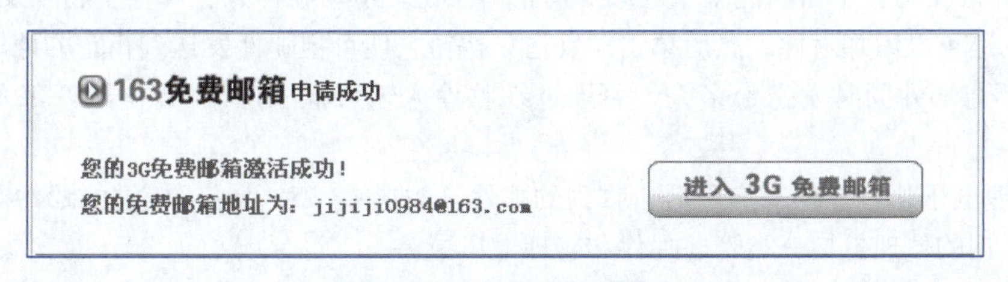

图6-23　申请电子邮箱成功

（2）有了电子邮箱以后，就可以在主页面上登录，然后实现收发邮件，操作步骤如下：

① 登录邮箱。在浏览器中输入邮箱首页地址“http://mail.163.com”，然后在登录窗口中

输入用户名和密码，再单击“登录邮箱”按钮，便可登录到图6-24所示的邮箱界面。

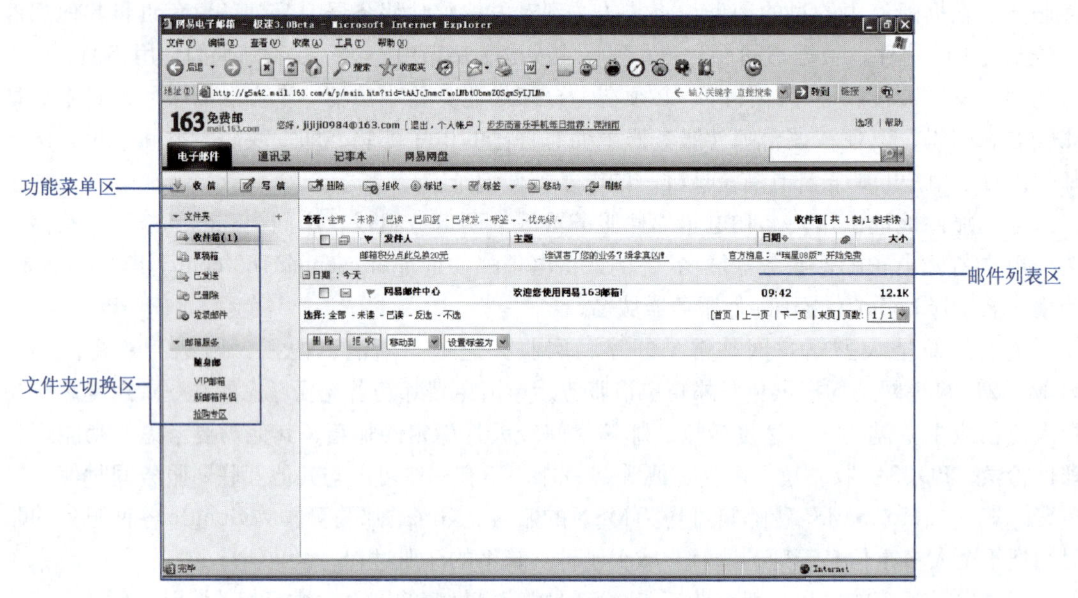

图6-24　电子邮箱界面

提示：

虽然电子邮件提供商很多，但基本Web界面的邮箱结构是一致的。接收、发送电子邮件的操作也是一致的。

② 邮件的接收。登录邮箱主页面后，可以在“收件箱”旁边看到未读的邮件个数。单击“收件箱”查看邮件。在收件箱中，可以查看到已收邮件的标题、发件人、主题、大小等，如图6-25所示。单击邮件的主题，可以查看邮件详情。

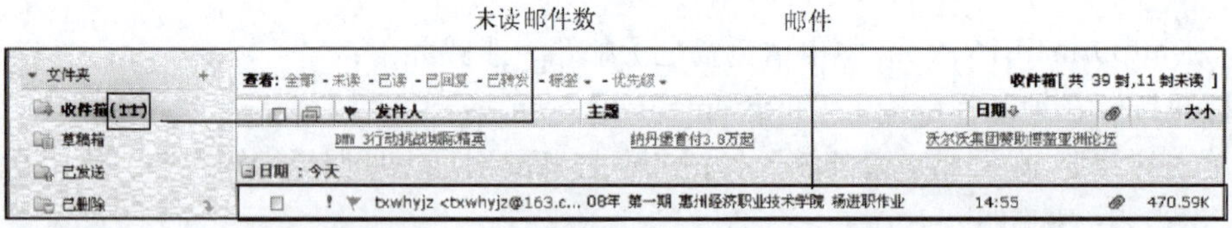

未读邮件数　　　邮件

图6-25　邮件列表

③ 邮件的发送。单击功能菜单区的“写信”按钮，填写收件人、邮件主题以及邮件内容，如果需要，还可以添加附件。然后单击“发送”按钮，便可把邮件发送到指定的地址。

如果要将邮件同时发送给多人，可通过在收件人输入框中使用“，”隔开每个邮箱地址实现。

④ 管理电子邮箱。邮箱启用后，收到的邮件日益增多，对已经阅读过的邮件需要做相应的处理。常用的处理包括分类管理邮件和管理通讯录等。

- 分类管理邮件。单击文件夹切换区中的“文件夹”按钮，页面将切换至文件夹管理界面，如图6-26所示。用户可以根据需要新建文件夹对邮件进行分类管理。

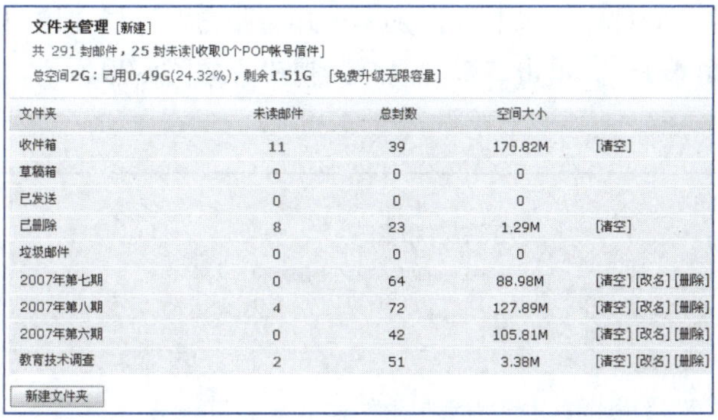

文件夹管理 [新建]
共 291 封邮件，25 封未读[收取0个POP帐号信件]
总空间2G：已用0.49G(24.32%)，剩余1.51G [免费升级无限容量]
文件夹 未读邮件 总封数 空间大小
收件箱 11 39 170.82M [清空]
草稿箱 0 0 0
已发送 0 0 0
已删除 8 23 1.29M [清空]
垃圾邮件 0 0 0
2007年第七期 0 64 88.98M [清空] [改名] [删除]
2007年第八期 4 72 127.89M [清空] [改名] [删除]
2007年第六期 0 42 105.81M [清空] [改名] [删除]
教育技术调查 2 51 3.38M [清空] [改名] [删除]
新建文件夹

图 6-26　文件夹管理界面

- 管理通讯录。单击“功能菜单区”中的“通讯录”标签，页面将切换到通讯录管理界面，如图 6-27 所示。将发件人的邮件地址收藏到邮件通讯录中，不仅可以免除记录其邮件地址的麻烦，还方便调用，只要登录邮箱后查找通讯录即可。

收信
写信
新建
加入组
写信
打印
编辑
删除
快速搜索联系人
文件夹
收件箱(11)
草稿箱
已发送
通讯录
所有联系人(138)
朋友(0)
亲人(0)
同事(0)
eitcscnu的通讯录 | 导入通讯录
共有 138 个联系人，16 个联系组 | 新建联系人 - 新建联系组
姓名
邮件地址
手机/电话
添加手机/电话

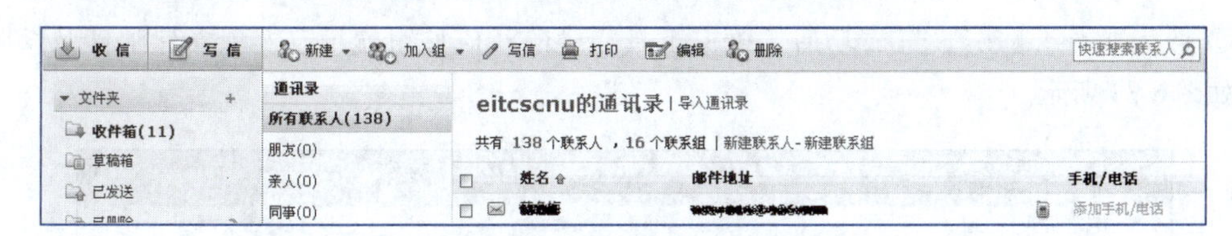

图 6-27　通讯录管理界面

（3）使用 Outlook Express 设置账号，并尝试收发邮件。

使用客户端软件收发的电子邮件都保存在计算机的硬盘中，这样，不用上网就可以阅读和管理旧邮件，比登录 Web 网站邮箱方便多了。目前，比较流行的电子邮箱客户端软件有 Foxmail、Dreammail、Outlook 等。下面以 Outlook 为例简单介绍客户端软件的使用。

① 启动 Outlook 。Outlook 是 Windows 自带的一种电子邮件客户端，选择“开始”→ Outlook 命令，就可以启动 Outlook，如图 6-28 所示。

③ 设置邮件账号。第一次启动后，Outlook 将提示需要设置邮件账号。在向导的帮助下，分别设置显示名称、邮件地址、电子邮件服务器、登录密码等参数，如图 6-29 所示。

Navicat for MySQL
Office
OneDrive
OneNote for Windows 10
OpenVPN
Outlook
PowerPoint
PremiumSoft
Publisher
QQ

图 6-28　启动 Outlook

Outlook
电子邮件地址
80364838@qq.com
高级选项
连接

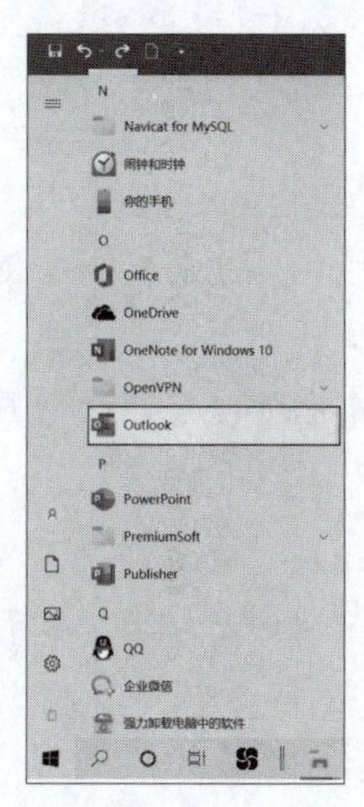

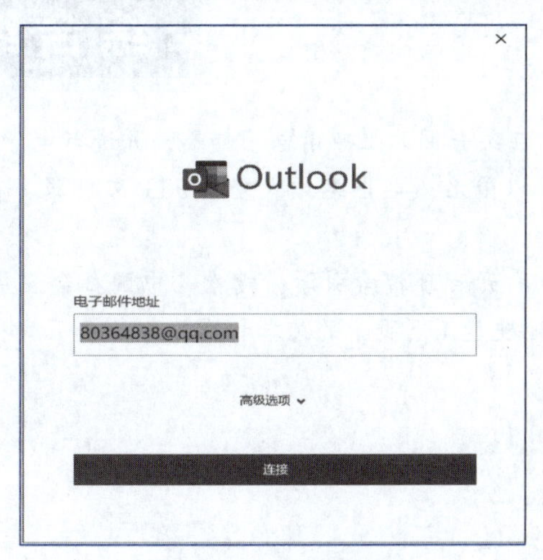

图 6-29　设置邮件账号

Outlook支持多账户管理，如果需要添加其他邮箱账户，选择“控制面板”→“账户”命令，选择“电子邮件和账户”。单击“添加账户”按钮，如图6-30所示，再选择“创建免费账户”命令。

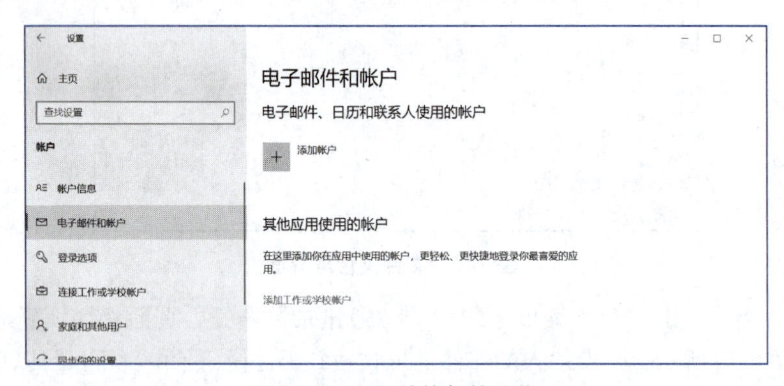

图6-30　添加其他邮箱账户

③ 收发邮件。账号设置成功后，单击工具栏中的相应按钮就可以实现新建邮件及接收邮件，如图6-31所示。

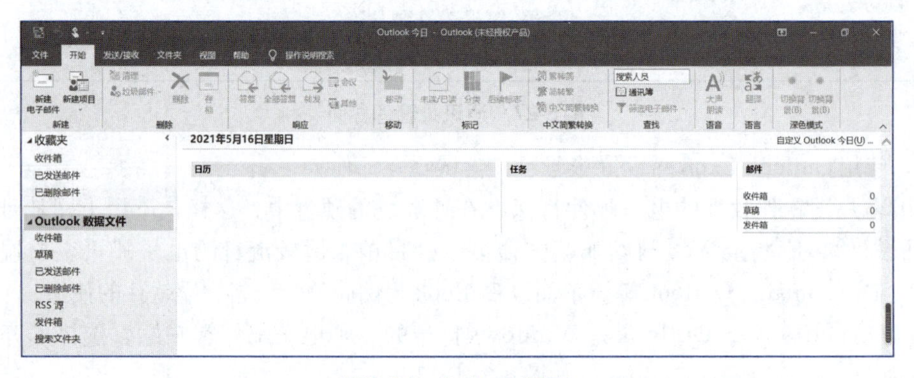

图6-31　Outlook界面

综合练习

1. 在某一网站上申请电子邮箱，并进行电子邮件（含附件）的发送和接收。

2. 以匿名或非匿名方式登录FTP文件服务器，上传和下载文件，创建、删除文件和文件夹。

3. 打开百度搜索引擎，搜索“中国社会发展现状及趋势”，并将所搜索到的网页页面保存到本地硬盘（网页中的文本和图片都必须下载和保存）。